国家特色淡水鱼产业技术体系（CARS-46）产业经济研究室
国家海水鱼产业技术体系（CARS-47）产业经济研究室
国家虾蟹产业技术体系（CARS-48）产业经济研究室　研究成果
中国渔业发展战略研究中心
上海社会调查研究中心上海海洋大学分中心

THE RESEARCH REPORT ON
CHINESE AQUATIC PRODUCT
QUALITY AND SAFETY 2024

中国水产品质量安全研究报告 2024

刘为军　范丹丹　郑建明 等◎编著

中国农业出版社
北　京

图书在版编目（CIP）数据

中国水产品质量安全研究报告.2024 / 刘为军等编
著．-- 北京：中国农业出版社，2025．8．-- ISBN 978-
7-109-33442-7

Ⅰ．TS254.7

中国国家版本馆 CIP 数据核字第 20256F6L73 号

中国水产品质量安全研究报告.2024

ZHONGGUO SHUICHANPIN ZHILIANG ANQUAN YANJIU BAOGAO.2024

中国农业出版社出版

地址：北京市朝阳区麦子店街 18 号楼

邮编：100125

责任编辑：肖　邦

版式设计：杨　婧　责任校对：吴丽婷

印刷：中农印务有限公司

版次：2025 年 8 月第 1 版

印次：2025 年 8 月北京第 1 次印刷

发行：新华书店北京发行所

开本：787mm×1092mm　1/16

印张：12.25

字数：305 千字

定价：95.00 元

本书编著者

刘为军　范丹丹　郑建明　姜启军
张伟华　杨晨星　李玉峰

主要作者简介

刘为军

上海海洋大学经济管理学院副教授，主要从事食物经济、食品安全管理、渔业高质量发展等方面的研究。主持教育部人文社科项目、上海市政府决策咨询重点项目、上海市教委智库项目、农业农村部"948"项目子课题等各类课题 20 余项，多篇决策咨询专报获国家及省部级领导批示。

范丹丹

上海海洋大学经济管理学院讲师，主要从事都市农业发展与农产品全产业链建设、生鲜农产品供应链韧性评估与风险预警、低碳供应链管理等方面的研究。主持上海市哲学社会科学、上海市政府决策咨询重点项目等多项课题。

郑建明

上海海洋大学经济管理学院教授，中国林牧渔业经济学会理事，中国海洋公共管理论坛理事，主要从事食品安全管理、渔业经济与政策、海洋经济与环境治理等方面的研究。

前言

　　随着经济社会发展水平和人们健康意识的不断提高，我国动物性食物消费模式正在发生深刻变革，水产品质量安全在城乡居民食品安全消费中的重要性日益凸显。为全面、系统、动态分析中国水产品质量安全状况，上海海洋大学自2020年起组织撰写系列《中国水产品质量安全研究报告》，已出版《中国水产品质量安全研究报告（2020）》和《中国水产品质量安全研究报告（2022）》。《中国水产品质量安全研究报告（2024）》（以下简称《报告2024》）是在前两份报告基础上的延续、丰富和完善。《报告2024》基于水产品全程供应链的主线与多学科的研究视角，力图科学、全面地反映2022—2023年我国在水产品质量安全领域取得的进展，努力揭示现阶段存在的主要问题，实现提升我国水产品质量安全水平的目标。系列报告的出版由国家特色淡水鱼产业技术体系（CARS-46）产业经济研究室、国家海水鱼产业技术体系（CARS-47）产业经济研究室、国家虾蟹产业技术体系（CARS-48）产业经济研究室、中国渔业发展战略研究中心和上海社会调查研究中心上海海洋大学分中心共同资助。

　　为了全景式、大范围、尽可能详细地刻画近年来我国水产品质量安全的基本状况，《报告2024》运用了大量不同年份的数据。这些数据主要来源于农业农村部渔业渔政管理局《中国渔业统计年鉴》、商务部《中国进出口月度统计报告：农产品》，以及国家市场监督管理总局、农业农村部等政府部门的官方网站等。除此之外，有少部分数据来源于其他资料。为方便读者的研究，《报告2024》的相关图表均标注了主要数据的来源。

　　《报告2024》共分为八章，具体内容与分工为：第一章"水产品生产供应与数量安全"由姜启军执笔，第二章"水产品生产环节质量安全与法律体系"由刘为军执笔，第三章"水产品加工业市场供应与质量安全"由张伟华执笔，第四章"水产品流通与消费环节质量安全"由范丹丹执笔，第五章"水产品出口贸易与质量安全"由杨晨星执笔，第六章"水产品进口贸易与质量安全"由郑建明执笔，第七章"水产品质量安全舆情事件分析"由李玉峰执笔，第八章"大食物观背景下的水产品质量安全"由刘为军、范丹丹、郑建明、张伟华共同执笔。

　　本报告的编写得到了江南大学食品安全风险治理研究院首席专家吴林海教授的悉心指导，吴林海教授对书稿的整体框架进行了系统规划与专业指点。上海海洋大学经济管理学院院长杨正勇教授对书稿的学术规范提出了具体要求，并积极推动和支持本报告的出版工作。此外，上海海洋大学研究生佟婪桢、李玉杰、张思远、鲁诗怡、徐冰洁、蒋柔、钱易鑫、王歆瑜、徐伟豪参与了本报告的资料收集和整理工作。

需要说明的是，本报告在研究过程中参考了大量国内外文献资料，并尽可能在文中逐一标注和列出，但仍可能存在疏漏或未尽之处。研究团队谨向所有被引用文献的作者致以诚挚的感谢。此外，受编者水平与能力所限，书中难免存在不足之处，恳请广大读者不吝指正。

编著者

2024 年 10 月

目录

第一章　水产品生产供应与数量安全

近年来，中国水产业坚持数量和质量并重，稳步推进，不断提高综合生产能力，发展规模不断扩大，产量快速提升，综合竞争力不断提高，质量效益良好，推动了水产业高质量发展。随着国内居民食物消费持续升级，结构不断优化，水产品高蛋白、低脂肪的特性将受到更多消费者的青睐，市场规模具有较大增长空间。食品数量安全是食品安全的基础，是食物供给保障的物质基础。本章从水产品生产市场供应概况、水产养殖市场供应、国内捕捞与远洋渔业市场供应、渔业灾害威胁水产品数量安全和中国渔业发展与政策演变等角度全面分析我国的水产品生产市场供应与数量安全。

第一节　全国水产品生产市场供应概况

2023 年，全国水产品总产量 7 116.17 万吨，同比增长 3.64%。其中，养殖产量 5 809.61 万吨，同比增长 4.39%；捕捞产量 1 306.56 万吨，同比增长 0.47%。我国是水产品生产、贸易和消费大国，渔业是农业和国民经济的重要产业，为我国平均每人提供 1/3 的优质动物蛋白[①]。在大食物观理念指导下，我国渔业为保障国家粮食安全、促进渔民增收、建设海洋强国、促进生态文明建设、共建"一带一路"倡议等作出了突出贡献。

一、全国水产品总产量

水产品包含海水和淡水的养殖或捕捞鱼类、甲壳类（虾、蟹）、贝类、头足类、藻类等水生动物或植物等。一直以来，我国是世界上主要的水产品生产国，水产品总产量自 1989 年起连续 30 多年居世界第一，占世界总产量的 40% 以上。

图 1-1 显示，2008 年我国水产品总产量为 4 895.60 万吨；2009 年则首次突破 5 000 万吨，达到 5 116.40 万吨。之后，水产品总产量稳步增长，2010—2012 年分别增长为 5 373.00 万吨、5 603.21 万吨和 5 907.68 万吨，并于 2013 年突破 6 000 万吨大关为 6 172.00万吨。2017 年，我国水产品总产量为 6 445.33 万吨，比上年下降了 6.61%。2018 年，我国水产品总产量 6 457.66 万吨，比上年增长了 0.19%；2019 年全国水产品产量保持在 6 480.36 万吨，与 2018 年基本持平。2017—2023 年，我国水产品总产量呈增长趋势，由 2017 年的 6 445.33 万吨增长到 2023 年的 7 116.17 吨，增长了 10.4%，年均增长率为 1.73%。由此可见，近年来，我国水产品总产量整体呈现出平稳增长的特征。

---

① 中华网．从吃鱼难到人均占有量世界领先，我国是如何成长为渔业大国的［EB/OL］．2024-10-28．https：//news.china.com/socialgd/10000169/20241028/47465788_all.html.

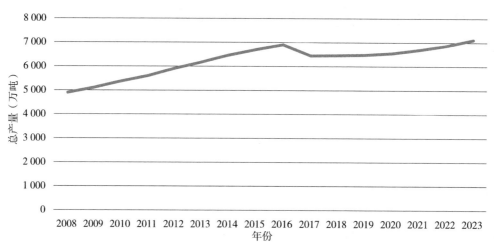

图 1-1 2008—2023 年我国水产品总产量
资料来源：农业农村部渔业渔政管理局，《中国渔业统计年鉴》（2009—2024）。

二、水产品的结构组成

根据水域类别不同，可以将水产品划分为海水产品和淡水产品两种类型；根据获取途径不同，水产品可以划分为水产养殖、国内捕捞和远洋捕捞三种类型。

（一）按水域类别划分

2022 年，我国海水产品总产量为 3 459.53 万吨，淡水产品总产量为 3 406.38 万吨。2023 年，我国海水产品实现总产量 3 585.32 万吨，较 2022 年增长 125.79 万吨，上升了 3.64%；淡水产品实现总产量 3 530.85 万吨，较 2022 年增长 124.47 万吨，上升了 3.65%（表1-1）。海水产品总量和淡水产品总量均呈增长趋势。但远洋捕捞产量 2023 年比 2022 年减少了 0.32%。

表 1-1　2022—2023 年我国水产品结构组成

分类	具体类别	2022 年（万吨）	2023 年（万吨）	2023 年比 2022 年增减	
				绝对量（万吨）	增幅（%）
水域类别	海水产品	3 459.53	3 585.32	125.79	3.64
	淡水产品	3 406.38	3 530.85	124.47	3.65
获取途径	水产养殖	5 565.46	5 809.61	244.15	4.39
	国内捕捞	1 067.47	1 074.33	6.86	0.64
	远洋渔业	232.98	232.23	−0.75	−0.32

资料来源：农业农村部渔业渔政管理局，《中国渔业统计年鉴》（2023—2024），并由作者整理计算所得。

从海水产品和淡水产品分布的角度看，如图 1-2 所示，2023 年我国海水产品产量占水产品总产量的比例为 50.4%，淡水产品的比例为 49.6%，由此可见，我国水产品总产量基本实现了海水产品和淡水产品平分秋色的局面，海水产品产量略高于淡水产品。

（二）按获取途径划分

2022 年，我国人工养殖的水产品总产量为 5 565.46 万吨，国内捕捞水产品总产量为

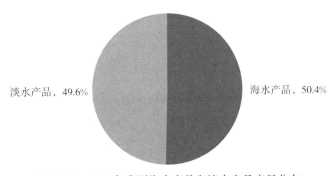

图 1-2　2023 年我国海水产品和淡水产品产量分布
资料来源：农业农村部渔业渔政管理局，《中国渔业统计年鉴》（2024），并由作者整理计算所得。

1 067.47 万吨，远洋渔业水产品总产量为 232.98 万吨。2023 年，我国水产养殖实现水产品总产量 5 809.61 万吨，较 2022 年增长了 4.39%；国内捕捞实现水产品总产量 1 074.33 万吨，较 2022 年上升了 0.64%；远洋渔业实现水产品总产量 232.23 万吨，较 2022 年下降了 0.32%（表 1-1）。水产养殖水产品总产量的增长率高于国内捕捞水产品总产量的增长率。

从水产养殖、国内捕捞、远洋渔业水产品产量分布的角度看，如图 1-3 所示，2023 年我国养殖水产品产量占水产品总产量的比例为 81.64%，国内捕捞水产品的比例为 15.10%，远洋渔业水产品的比例仅为 3.26%，养殖水产品产量和捕捞水产品产量（包括国内捕捞水产品产量和远洋捕捞水产品产量）的比例为 81.64∶18.36。可以看出，我国水产品以人工养殖为主，人工养殖的比例超过 3/4。

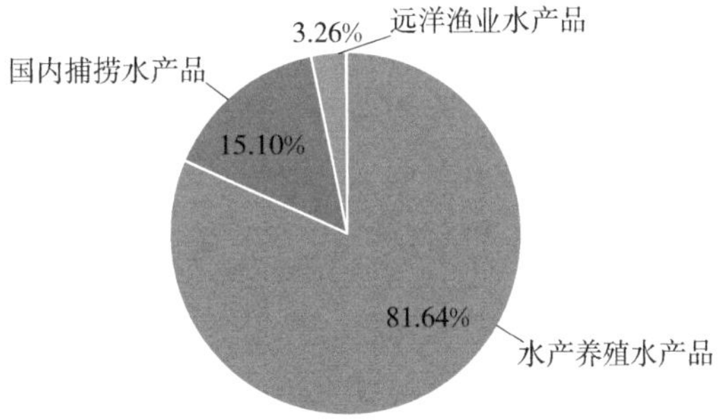

图 1-3　2023 年我国水产养殖、国内捕捞、
远洋渔业水产品产量分布
资料来源：农业农村部渔业渔政管理局，《中国渔业统计年鉴》（2024），并由作者整理计算所得。

三、水产品的地域分布

2022 年，我国水产品总产量前 10 位的省（自治区）分别是广东（8 940 291 吨，13.02%）、山东（8 812 740 吨，12.83%）、福建（8 613 939 吨，12.55%）、浙江（6 217 152 吨，9.06%）、江苏（5 048 566 吨，7.35%）、湖北（5 004 205 吨，7.29%）、辽宁（4 892 341 吨，7.13%）、广西（3 656 705 吨，5.36%）、江西（2 832 383 吨，4.13%）、湖南（2 725 944 吨，3.97%）。以上 10 个省（自治区）的水产品总产量合计为 56 744 266 吨，约占 2022 年我国水产品总产量的 82.69%。可见，广东、山东、福建、浙江、江苏、湖北、辽宁、广西、江西、湖南是我国水产品的主要生产省（自治区）。2023 年，我国水产品总产量前 10 位的省（自治区）分别是广东（9 240 225 吨，12.98%）、山东（9 139 462 吨，12.84%）、福建（8 901 956 吨，12.51%）、浙江（6 479 255 吨，9.1%）、湖北（5 227 890 吨，7.35%）、江苏（5 220 527 吨，7.34%）、辽宁（5 081 185 吨，7.214%）、广西（3 785 901 吨，5.32%）、江西（2 966 762 吨，

4.17％)、湖南（2 858 964 吨，4.02％)。以上
10 个省（自治区）的水产品总产量合计为
58 902 127吨，约占 2023 年我国水产品总产量的
82.84％（图1-4、表1-2)。

2023 年，水产品产量增长率较高的省份分
别是山东（13.06％)、广东（11.98％)、福建
(11.51％)、浙江（10.47％)、湖北（8.94％)、
辽宁（7.55％)、江苏（6.87％)、江西
(5.37％)、湖南（5.32％)、广西（5.16％)。山
东水产品产量增长率最高，较 2022 年增长了
326 722吨，河北、四川、湖北、山东的水产品
产量均在 100 万吨以上，实现较高的增长率实属
不易。其他增长率较高省份的水产品产量相对较
低，均在 100 万吨以下。除此之外，上海市的水
产品产量在 2023 年出现负增长，下降了 10.75％
(表1-2)。

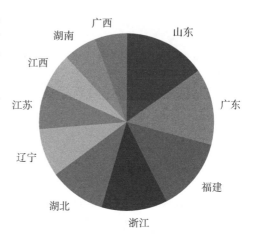

图 1-4　2023 年我国水产品生产的主要省
（自治区）

资料来源：农业农村部渔业渔政管理局，
《中国渔业统计年鉴》(2024)，并由作者整理计算所得。

表 1-2　2022—2023 年我国水产品产地组成

地区	2022 年水产品产量（吨）	2023 年水产品产量（吨）	2023 年比 2022 年增减	
			绝对量（吨）	增幅（％)
广东	8 940 291	9 240 255	299 964	3.36
山东	8 812 740	9 139 462	326 722	3.71
福建	8 613 939	8 901 956	288 017	3.34
浙江	6 217 152	6 479 255	262 103	4.22
江苏	5 048 566	5 220 527	171 961	3.41
湖北	5 004 205	5 227 890	223 685	4.47
辽宁	4 892 341	5 081 185	188 844	3.86
广西	3 656 705	3 785 901	129 196	3.53
江西	2 832 383	2 966 762	134 379	4.74
湖南	2 725 944	2 858 964	133 020	4.88
安徽	2 455 031	2 540 415	85 384	3.48
四川	1 721 461	1 788 643	67 182	3.90
海南	1 703 110	1 751 693	48 583	2.85
河北	1 124 367	1 147 389	23 022	2.05
河南	942 473	979 498	37 025	3.93
黑龙江	735 001	775 427	40 426	5.50

地区	2022 年水产品产量 （吨）	2023 年水产品产量 （吨）	2023 年比 2022 年增减	
			绝对量（吨）	增幅（%）
云南	678 824	701 723	22 899	3.37
重庆	566 303	588 903	22 600	3.99
天津	281 198	291 197	9 999	3.56
贵州	268 433	281 547	13 114	4.89
吉林	251 246	255 310	4 064	1.62
上海	254 657	227 280	−27 377	−10.75
陕西	173 500	180 409	6 909	3.98
新疆	173 000	183 999	10 999	6.36
宁夏	170 448	174 974	4 526	2.66
内蒙古	108 696	111 657	2 961	2.72
山西	53 081	55 455	2 374	4.47
北京	17 492	18 554	1 062	6.07
青海	18 881	18 899	18	0.10
甘肃	14 380	14 883	503	3.50
西藏	125	224	99	79.20
全国	68 659 122	71 161 716	2 502 594	3.64

资料来源：农业农村部渔业渔政管理局，《中国渔业统计年鉴》（2023—2024），并由作者整理计算所得。

第二节　水产养殖市场供应

人工养殖是我国水产品生产的重要来源。2023 年，人工养殖水产品产量占水产品总产量的比例已达 81.64%，在我国水产品生产供应中的地位越来越重要。我国水产品产量主要来自水产养殖，水产养殖产量仍然保持稳定增长。2023 年，全国水产品养殖产量为 5 089.61 万吨，同比增长 4.39%。

一、水产品养殖结构组成

2023 年，我国海水养殖水产品产量为 2 395.60 万吨，较 2022 年增长 119.90 万吨，增长了 5.27%，占水产养殖总产量的 41.24%；淡水养殖水产品产量为 3 414.01 万吨，较 2022 年增长 124.25 万吨，增长了 3.78%，占水产养殖总产量的 58.76%（图 1-5）。可见，我国水产养殖中淡水养殖所占比重略大于海水养殖。

海水养殖中（表 1-3），2022 年海上养殖水产品产量为 22 756 987 吨，滩涂养殖水产品产量为 6 431 117 吨，其他养殖水产品产量 2 800 421 吨。2023 年，我国海上养殖水产品产量为 14 615 913 吨，较 2022 年增长 1 090 464 吨，增长了 8.06%；滩涂养殖水产品产量为 6 289 343吨，较 2022 年下降 141 774 吨，下降了 2.20%；其他养殖水产品产量为 3 050 714 吨，较 2022 年增长 250 293 吨，增长了 8.94%。可见，我国海水养殖以海上养殖为主。

淡水养殖中（表1-3），2022年池塘养殖水产品产量为24 142 957吨，湖泊养殖水产品产量为827 814吨，水库养殖水产品产量2 870 302吨，稻田养成鱼产量为3 872 155吨，其他养殖水产品产量为717 597吨。2023年，我国池塘养殖水产品产量为24 531 933吨，较2022年增长388 976吨，增长了1.61%；湖泊养殖水产品产量为959 996吨，较2022年增加132 182吨，增长了15.97%；水库养殖水产品产量为3 055 800吨，较2022年增加185 498吨，增长了6.46%；稻田养成鱼产量为4 166 499吨，较2022年增加294 344吨，增长了7.60%；其他养殖水产品产量为940 328吨，较2022年增加222 731吨，增长了31.04%。可见，我国淡水养殖以

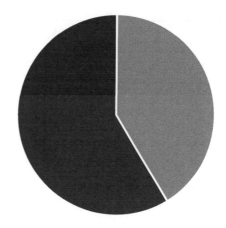

■海水养殖　■淡水养殖

图1-5　2023年我国水产养殖结构组成
资料来源：农业农村部渔业渔政管理局，《中国渔业统计年鉴》（2024），并由作者整理计算所得。

池塘养殖为主，且池塘养殖和稻田养成鱼的水产品产量以及湖泊养殖和水库养殖水产品产量实现稳定增长。

表1-3　2022—2023年我国水产品产量变化情况

水产养殖类型	具体类别	2023年（吨）	2022年（吨）	2023年比2022年增减	
				绝对量（吨）	增幅（%）
海水养殖	海上	14 615 913	13 525 449	1 090 464	8.06
	滩涂	6 289 343	6 431 117	−141 774	−2.20
	其他	3 050 714	2 800 421	250 293	8.94
	总计	23 955 970	22 756 987	1 198 983	5.27
淡水养殖	池塘	24 531 933	24 142 957	388 976	1.61
	湖泊	959 996	827 814	132 182	15.97
	水库	3 055 800	2 870 302	185 498	6.46
	河沟	485 583	466 815	18 768	4.02
	稻田养成鱼	4 166 499	3 872 155	294 344	7.60
	其他	940 328	717 597	222 731	31.04
	总计	34 140 139	32 897 640	1 242 499	3.78
水产养殖总计		58 096 109	55 654 627	2 441 482	4.39

资料来源：农业农村部渔业渔政管理局，《中国渔业统计年鉴》（2023—2024），并由作者整理计算所得。

二、海水养殖

我国海水养殖业随着新中国的成立从零开始快速发展，1992年我国一跃成为全球最大的海水养殖生产国，并一直稳居世界首位。海水养殖在我国大农业体系中发挥着越来越重要的作用，在一些沿海地区，海水养殖已经发展为当地农村的支柱产业，成为经济发展和渔民

生活水平提高的重要动力。

（一）海水养殖水产品组成

图1-6是2023年我国海水养殖水产品组成。2023年，我国海水养殖的水产品中，贝类产量占海水养殖水产品产量的比例为68.71%；其次为藻类，所占比例为11.99%；甲壳类、鱼类、其他类所占的比例分别为8.58%、8.59%和2.13%。总体来说，我国海水养殖的水产品以贝类和藻类为主。

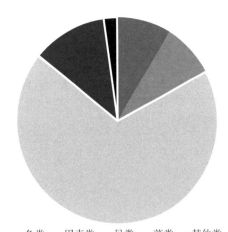

■鱼类　■甲壳类　■贝类　■藻类　■其他类

图1-6　2023年我国海水养殖水产品组成

资料来源：农业农村部渔业渔政管理局，《中国渔业统计年鉴》(2024)，并由作者整理计算所得。

（二）海水养殖水产品的具体种类

1. 贝类

贝类是我国海水养殖中最大的水产品种类，2022年海水养殖中贝类产量为15 695 844吨，2023年增长为16 460 579吨，较2022年增长4.87%。表1-4分析了2022—2023年我国海水养殖贝类组成。2023年，我国海水养殖贝类的主要种类按产量由高到低依次是牡蛎、蛤、扇贝、蛏、贻贝、蚶、螺、鲍和江珧。其中，牡蛎和蛤的产量最高，分别为6 671 197吨和4 449 106吨，牡蛎较2022年增长7.61%，蛤较2022年增加了1.62%。扇贝的产量也较高，为1 854 344吨，较2022年上升了3.47%。从增长率的角度看，牡蛎的增长率最高，高达7.61%。

表1-4　2022—2023年我国海水养殖贝类组成

水产种类	2023年产量（吨）	2022年产量（吨）	2023年比2022年增减	
			绝对量（吨）	增幅（%）
牡蛎	6 671 197	6 199 540	471 657	7.61
蛤	4 449 106	4 378 040	71 066	1.62
扇贝	1 854 344	1 792 240	62 104	3.47
蛏	850 743	847 626	3 117	0.37
贻贝	777 065	771 230	5 835	0.76
蚶	343 500	345 371	−1 871	−0.54
螺	339 737	323 079	16 658	5.16
鲍	244 991	228 190	16 801	7.36
江珧	3 769	9 367	−5 598	−59.76
总计	16 460 579	15 695 844	764 735	4.87

资料来源：农业农村部渔业渔政管理局，《中国渔业统计年鉴》(2023—2024)，并由作者整理计算所得。

2. 藻类

藻类是我国海水养殖中第二大的水产品种类，2023年海水养殖中藻类产量为2 871 947吨，较2022年的2 713 914吨增长了5.82%。表1-5分析了2022—2023年我国海水养殖藻类组成。2023年，我国海水养殖藻类的主要种类按产量由高到低依次是海带、江蓠、紫菜、裙带菜、羊栖菜、麒麟菜。其中，海带在 2023 年的产量高达 1 779 885 吨，是我国海水养殖中最重要的藻类。其他藻类的产量均在 100 万吨以下。从增长率的角度看，麒麟菜、海带的增长率较高，由于麒麟菜基数极小，所以产量稍微增长便可引起较大的增长率；江蓠、裙带菜、紫菜则出现了负增长。

表 1-5　2022—2023 年我国海水养殖藻类组成

水产种类	2023 年产量（吨）	2022 年产量（吨）	2023 年比 2022 年增减	
			绝对量（吨）	增幅（%）
海带	1 779 885	1 430 575	349 310	24.42
江蓠	546 227	610 824	−64 597	−10.58
紫菜	209 939	217 658	−7 719	−3.55
裙带菜	205 551	206 129	−578	−0.28
羊栖菜	41 321	33 372	7 949	23.82
麒麟菜	395	266	129	48.50
总计	2 871 947	2 713 914	158 033	5.82

资料来源：农业农村部渔业渔政管理局，《中国渔业统计年鉴》(2023—2024)，并由作者整理计算所得。

3. 甲壳类

2023 年海水养殖中甲壳类产量为 1 889 986 吨，较 2022 年的 1 795 446 吨增长了 5.27%，实现了较平稳的增长。其中，虾类产量为 1 766 331 吨，较 2022 年的 1 661 765 吨增长了 6.29%；蟹类产量为 288 799 吨，较 2022 年的 290 711 吨下降了 0.66%。2023 年，我国海水养殖甲壳类的主要种类按产量由高到低依次是南美白对虾、青蟹、斑节对虾、梭子蟹、日本对虾和中国对虾。其中，南美白对虾在 2023 年的产量高达 1 429 832 吨，位列海水养殖甲壳类产量第一位，其他甲壳类的产量均较低。由此可知，我国海水养殖甲壳类以虾类为主，且主要为南美白对虾。2023 年比 2022 年，斑节对虾的增长率高达 12.29%(表 1-6)。

表 1-6　2022—2023 年我国海水养殖甲壳类组成

水产种类	2023 年产量（吨）	2022 年产量（吨）	2023 年比 2022 年增减	
			绝对量（吨）	增幅（%）
南美白对虾	1 429 832	1 340 280	89 552	6.68
青蟹	157 012	154 661	2 351	1.52
斑节对虾	128 420	114 360	14 060	12.29
梭子蟹	101 614	109 017	−7 403	−6.79
日本对虾	45 968	46 199	−231	−0.50
中国对虾	27 140	30 929	−3 789	−12.25
总计	1 889 986	1 795 446	94 540	5.27

资料来源：农业农村部渔业渔政管理局，《中国渔业统计年鉴》(2023—2024)，并由作者整理计算所得。

4. 鱼类

2022 年海水养殖鱼类产量为 1 925 574 吨，2023 年增长为 2 057 102 吨，较 2022 年增长 6.83%（表 1-7）。2023 年，我国海水养殖鱼类按产量由高到低依次是大黄鱼、鲈、石斑鱼、鲷、鲆、美国红鱼、军曹鱼、鰤、河鲀、鲽。其中，大黄鱼、鲈、石斑鱼、鲷、鲆的产量均在 10 万吨以上，其他鱼类的产量则较低。从增长率的角度看，石斑鱼、军曹鱼、鲈的增长率较高，均保持在 13% 以上；鰤、河鲀出现了负增长。

表 1-7　2022—2023 年我国海水养殖鱼类组成

水产种类	2023 年产量（吨）	2022 年产量（吨）	2023 年比 2022 年增减	
			绝对量（吨）	增幅（%）
大黄鱼	280 997	257 683	23 314	9.05
鲈	246 918	218 053	28 865	13.24
石斑鱼	241 480	205 816	35 664	17.33
鲷	147 314	136 487	10 827	7.93
鲆	101 935	100 694	1 241	1.23
美国红鱼	64 749	62 884	1 865	2.97
军曹鱼	33 210	28 971	4 239	14.63
鰤	19 352	20 949	−1 597	−7.62
河鲀	15 152	16 626	−1 474	−8.87
鲽	12 904	12 879	25	0.19
总计	2 057 102	1 925 574	131 528	6.83

资料来源：农业农村部渔业渔政管理局，《中国渔业统计年鉴》(2023—2024)，并由作者整理计算所得。

5. 其他类

其他类水产品中，2023 年海水养殖海参产量为 292 045 吨，较 2022 年的 248 508 吨增长 17.52%；海蜇产量为 80 521 吨，较 2022 年的 84 160 吨下降了 4.32%；海胆产量为 4 771 吨，较 2022 年的 5 155 吨下降了 7.45%（表 1-8）。2023 年比 2022 年，海水珍珠增长率为 −6.93%，海蜇和海胆也出现了负增长。

表 1-8　2022—2023 年我国海水养殖其他类水产品

水产种类	2023 年产量（吨）	2022 年产量（吨）	2023 年比 2022 年增减	
			绝对量（吨）	增幅（%）
海参	292 045	248 508	43 537	17.52
海蜇	80 521	84 160	−3 639	−4.32
海胆	4 771	5 155	−384	−7.45
海水珍珠	2 149	2 309	−160	−6.93
总计	511 232	469 179	42 053	8.96

资料来源：农业农村部渔业渔政管理局，《中国渔业统计年鉴》(2023—2024)，并由作者整理计算所得。

（三）海水养殖的地域分布

2023 年，我国海水养殖水产品的主要省（自治区、直辖市）是山东（5 810 029 吨，24.25%）、福建（5 798 416 吨，24.20%）、广东（3 572 835 吨，14.91%）、辽宁

（3 567 798 吨，14.89%）、广西（1 732 371 吨，7.23%）、浙江（1 618 059 吨，6.75%）、江苏（950 899 吨，3.97%）、河北（608 091 吨，2.54%）、海南（286 867 吨，1.20%）、天津（10 605 吨，0.04%）。其中，山东、福建、广东、辽宁四个省份的海水养殖水产品产量较高，四个省份海水养殖水产品产量之和为 18 749 078 吨，占我国海水养殖水产品产量的 78.25%（图 1-7）。

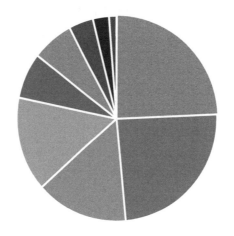

■山东 ■福建 ■广东 ■辽宁 ■广西 ■浙江 ■江苏 ■河北 ■海南 ■天津

图 1-7　2023 年我国海水养殖的主要省份

资料来源：农业农村部渔业渔政管理局，《中国渔业统计年鉴》（2024），并由作者整理计算所得。

三、淡水养殖

（一）淡水养殖水产品组成

图 1-8 是 2023 年我国淡水养殖水产品组成。2023 年，我国淡水养殖的水产品中，鱼类产量占淡水养殖水产品产量的比例最高，为 81.18%；其次为甲壳类，所占比例为 15.61%；贝类、藻类、其他类所占的比例均较低。由此可见，与以贝类为主的海水养殖不同，我国淡水养殖的水产品以鱼类为主。表 1-9 为 2022—2023 年我国淡水养殖水产品组成。

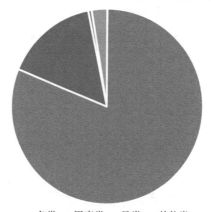

■鱼类 ■甲壳类 ■贝类 ■其他类

图 1-8　2023 年我国淡水养殖水产品组成

资料来源：农业农村部渔业渔政管理局，《中国渔业统计年鉴》（2024），并由作者整理计算所得。图中忽略了藻类。

表 1 - 9　2022—2023 年我国淡水养殖水产品组成

水产种类	2023 年产量（吨）	2022 年产量（吨）	2023 年比 2022 年增减	
			绝对量（吨）	增幅（%）
鱼类	27 715 920	27 104 811	611 109	2.25
甲壳类	5 328 420	4 895 892	432 528	8.83
贝类	198 432	189 745	8 687	4.58
藻类	11 104	9 991	1 113	11.14
其他类	886 263	697 201	189 062	27.12
观赏鱼（万尾）	355 464	355 976	−511	−0.14
总计	34 140 139	27 104 811	7 035 328	25.96

资料来源：农业农村部渔业渔政管理局，《中国渔业统计年鉴》（2023—2024），并由作者整理计算所得。

（二）淡水养殖水产品的具体种类

1. 鱼类

鱼类是我国淡水养殖中最大的水产品种类，占我国淡水养殖水产品产量的比例超过八成。2022 年淡水养殖中鱼类产量为 27 104 811 吨，2023 年增长为 27 715 920 吨，较 2022 年上升了 2.25%。表 1 - 10 分析了 2022—2023 年我国淡水养殖鱼类组成。2023 年，我国淡水养殖的鱼类共计 25 种，青鱼、草鱼、鲢、鳙、鲤和鲫是产量最高的淡水养殖鱼类，2023 年的产量分别 5 941 315 吨、3 860 380 吨、3 349 884 吨、2 873 211 吨、2 840 261 吨；草鱼和鳙较 2022 年分别增长了 0.62% 和 2.49%；鲢和鲫的产量较 2022 年分别下降了 0.50% 和 0.32%；鲤产量较 2022 年上升了 1.06%。在上述 5 种产量最高的大宗淡水养殖鱼类中，草鱼、鲢、鳙属于我国传统的"四大家鱼"，鲤和鲫也是我国传统的食用大宗淡水鱼鱼类。从增长率的角度看，长吻鮠、鳜、鲟、鲈、鳟等特色淡水鱼的增长率较高，分别为 103.35%、18.95%、14.07%、10.66%、10.10%。由于长吻鮠产量的基数较小，所以产量稍微增加便可引起较大的增长率。鲢、鲫、泥鳅、鲇、鲑、河鲀、银鱼、短盖巨脂鲤、池沼公鱼的产量均呈现负增长趋势。

表 1 - 10　2022—2023 年我国淡水养殖鱼类组成

水产种类	2023 年产量（吨）	2022 年产量（吨）	2023 年比 2022 年增减	
			绝对量（吨）	增幅（%）
草鱼	5 941 315	5 904 805	36 510	0.62
鲢	3 860 380	3 879 775	−19 395	−0.50
鳙	3 349 884	3 268 510	81 374	2.49
鲤	2 873 211	2 843 157	30 054	1.06
鲫	2 840 261	2 849 494	−9 233	−0.32
罗非鱼	1 816 828	1 738 947	77 881	4.48
鳊	738 727	767 343	−28 616	−3.73
青鱼	5 800 057	5 904 805	−104 748	−1.77%
鲈	888 030	802 486	85 544	10.66

（续）

水产种类	2023 年产量 （吨）	2022 年产量 （吨）	2023 年比 2022 年增减	
			绝对量（吨）	增幅（%）
黄颡鱼	622 651	599 801	22 850	3.81
乌鳢	605 438	553 196	52 242	9.44
鳜	477 592	401 490	76 102	18.95
泥鳅	342 621	374 981	−32 360	−8.63
鲴	441 027	416 200	24 827	5.97
鲇	316 385	325 356	−8 927	−2.76
黄鳝	355 203	334 215	20 988	6.28
鳗鲡	291 566	281 730	9 836	3.49
鲟	149 376	130 951	18 425	14.07
短盖巨脂鲤	39 335	43 181	−3 846	−8.91
鳟	41 116	37 345	3 771	10.10
长吻鮠	48 614	23 907	24 707	103.35
河鲀	11 830	14 434	−2 604	−18.04
银鱼	11 516	12 177	−661	−5.43
池沼公鱼	3 821	3 944	−123	−3.12
鲑	2 022	2 911	−889	−30.54
总计	27 715 920	27 104 811	611 109	2.25

资料来源：农业农村部渔业渔政管理局，《中国渔业统计年鉴》（2023—2024），并由作者整理计算所得。

2. 甲壳类

甲壳类是我国淡水养殖中第二大水产品种类，2023 年淡水养殖中甲壳类产量为 5 328 420 吨，较 2022 年的 4 895 892 吨增长了 8.83%（表 1 - 11）。其中，虾类产量为 4 439 791 吨，较 2022 年的 4 080 574 吨增长了 8.80%；蟹类产量为 888 629 吨，较 2022 年的 815 318 吨增长了 8.99%。表 1 - 11 分析了 2022—2023 年我国淡水养殖甲壳类组成。2023 年，我国淡水养殖甲壳类的主要种类按产量由高到低依次是小龙虾（克氏原螯虾）、河蟹、南美白对虾（凡纳滨对虾）、青虾和罗氏沼虾。其中，小龙虾、河蟹、南美白对虾的产量较高，分别 3 161 022 吨、888 629 吨、808 558 吨，较 2022 年分别增长了 9.35%、8.99%、6.62%。青虾产量的增长率则较低，为 0.04%。

表 1 - 11 2022—2023 年我国淡水养殖甲壳类组成

水产种类	2023 年产量 （吨）	2022 年产量 （吨）	2023 年比 2022 年增减	
			绝对量（吨）	增幅（%）
罗氏沼虾	196 374	177 836	18 538	10.42
青虾	226 392	226 312	80	0.04
小龙虾	3 161 022	2 890 684	270 338	9.35
南美白对虾	808 558	758 350	50 208	6.62

水产种类	2023 年产量（吨）	2022 年产量（吨）	2023 年比 2022 年增减	
			绝对量（吨）	增幅（%）
河蟹	888 629	815 318	73 311	8.99
总计	5 328 420	4 895 892	432 528	8.83

资料来源：农业农村部渔业渔政管理局，《中国渔业统计年鉴》（2023—2024），并由作者整理计算所得。

3. 贝类

我国淡水养殖中贝类的产量较低，2023 年螺、河蚌、蚬三种淡水养殖贝类产品的产量分别为 96 960 吨、57 687 吨、20 851 吨，较 2022 年 94 681 吨、52 221 吨、21 550 吨分别增长了 2.41%、10.47% 和下降了 3.24%。详情见表 1-12。

表 1-12　2022—2023 年我国淡水养殖贝类组成

水产种类	2023 年产量（吨）	2022 年产量（吨）	2023 年比 2022 年增减	
			绝对量（吨）	增幅（%）
螺	96 960	94 681	2 279	2.41
河蚌	57 687	52 221	5 466	10.47
蚬	20 851	21 550	−699	−3.24
总计	198 432	189 745	8 687	4.58

资料来源：农业农村部渔业渔政管理局，《中国渔业统计年鉴》（2022—2023），并由作者整理计算所得。

4. 藻类与其他类

我国淡水养殖的藻类主要是螺旋藻，2023 年淡水养殖中螺旋藻产量为 11 104 吨，较 2022 年的 9 991 吨增长了 11.14%。2023 年，我国淡水养殖其他类水产品产量为 886 263 吨，较 2022 年的 697 201 吨增长 27.12%。表 1-13 是 2022—2023 年我国淡水养殖其他类水产品组成。其他类水产品主要包括鳖、蛙、龟和珍珠四类。其中，珍珠的产量较高，2022 年的产量为 697 388 吨，2023 年增加为 754 920 吨，较 2022 年增长了 8.25%。蛙、龟、鳖的产量均较低，2023 年的产量分别为 274 978 吨、63 344 吨和 497 536 千克，较 2022 年分别增长了 27.85%、17.52%、33.13%。

表 1-13　2022—2023 年我国淡水养殖其他类水产品组成

水产种类	2023 年产量（吨）	2022 年产量（吨）	2023 年比 2022 年增减	
			绝对量（吨）	增幅（%）
鳖	497 536	373 709	123 827	33.13
蛙	274 978	215 084	59 894	27.85
龟	63 344	53 902	9 442	17.52
珍珠	754 920	697 388	57 532	8.25
总计	886 263	697 201	189 062	27.12

资料来源：农业农村部渔业渔政管理局，《中国渔业统计年鉴》（2023—2024），并由作者整理计算所得。

（三）淡水养殖的地域分布

图 1-9 显示了 2023 年我国淡水养殖的主要省份，我国 31 个省（自治区、直辖市）有

淡水养殖的水产品。2023 年，我国淡水养殖水产品的主要省份是湖北（5 206 376 吨，15.10%）、广东（4 384 248 吨，13.21%）、江苏（3 620 793 吨，10.85%）、江西（2 935 237吨，8.36%）、湖南（2 857 278 吨，8.34%）、安徽（2 441 235 吨，7.04%）、四川（1 788 643 吨，5.23%）、广西（1 481 911 吨，4.33%）、浙江（1 380 896 吨，3.97%）、山东（1 129 375 吨，3.28%）。以上 10 个省（自治区）的淡水养殖水产品产量总计为27 225 992吨，占我国淡水养殖水产品产量的 79.71%。

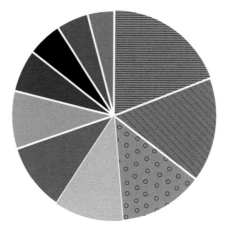

■湖北　■广东　■江苏　■江西　■湖南　■安徽　■四川　■广西　■浙江　■山东

图 1 - 9　2023 年我国淡水养殖的主要省（自治区）

资料来源：农业农村部渔业渔政管理局，《中国渔业统计年鉴》（2024），并由作者整理计算所得。

第三节　国内捕捞与远洋捕捞供应

为了保护渔业资源，实现渔业的可持续发展，我国渔业实行保护资源和减量增收的政策，开始逐步控制水产品的捕捞量，国内捕捞水产品产量增长缓慢，远洋渔业则出现了负增长。

一、国内捕捞结构组成

图 1 - 10 是 2023 年我国国内捕捞结构组成。2023 年，我国国内捕捞实现水产品总产量1 074.33 吨，较 2022 年的 1 067.47 万吨增长了 0.64%。其中，海洋捕捞实现水产品总产量957.49 万吨，较 2022 年的 950.85 万吨增长了 0.70%，海洋捕捞水产品产量占国内捕捞总产量的 89.12%；淡水捕捞实现水产品总产量 116.84 万吨，较 2022 年的 116.62 万吨增长了 0.19%，淡水捕捞水产品产量占国内捕捞总产量的 10.88%。可见，我国的国内捕捞水产品以海洋捕捞为主。

在海洋捕捞中，2023 年，东海捕捞实现水产品产量 4 103 592 吨，较 2022 年的4 094 197吨增长了 0.23%，东海捕捞水产品产量占海洋捕捞总产量的 42.86%。南海捕捞实现水产品产量 2 612 483 吨，较 2022 年的 2 618 534 吨下降了 0.23%，南海捕捞水产品产量占海洋捕捞总产量的 27.28%。黄海捕捞实现水产品产量 2 216 458 吨，较 2022 年的2 187 889 吨增长了 1.31%，黄海捕捞水产品产量占海洋捕捞总产量的 23.15%。渤海捕捞

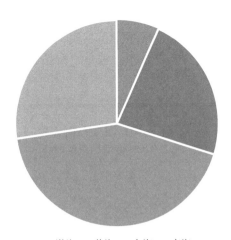

■渤海 ■黄海 ■东海 ■南海

图 1 - 10 2023 年我国国内捕捞结构组成

资料来源：农业农村部渔业渔政管理局,《中国渔业统计年鉴》(2024),并由作者整理计算所得。

实现水产品总产量 642 336 吨，较 2022 年的 607 888 吨增长了 5.67%，渤海捕捞水产品产量占海洋捕捞总产量的 6.71%。由此可知，东海、南海和黄海的海洋捕捞水产品量均较高，渤海的海洋捕捞量相对较低。

二、海洋捕捞

（一）海洋捕捞水产品组成

2023 年，我国海洋捕捞的水产品中，鱼类捕捞量占海洋捕捞水产品产量的比例最高，为 67.47%；其次为甲壳类，所占比例为 19.89%；头足类、贝类、其他类、藻类所占的比例分别为 6.20%、3.69%、2.52% 和 0.23%。总体来说，我国海洋捕捞的水产品以鱼类为主（表 1 - 14）。

表 1 - 14 2022—2023 年我国海洋捕捞水产品组成

水产种类	2023 年产量（吨）	2022 年产量（吨）	2023 年比 2022 年增减	
			绝对量（吨）	增幅（%）
鱼类	6 459 965	6 418 652	41 313	0.64
甲壳类	1 904 573	1 885 340	19 233	1.02
贝类	353 174	362 916	−9 742	−2.68
藻类	21 973	19 392	2 581	13.31
头足类	593 590	591 514	2 076	0.35
其他	241 594	230 694	10 900	4.72
总计	9 574 896	9 508 508	66 388	0.70

资料来源：农业农村部渔业渔政管理局,《中国渔业统计年鉴》(2023—2024),并由作者整理计算所得。

（二）海洋捕捞水产品的具体种类

1. 鱼类

鱼类是我国海洋捕捞中最大的水产品种类。2022 年海洋捕捞中鱼类的产量为 6 418 652

吨，2023 年上升为 6 459 965 吨，较 2022 年增长了 0.64%（表 1-15）。2023 年，我国海洋捕捞鱼类的主要种类按产量由高到低依次是带鱼、鳀、鲐、蓝圆鲹、鲅、鲳、海鳗、金线鱼、小黄鱼、梅童鱼、鲷、马面鲀、石斑鱼、梭鱼、白姑鱼、沙丁鱼、玉筋鱼、鲻、黄姑鱼、鳓、鮸、大黄鱼、金枪鱼、方头鱼、竹筴鱼和鲱。其中，带鱼的产量最高，为 910 275 吨，较 2022 年增长了 0.75%。鳀、鲐和蓝圆鲹产量也较高，分别为 632 576 吨和 394 026 吨，较 2022 年分别增长了 5.17% 和下降了 0.46%。

表 1-15　2022—2023 年我国海洋捕捞鱼类组成

水产种类	2023 年产量（吨）	2022 年产量（吨）	2023 年比 2022 年增减	
			绝对量（吨）	增幅（%）
带鱼	910 275	903 498	6 777	0.75
鳀	632 576	601 461	31 115	5.17
蓝圆鲹	394 026	395 862	−1 836.	−0.46
鲐	394 073	371 772	22 301	6.00
鲅	367 965	356 177	11 788	3.31
鲳	340 982	341 563	−581	−0.17
金线鱼	309 387	313 852	−4 465	−1.42
海鳗	322 029	326 726	−4 697	−1.44
小黄鱼	267 298	268 730	−1 432	−0.53
梅童鱼	179 194	189 604	−10 410	−5.49
鲷	133 365	126 969	6 396	5.04
马面鲀	119 172	122 258	−3 086	−2.52
梭鱼	102 719	104 424	−1 705	−1.63
白姑鱼	90 224	90 895	−671	−0.74
石斑鱼	113 218	105 792	7 426	7.02
沙丁鱼	84 588	83 190	1 398	1.68
玉筋鱼	87 003	83 602	3 401	4.07
鲻	69 611	69 534	77	0.11
黄姑鱼	67 023	66 002	1 021	1.55
鳓	59 159	57 833	1 326	2.29
鮸	57 152	58 204	−1 052	−1.81
方头鱼	36 530	36 749	−219	−0.60
大黄鱼	39 011	37 098	1 913	5.16
金枪鱼	38 253	40 461	−2 208	−5.46
竹筴鱼	25 348	26 577	−1 229	−4.62
鲱	8 368	8 650	−282	−3.26
总计	6 459 965	6 418 652	41 313	0.64

资料来源：农业农村部渔业渔政管理局，《中国渔业统计年鉴》（2023—2024），并由作者整理计算所得。

2. 甲壳类

甲壳类是我国海洋捕捞中第二大的水产品种类。2023 年海洋捕捞中甲壳类水产品产量 1 904 573 吨，较 2022 年的 1 885 340 吨上升了 1.02%（表 1-16）。其中，虾类产量为 1 253 687 吨，较 2022 年的 1 237 649 吨上升了 1.30%；蟹类产量为 650 886 吨，较 2022 年的 647 691 吨上升了 0.49%。表 1-16 分析了 2022—2023 年我国海洋捕捞甲壳类组成。2023 年，我国海洋捕捞甲壳类的主要种类按产量由高到低依次是梭子蟹、毛虾、鹰爪虾、虾蛄、对虾、青蟹、鲟。其中，梭子蟹和毛虾的产量均较高，2023 年的产量分别为 461 683 吨和 348 059 吨，较 2022 年分别增长了 0.74% 和下降了 4.04%。整体来说，2023 年海洋捕捞中甲壳类水产品的产量出现正增长，除毛虾、鲟、青蟹三种水产品产量呈现负增长的趋势，其他甲壳类水产品的产量均呈现正增长的趋势。

表 1-16　2022—2023 年我国海洋捕捞甲壳类组成

水产种类	2023 年产量（吨）	2022 年产量（吨）	2023 年比 2022 年增减	
			绝对量（吨）	增幅（%）
梭子蟹	461 683	458 297	3 386	0.74
毛虾	348 059	362 709	−14 650	−4.04
鹰爪虾	249 221	243 304	5 917	2.43
虾蛄	227 265	222 009	5 256	2.37
对虾	219 175	207 519	11 656	5.62
青蟹	67 079	69 025	−1 946	−2.82
鲟	23 467	24 448	−981	−4.01
总计	1 904 573	1 885 340	19 233	1.02

资料来源：农业农村部渔业渔政管理局，《中国渔业统计年鉴》（2023—2024），并由作者整理计算所得。

3. 头足类

2023 年海洋捕捞中头足类水产品产量为 593 590 吨，较 2022 年的 591 514 吨增长了 0.35%。其中，鱿鱼产量为 314 565 吨，较 2022 年的 312 123 吨增长了 0.78%；乌贼产量为 132 813 吨，较 2022 年的 129 685 吨增长了 2.41%；章鱼产量为 112 130 吨，较 2022 年的 109 971 吨增长了 1.96%（表 1-17），海洋捕捞中头足类水产品均呈上升趋势。

表 1-17　2022—2023 年我国海洋捕捞头足类组成

水产种类	2023 年产量（吨）	2022 年产量（吨）	2023 年比 2022 年增减	
			绝对量（吨）	增幅（%）
鱿鱼	314 565	312 123	2 442	0.78
乌贼	132 813	129 685	3 128	2.41
章鱼	112 130	109 971	2 159	1.96
总计	593 590	591 514	2 076	0.35

资料来源：农业农村部渔业渔政管理局，《中国渔业统计年鉴》（2023—2024），并由作者整理计算所得。

4. 贝类、藻类和其他类

2023 年海洋捕捞中贝类水产品产量为 353 174 吨，较 2022 年的 362 916 吨下降了 2.68%。海洋捕捞中藻类水产品产量为 21 973 吨，较 2022 年的 19 392 吨增长了 13.31%。

海洋捕捞中其他类水产品产量为 241 594 吨，较 2022 年的 230 694 吨增长了 4.72%；其中海蜇产量为 147 693 吨，较 2022 年的 145 125 吨增长了 1.77%。

（三）海洋捕捞的地域分布

2023 年，我国海洋捕捞水产品的主要省份是浙江（2 572 000 吨，27.00%）、山东（1 723 239 吨，17.78%）、福建（1 529 038 吨，16.09%）、广东（1 136 931 吨，11.85%）、海南（999 997 吨，10.52%）、广西（475 555 吨，5.04%）、辽宁（493 661 吨，5.00%）、江苏（417 605 吨，4.34%）、河北（190 146 吨，2.01%）、天津（27 101 吨，0.28%）、上海（9 596 吨，0.10%）。其中，浙江、山东、福建、广东、海南五个省份的海洋捕捞水产品产量较高，五个省份海洋捕捞水产品产量合计为 796 万吨，占我国海洋捕捞水产品产量的 83.24%（图 1-11）。

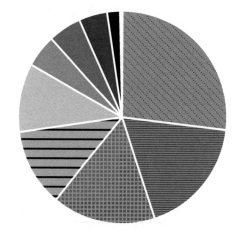

■浙江 ■山东 ■福建 ■广东 ■海南 ■广西 ■辽宁 ■江苏 ■河北 ■天津 ■上海

图 1-11　2023 年我国海洋捕捞的主要省份

资料来源：农业农村部渔业渔政管理局，《中国渔业统计年鉴》（2024），并由作者整理计算所得。

三、淡水捕捞

（一）淡水捕捞水产品组成

2023 年，我国淡水捕捞的水产品中，鱼类所占的比例最高，为 77.76%；甲壳类和贝类的比例也较高，所占比例分别为 10.34% 和 10.85%；藻类和其他类所占的比例均较低。由此可见，与海洋捕捞类似，我国淡水捕捞的水产品也以鱼类为主。

（二）淡水捕捞水产品的具体种类

2023 年，淡水捕捞中鱼类产量为 90.85 万吨，较 2022 年增加 1.13%；甲壳类产量为 12.08 万吨，较 2022 年减少了 2.21%；贝类产量为 12.98 万吨，较 2022 年减少了 1.39%；其他类产量为 1.23 万吨，较 2022 年减少了 2.81%（表 1-18）。

表 1-18　2022—2023 年我国淡水捕捞水产品组成

水产种类	2023 年产量（吨）	2022 年产量（吨）	2023 年比 2022 年增减	
			绝对量（吨）	增幅（%）
鱼类	908 467	898 335	10 132	1.13

水产种类	2023 年产量（吨）	2022 年产量（吨）	2023 年比 2022 年增减	
			绝对量（吨）	增幅（％）
甲壳类	120 828	123 564	−2 736	−2.21
贝类	129 848	131 684	−1 836	−1.39
藻类	3	6	−3	−50
其他类	12 259	12 613	−354	−2.81
总计	1 168 405	1 166 202	2 203	0.19

资料来源：农业农村部渔业渔政管理局，《中国渔业统计年鉴》（2023—2024），并由作者整理计算所得。

（三）淡水捕捞的地域分布

图 1-12 是 2023 年我国淡水捕捞的主要省份，除中国香港、中国澳门、中国台湾和甘肃、青海等地区外，我国 29 个省（自治区、直辖市）均有淡水捕捞的水产品。2023 年，我国淡水捕捞水产品的主要省（自治区）是江苏（179 874 吨，14.86％）、浙江（163 947 吨，13.05％）、安徽（99 180 吨，10.26％）、河南（110 106 万吨，9.18％）、山东（104 956 吨，7.99％）、广东（74 438 吨，7.44％）、广西（80 056 吨，7.14％）、福建（72 756 吨，6.00％）、黑龙江（50 580 吨，3.59％）、辽宁（34 073 吨，3.09％）。以上 10 个省（自治区）的淡水捕捞水产品产量总计为 97.00 万吨，占我国淡水捕捞水产品产量的 82.60％。

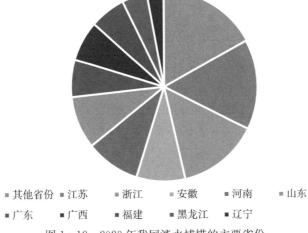

图 1-12　2023 年我国淡水捕捞的主要省份

资料来源：农业农村部渔业渔政管理局，《中国渔业统计年鉴》（2024），并由作者整理计算所得。

四、远洋渔业

（一）远洋渔业概况

改革开放以来，我国远洋渔业异军突起，从 20 世纪 80 年代初开始持续快速发展，渔船规模、装备水平、捕捞加工能力、科研水平已跻身世界前列。2018 年全国远洋渔业总产量和总产值分别 225.75 万吨和 262.73 亿元，作业远洋渔船达到 2 600 多艘，船队总体规模和远洋渔业产量均居世界前列。2022 年，我国远洋渔业水产品总产量为 232.99 万吨，2023 年为 232.98 万吨，较 2022 年减少了 0.004％。2022 年的远洋渔业总产值为 244.23 亿元，2023 年为 254.31 亿元，较 2022 年增加 4.13％（图 1-13），这说明 2023 年我国远洋渔业减量增收、提质增效的效果明显。

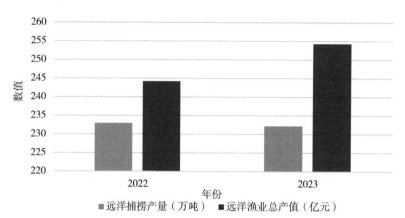

图 1-13　2022—2023 年我国远洋渔业捕捞产量与总产值
资料来源：农业农村部渔业渔政管理局，《中国渔业统计年鉴》（2023—2024）。

（二）远洋渔业水产品的具体种类

鱿鱼、金枪鱼是我国主要的远洋渔业水产品类型。2023 年，鱿鱼和金枪鱼的远洋捕捞量分别为 76.66 万吨和 34.55 万吨（图 1-14）。

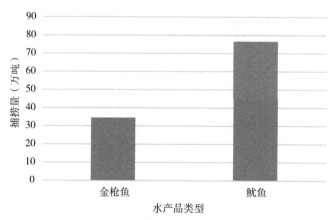

图 1-14　2023 年我国远洋渔业的主要水产品
资料来源：农业农村部渔业渔政管理局，《中国渔业统计年鉴》（2024）。

（三）远洋渔业的地域分布

2023 年，我国远洋渔业的主要省（自治区、直辖市）按照捕捞量由高到低依次是浙江、福建、山东、辽宁、上海、广东、河北、广西、江苏、天津和北京，远洋渔业捕捞量分别为 685 946 吨、615 303 吨、373 700 吨、172 614 吨、128 020 吨、61 933 吨、42 590 吨、18 972吨、15 838 吨、7 468 吨和 4 252 吨。其中，浙江、福建、山东、辽宁、上海的远洋渔业捕捞量均在 10 万吨以上，是我国远洋渔业的最主要省份（图 1-15）。

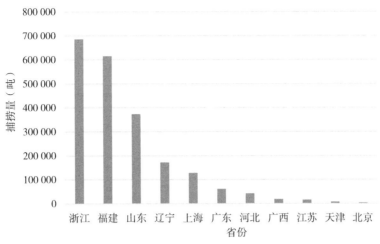

图 1-15 2023 年我国远洋渔业的主要省（自治区、直辖市）
资料来源：农业农村部渔业渔政管理局，《中国渔业统计年鉴》（2024）。

第四节 水产品生产要素投入

近年来，我国水产品总产量稳步增长，先后突破 5 000 万吨和 6 000 万吨关口，2023 年已经达到 7 116.17 万吨，这些成绩离不开生产要素投入的保障。本节将重点分析我国水产品生产要素投入情况。

一、水产养殖面积

图 1-16 是 2016—2023 年我国水产养殖面积。2016 年，我国水产养殖面积为 744.56 万公顷，2017 年上升到 744.90 万公顷，2023 年水产养殖面积上升为 762.46 万公顷，近 8 年来，我国水产养殖面积基本稳定在 700 万公顷左右。

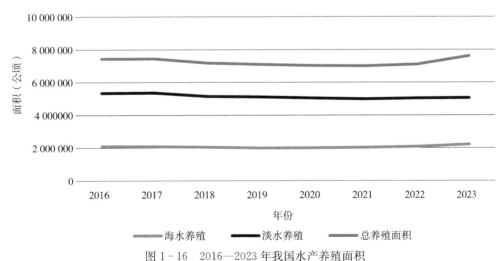

图 1-16 2016—2023 年我国水产养殖面积
资料来源：农业农村部渔业渔政管理局，《中国渔业统计年鉴》（2017—2024）。

具体来说，我国海水养殖面积从 2016 年的 209.81 万公顷上升到 2023 年的 221.49 万公顷，累计增长 5.57%，年均增长 0.78%。我国淡水养殖面积，从 2016 年的 534.74 万公顷增长到 2017 年的 536.50 万公顷，增长 0.33%，但 2023 年为 504.97 万公顷，相较于 2016 年下降了 6.24%。淡水养殖面积下降，和 2021 年中央 1 号文件强调要坚决守住 18 亿亩*耕地红线、遏制耕地"非农化"、防止"非粮化""退塘还田"等因素有直接关系，致使水产养殖发展空间受限，尤其是淡水养殖受影响最大。另外，从淡水养殖和海水养殖面积的统计看，我国淡水养殖面积显著大于海水养殖面积，这也决定了我国水产品养殖以淡水养殖为主。

二、水产苗种数量

我国鱼苗产量的年度变化波动较大，2008 年我国鱼苗产量为 6 906 亿尾，2009 年增长到 9 855 亿尾，2010 年又迅速下降为 3 652 亿尾，之后鱼苗产量逐渐上升，并于 2013 年达到 19 200 亿尾的历史峰值。此后的鱼苗产量持续波动，2016 年为 13 094 亿尾。2008 年以来，我国虾类育苗量也出现了频繁的波动，但整体变动比鱼苗产量稳定。虾类育苗量整体呈现上升的趋势，从 2008 年的 7 752 亿尾增长到 2023 年的 17 465 亿尾，累计增长 125.30%，年均增长 8.35%。水产苗种数量是水产养殖的重要基础，水产苗种数量的大幅度波动不利于保障我国水产品产量稳定，未来需要加强对我国水产苗种数量的管理，以保证我国的水产苗种安全。

三、水产种质资源

水产种质资源是水产养殖业结构调整和水产行业持续健康发展的首要物质基础，保护、开发和利用好水产种质资源是水产养殖业健康持续发展的重要保障。近年来，我国高度重视水产种质资源的保护工作，不断加大水产原良种场和水产种质资源保护区的政策扶持力度，我国的水产种质资源保护工作取得较大成效。图 1-17 是 2009—2017 年我国国家级水产原良种场和水产种质资源保护区数量。从国家级水产原良种场的角度看，2009 年，我国拥有

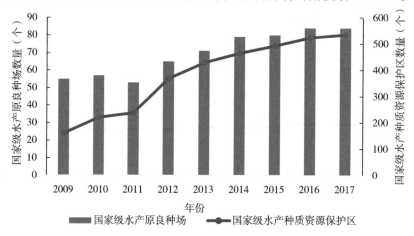

图 1-17　2009—2017 年我国国家级水产原良种场和水产种质资源保护区数量
资料来源：农业农村部渔业渔政管理局，《中国渔业统计年鉴》（2010—2018）。

---

*　亩为非法定计量单位。1 亩＝1/15 公顷。——编者注

国家级水产原良种场 55 个，之后除 2011 年外，一直处于增长态势，到 2016 年已经增长到 84 个，2009—2016 年累计增长了 52.73％，年均增长 6.37％。从国家级水产种质资源保护区的角度看，2009 年，我国拥有国家级水产种质资源保护区 160 个，之后一直保持高速增长，到 2017 年已经增长到 535 个，2009—2017 年累计增长了 234.38％，年均增长 16.35％。

四、重点渔港数量

图 1-18 是 2009—2017 年我国重点渔港数量。2009 年，我国拥有重点渔港 143 个，2010 年和 2011 年拥有的重点渔港数分别为 143 个和 141 个。2011 年以后，我国加强了重点渔港的建设，2012 年和 2013 年的重点渔港数分别为 169 个和 178 个。2014—2017 年，我国的重点渔港数一直维持在 180 个，基本保持稳定。2021 年，在我国拥有的 390 个重点渔港中，沿海中心渔港、沿海一级渔港、内陆重点渔港分别有 73 个、95 个和 222 个，所占比例分别为 18.72％、24.36％和 56.92％（图 1-19）（统计口径有所改变）。

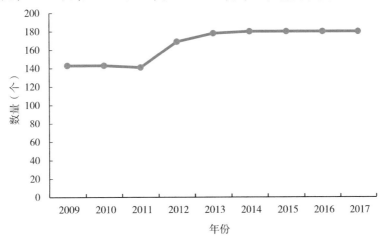

图 1-18　2009—2017 年我国重点渔港数量

资料来源：农业农村部渔业渔政管理局，《中国渔业统计年鉴》（2010—2018）。

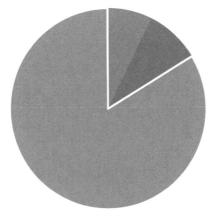

■沿海中心渔港　■沿海一级渔港　■内陆重点渔港

图 1-19　2023 年我国重点渔港组成

资料来源：农业农村部渔业渔政管理局，《中国渔业统计年鉴》（2024）。

五、渔船拥有量

渔船是渔民开展水产养殖和捕捞的重要工具。图1-20显示了2012—2023年我国渔船拥有量。2012年以来，我国渔船拥有量呈下降趋势；2012—2016年下降趋势不明显，基本维持在100万～110万艘。与渔船拥有量类似，机动渔船拥有量在2012—2016年下降趋势不明显，基本保持在65万艘左右，也呈现先小幅上升后小幅下降的趋势，2016年机动渔船拥有量为65.42万艘。非机动渔船整体下降的趋势比渔船总数和机动渔船下降趋势平缓，2012—2023年间非机动渔船拥有量累计下降57.76%，2023年拥有量为15.8万艘。

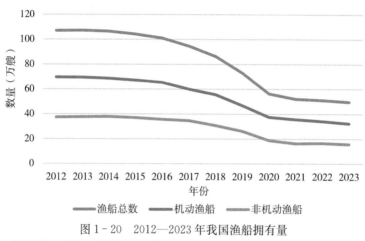

图1-20　2012—2023年我国渔船拥有量

资料来源：农业农村部渔业渔政管理局，《中国渔业统计年鉴》（2013—2024）。

六、渔业人口与渔业从业人员数量

渔业人口指依靠渔业生产和相关活动维持生活的全部人口，包括实际从事渔业生产和相关活动的人口及其赡（抚）养的人口。渔业从业人员是指全社会中16岁以上，有劳动能力，从事一定渔业劳动并取得劳动报酬或经营收入的人员。渔业人口和渔业从业人员显示了从事渔业活动的人口规模。近年来，我国渔业人口呈现逐年下降的趋势，2008年的渔业人口为2 096.13万人，2021年下降为1 720.77万人，累计下降17.91%。渔业从业人员呈现先上升后下降的趋势，2008年的渔业从业人员为1 399.42万人，2011年增长到1 458.50万人的历史峰值；之后渔业从业人员不断下降，尤其是2018年出现显著下降，渔业从业人员为374.31万人；2023年渔业从业人员达到1 176.23万人。渔业人口和渔业从业人员均呈现下降趋势，是我国渔民转产转业、渔业转型升级的结果，随着先进渔业技术的推广和应用，我国渔业所需的从业人员数逐步下降，人均生产率则显著提高。

第五节　渔业灾害威胁水产品数量安全

虽然近年来我国水产品总产量稳步增长，但水产品数量安全依然受到台风、洪涝、病害、干旱、污染等灾害的威胁。图1-21、图1-22分别显示了2009—2023年我国渔业受灾养殖面积和水产品损失、渔业灾害造成的直接经济损失情况。仅2016年的渔业受灾养殖面积就达到 106.95 万公顷，占当年水产养殖面积的 14.36%；水产品损失 164.39 万吨，占当年水产品总产量的 2.38%；给渔业造成的直接经济损失 287.79 亿元，占当年渔业经济总产值的 1.22%。具体来说，2009—2023 年我国渔业受灾养殖面积波动较大，受灾养殖面积最少的是 2023 年，为 22.47 万公顷；最多的是 2011 年，受灾养殖面积高达 167.83 万公顷。与受灾养殖面积类似，2009—2023 年间的水产品损失也呈较大幅度波动，水产品损失最少的年份是 2023 年，为 41.74 万吨；最多的是 2011 年，水产品损失达到 227.43 万吨。近年来，2010—2016 年渔业灾害给我国渔业造成的直接经济损失一直维持在 200 亿元以上，尤其是 2013 年造成的直接经济损失高达 399.74 亿元。可见，渔业灾害给我国水产品数量安全和渔业经济造成巨大的破坏。

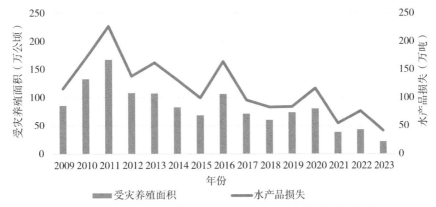

图 1-21　2009—2023 年我国渔业受灾养殖面积和水产品损失

资料来源：农业农村部渔业渔政管理局，《中国渔业统计年鉴》（2010—2024）。

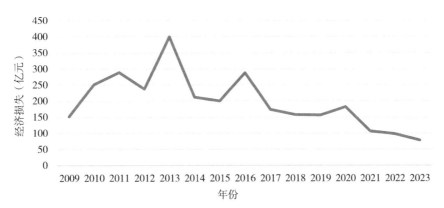

图 1-22　2009—2023 年我国渔业灾害造成的直接经济损失

资料来源：农业农村部渔业渔政管理局，《中国渔业统计年鉴》（2010—2024）。

一、台风、洪涝

台风、洪涝是威胁我国水产品数量安全的最重大渔业灾害，图 1-23 和图 1-24 是台风、洪涝等造成的受灾养殖面积、水产品损失和渔业设施损毁。2009 年以来，台风、洪涝造成的我国渔业受灾养殖面积较大，2010 年受灾养殖面积高达 67.42 万公顷；2016 年则达到 73.48 万公顷的历史极值，是 2015 年受灾养殖面积的 2.27 倍。2018 年之前，台风、洪涝造成的水产品损失保持在 40 万吨以上；2016 年的水产品损失最多，达到 110.03 万吨。2016 年之后，水产品损失数量呈现波动下降趋势，2022 年达到最低值 15.68 万吨，2023 年为 25.77 万吨。从金额的角度，台风、洪涝造成的我国水产品损失波动较大，2009 年、2022 年以及 2023 年的水产品损失较小，分别为 45.04 亿元、24.22 亿元和 40.80 亿元，2013 年和 2016 年的水产品损失较大，分别为 119.98 亿元和 154.82 亿元，均超过了 110 亿元。

从统计数据看，水产养殖生产的风险主要来源于自然灾害带来的财产损失。台风、洪涝等自然灾害多发，经常造成渔船、池塘、网箱、堤坝等生产设施损毁，鱼、虾、蟹等水产品逃逸，池塘水质污染暴发病害，往往使经营者几年的辛苦毁于一旦。据统计，2023 年，由于灾情造成水产品产量损失 25.77 万吨，受灾养殖面积 8.08 万公顷，直接经济损失达到 40.8 亿元。

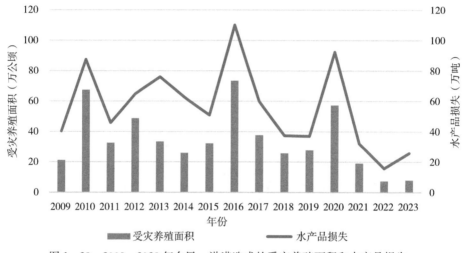

图 1-23　2009—2023 年台风、洪涝造成的受灾养殖面积和水产品损失
资料来源：农业农村部渔业渔政管理局，《中国渔业统计年鉴》（2010—2024）。

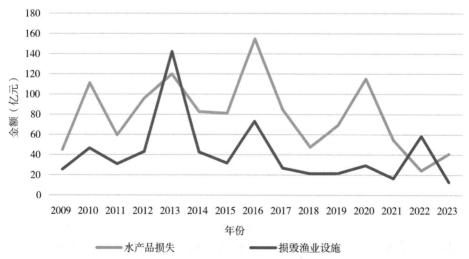

图 1-24　2009—2023 年台风、洪涝造成的水产品损失和渔业设施损毁
资料来源：农业农村部渔业渔政管理局，《中国渔业统计年鉴》（2010—2024）。

除此之外，台风、洪涝还对我国的渔业设施造成严重损毁。台风、洪涝损毁渔业设施的价值基本在 21 亿～50 亿元之间，如 2009—2012 年分别为 25.52 亿元、46.56 亿元、30.92 亿元和 43.11 亿元；2014—2015 年间分别为 42.61 亿元和 31.70 亿元。然而，2013 年，台风、洪涝损毁渔业设施的价值高达 142.32 亿元，是 2009 年的 5.58 倍，创历史新高。2016 年，台风、洪涝损毁我国池塘 22.76 万公顷、网箱和鱼排 56.75 万箱、围栏 95 490 千米、沉船 1 987 艘、船损 3 412 艘、堤坝 2 324.75 千米、泵站 2 491 座、涵闸 1 943 座、码头 9 315米、护岸 188.49 千米、防波堤 55.24 千米、工厂化养殖场 248 座、苗种繁育场 429 个，损毁渔业设施的价值为 73.17 亿元，较 2015 年增长 130.82%，处于 2009 年以来第二高的水平。2016 年之后，台风、洪涝造成的渔业损失呈现下降趋势，下降到 2023 年的 12.83 亿元。

二、渔业病害

图 1-25 和图 1-26 分别显示了 2009—2023 年间渔业病害造成的受灾养殖面积、水产品损失。渔业病害是威胁我国水产品数量安全的又一重大渔业灾害。2009 年，渔业病害造成的水产受灾养殖面积为 24.93 万公顷，之后除 2014 年外，到 2016 年受灾养殖面积呈下降趋势，到 2016 年已经下降为 14.02 万公顷，2009—2016 年累计下降 43.76%，下降幅度明显，这主要得益于我国渔业用药和病害防治技术的发展。伴随着养殖受灾面积的下降，水产品损失的数量也基本呈现下降的趋势，但 2015—2016 年水产品损失数量又有小幅增加，2016 年的水产品损失为 24.80 万吨，较 2015 年增长 6.73%。水产品损失的金额则呈现先上升后下降的趋势，2009 年的水产品损失为 34.48 亿元，到 2013 年增长到 40.75 亿元的历史最高水平。2014—2023 年，我国水产品损失的金额总体呈下降趋势，其中 2023 年的水产品损失金额为 17.31 亿元，较 2014 年下降 38%。可见，近年来，我国渔业病害的情况呈现稳中向好的态势。

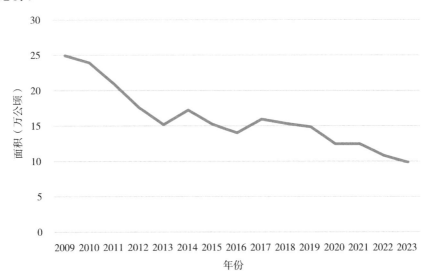

图 1-25　2009—2023 年渔业病害造成的受灾养殖面积
资料来源：农业农村部渔业渔政管理局，《中国渔业统计年鉴》(2010—2024)。

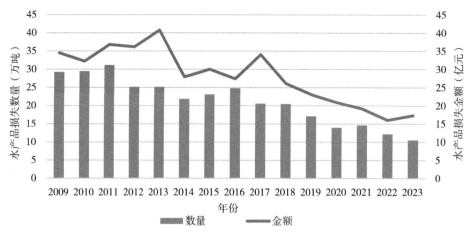

图 1-26　2009—2023 年渔业病害造成的水产品损失

资料来源：农业农村部渔业渔政管理局，《中国渔业统计年鉴》(2010—2024)。

三、干　旱

图 1-27、图 1-28 分别是 2009—2023 年间干旱造成的渔业受灾养殖面积和水产品损失。近年来，极端天气时有发生，导致干旱造成的渔业受灾养殖面积波动幅度巨大。2010年，干旱造成的渔业受灾养殖面积仅为 9.38 万公顷，2011 年则变为 88.35 万公顷，是 2010年的 9.42 倍。2013—2023 年，干旱造成的渔业受灾养殖面积呈下降趋势，由 2013 年的48.27 万公顷下降为 2023 年的 3.00 万公顷，累计下降了 93.78%。干旱造成的水产品损失数量和金额的变动情况与受灾养殖面积基本一致，其中 2011 年的水产品损失情况最为严重，数量和金额分别为 98.47 万吨和 86.20 亿元。2023 年，干旱造成的水产品损失数量和金额分别为 3.3 万吨和 4.84 亿元，较 2022 年分别下降 34.99% 和 22.36%。可见，近年来，干旱对我国渔业造成损失的情况也呈现逐步向好的态势。

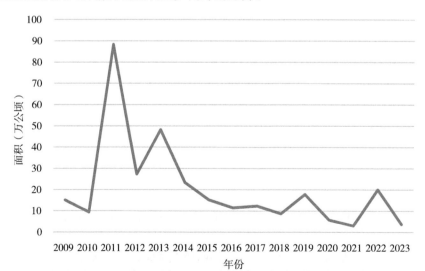

图 1-27　2009—2023 年干旱造成的渔业受灾养殖面积

资料来源：农业农村部渔业渔政管理局，《中国渔业统计年鉴》(2010—2024)。

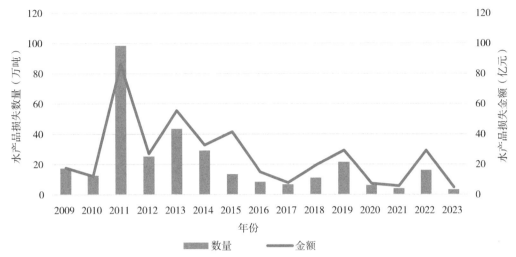

图 1 - 28　2009—2023 年干旱造成的水产品损失

资料来源：农业农村部渔业渔政管理局，《中国渔业统计年鉴》(2010—2024)。

四、污　　染

　　污染造成的水产品损失如图 1 - 29 所示。近年来，污染造成的渔业受灾养殖面积呈现出先上升后下降的趋势。2009 年，污染造成的渔业受灾养殖面积为 5.44 万公顷，2011 年增长为 17.60 万公顷的历史最高水平，是 2009 年的 3.24 倍。之后，国家高度重视水环境治理，加大了水环境的治理力度，尤其是最近几年的治理力度明显加强，取得了显著成效。在此背景下，2011 年以后，污染造成的渔业受灾养殖面积呈逐年下降的趋势。污染造成的水产品损失数量和金额的变动情况与受灾养殖面积基本一致。2022 年污染造成的渔业受灾养殖面积为 0.110 6 万公顷；2023 年污染造成的渔业受灾养殖面积为 0.087 8 万公顷，造成水产品损失的数量为 0.16 万吨。在"绿水青山就是金山银山"的发展理念下，环境污染对我国渔业造成损失的情况呈现向好的态势。

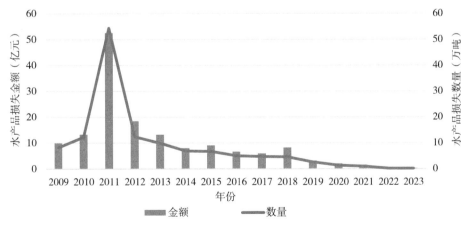

图 1 - 29　2009—2023 年污染造成的水产品损失

资料来源：农业农村部渔业渔政管理局，《中国渔业统计年鉴》(2010—2024)。

五、渔业安全生产管理

我国渔业安全生产管理实行"统一领导、分级管理"。农业农村部统一制定方针政策，负责联系协调海搜、海警、应急等涉海涉渔部门按法定分工实施渔船安全监管、海上搜救等工作，指导地方渔业渔政部门开展日常安全监管、险情应急处置、事故调查处理等工作。各级渔业渔政部门认真贯彻落实中央决策部署，牢固树立安全发展理念，采取有力措施，狠抓责任落实，扎实隐患治理、应急处置、调查处理等安全管理工作，保障了我国渔业安全生产形势总体平稳，较大以上事故得到了一定控制。

近年来，我国安全生产领域法治建设也明显加快，修订完善了一批法律法规（表1-19），为渔业安全生产工作提供了法治依据。

表1-19　渔业安全生产监管相关法规和文件

出台时间	政策文件	发布部门
2016.12	关于推进安全生产领域改革发展的意见	中共中央、国务院
2017.12	安全生产责任保险实施办法	国家安全监管总局
2018.1	安全生产领域举报奖励办法	国家安全监管总局、财政部
2018.4	地方党政领导干部安全生产责任制规定	中共中央办公厅、国务院办公厅
2019.3	生产安全事故应急条例	国务院
2019.4	关于加强渔业安全生产工作的通知	农业农村部办公厅
2020.4	全国安全生产专项整治三年行动计划	国务院安全生产委员会
2021.3	中华人民共和国刑法修正案（十一）	全国人民代表大会常务委员会
2021.4	"十四五"全国渔业发展规划	农业农村部
2021.5	关于加强水上运输和渔业船舶安全风险防控的意见	国务院安全生产委员会
2021.6	中华人民共和国安全生产法（2021年修订）	全国人民代表大会常务委员会
2021.9	中华人民共和国海上交通安全法	全国人民代表大会常务委员会
2022.4	渔业船舶重大事故隐患判定标准（试行）	农业农村部
2022.4	"十四五"国家安全生产规划	国务院安全生产委员会

资料来源：郭宇东等，2023. 我国渔业安全生产管理问题分析和对策思考［J］. 中国渔业经济，41（4）：8-16.

第二章　水产品生产环节质量安全与法律体系

生产环节位于整个水产品供应链的前端和上游，生产环节质量安全是水产品质量安全的基础，同样也是水产品质量安全中最薄弱的一环。加强生产环节水产品质量安全治理有助于保障水产品的源头安全。本章首先基于农业农村部的例行监测数据对生产环节水产品质量安全状况展开分析，然后从生产环节水产品质量安全的主要风险和基于 HACCP 理论的生产环节水产品质量安全的危害来源分析两个方面研究我国生产环节水产品质量安全风险及来源，构建了水产品质量安全关键控制点和关键技术体系，在此基础上分析了我国生产环节水产品质量安全的主要问题，进而介绍了我国生产环节水产品质量安全监管的法律体系，并最终回顾了截至 2023 年生产环节水产品质量安全的监管进展。

第一节　基于监测数据的生产环节水产品质量安全

本章参考了近年来农产品质量安全例行监测数据，对水产品和农产品的质量安全状况进行研究，并将两者比较分析，通过例行监测数据的合格率能够更直观地研判生产环节水产品的质量安全状况。

一、2005—2023 年水产品质量安全总体状况

图 2-1 是 2005—2023 年我国生产环节水产品质量安全总体合格率。2005 年的水产品质量安全总体合格率仅为 88.1%，之后开始显著提升，并在 2009 年上升至 97.2% 的高水平。然而，2009 年之后，水产品质量安全总体合格率开始下降并不断波动，2010 年下降为 96.3%，2011—2012 年分别增长为 96.8% 和 96.9%；但 2013—2014 出现了连续下降，分别下降为 94.4% 和 93.6%。2015—2016 年水产品质量安全合格率开始逐步上升，分别为 95.5% 和 95.9%，分别同比增长了 1.9% 和 0.4%。尽管 2015 和 2016 年水产品质量安全合格率有所提高，且近年来水产品监测范围也在逐渐扩大，但从 2009 年之后水产品质量安全总体合格率出现了四次波动，可见我国水产品质量安全水平稳定性不足。2017—2019 年，水产品质量安全合格率都上升至 96% 以上，分别增长到 96.3%、97.1% 和 97.3%，可能原因在于 2017 年以来我国不断加强食品与农产品的质量安全管理，同时这也表现出农产品质量安全水平持续向好的趋势。然而在 2019—2021 年新冠肺炎疫情前后，我国水产品质量安全合格率出现了较大波动。2022—2023 年，由于疫情对全球供应链的长期影响还在持续，水产品领域面临的药品残留超标问题较为突出，这些问题共同作用导致了水产品质量安全总体合格率的连续下降，分别下降至 95.8% 和 94.7%。

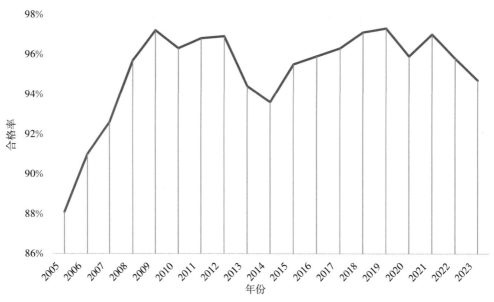

图 2-1 2005—2023 年我国生产环节水产品质量安全总体合格率
资料来源：农业农村部农产品质量安全监管司。

2020 年 1 月以来，全国多地相继出现新冠肺炎疫情，对水产品的生产、流通和消费等造成了重大影响。如图 2-2 所示，2019—2021 年新冠肺炎疫情前后，我国水产品质量安全合格率总体上呈现出疫情前（2019 年）稳定、疫情暴发初期（2020 年第一、二季度）下降、后疫情时期（2020 年下半年—2021 年）回升的特征。具体来看，2019 年第一季度的水产品质量安全合格率为 97.4％，保持在较高水平。2019 年上半年（年中）的质量安全合格率为 97.3％，第三季度略微下降为 97.0％。2019 年全年的水产品质量安全合格率为 97.3％，保持在相对较高的水平（2017 年以来保持连续三年上升）。然而，随着新冠肺炎疫情的暴发，2020 年第二季度的水产品质量安全合格率骤降为 94.8％，2020 年上半年的质量安全合格率为 95.7％，全年的水产品质量安全合格率为 95.9％，较 2019 年全年下降 1.4％。由此可见，2020 年发生的新冠肺炎疫情对生产环节水产品质量安全造成了巨大的冲击。2021 年后，随着我国疫情防控政策的不断优化，水产品生产逐渐恢复，质量安全水平也逐步回升。2021 年第一季度和第二季度的水产品质量安全合格率均为 96.7％，全年的水产品质量安全合格

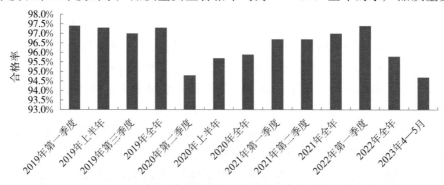

图 2-2 2019—2023 年不同时段我国生产环节水产品质量安全总体合格率
资料来源：农业农村部农产品质量安全监管司。

率为 97％，相较于 2020 年提高 1.1％。2022 年第一季度的水产品质量安全合格率为97.4％，但 2022 年全年的水产品质量安全合格率下降至 95.8％。2023 年 4—5 月下降至94.7％，较 2022 年全年下降了 1.1％。

二、水产品与农产品质量安全总体的比较

此处主要比较 2013—2023 年我国水产品与农产品质量安全总体合格率情况。如图 2 - 3 所示，2013—2019 年间我国水产品与农产品质量安全总体合格率差异可以分为两个阶段：第一阶段，2013—2017 年，水产品质量安全总体合格率明显低于农产品质量安全总体合格率，并且存在较大的差距；第二阶段，2017—2019 年，水产品质量安全总体合格率提升，逐渐逼近农产品质量安全总体合格率，并且在 2019 年两者仅相差 0.1 个百分点。2019—2021 年水产品质量安全总体合格率均明显高于农产品质量安全总体合格率；2020 年水产品质量安全总体合格率降低，两者差距拉大，2021 年又有所回升。2021—2023 年水产品和农产品质量安全总体合格率都出现了连续下滑，具体而言，水产品的质量安全总体合格率下降趋势较为显著，而农产品质量安全总体合格率的下降则相对平缓。

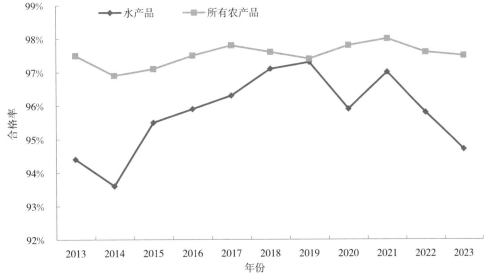

图 2 - 3　2013—2023 年我国水产品与农产品质量安全总体合格率

资料来源：农业农村部历年例行监测信息。

在第一阶段由于《中华人民共和国农产品质量安全法》《中华人民共和国食品安全法》等有关法律法规实施且有着较为明显的成效，因此农产品质量安全总体合格率高于水产品质量安全总体合格率并保持在一个较高的水平上。例如 2016 年，农业农村部按季度组织开展了 4 次农产品质量安全例行监测，共监测全国 31 个省（自治区、直辖市）152 个大中城市 5 大类产品 108 个品种 94 项指标，抽检样品 45 081 个，总体抽检合格率为 97.5％，同比上升 0.4 个百分点。而在这一阶段水产品质量安全总体合格率相对较低，主要原因在于同期全国居民水产品消费比重较低，有关部门在水产品例行监测频率及强度等方面的投入都不及其他大类农产品。但近年来，我国居民水产品消费结构和比例发生了较大变化，营养、健康需求推动着水产品消费比重不断增加，有关部门对水产品质

量安全保障也越来越重视。因此，在第二阶段，从 2017 年开始，水产品质量安全总体合格率开始快速逼近其他农产品。2019 年水产品质量安全总体合格率（97.3%）已基本达到所有农产品质量安全总体水平（97.4%）。2020 年新冠肺炎疫情暴发，中国水产品市场多地出现物流受阻，我国水产品出口受限，而水产品一直是我国主要出口优势产品，并且国外疫情持续蔓延，进口水产品存在新冠病毒感染风险，造成水产品质量安全总体合格率出现急剧下降。随着疫情逐渐好转，2021 年水产品质量安全也有所提高，而新冠肺炎疫情对农产品质量安全影响不大，可能原因在于我国农业产能稳、总量足，市场运行基本平稳，主粮保持自给自足，并且我国"菜篮子"产品丰富，有能力应对疫情带来的影响。2022—2023 年新冠肺炎疫情的持续影响导致全球供应链不稳定、物流受阻、出口限制以及进口水产品存在新冠病毒感染风险，加之水产品面临部分药品残留问题显著，这些因素对水产品的生产和流通造成了显著影响，导致水产品合格率出现较为严重的下降。而农产品虽受疫情影响较小，但其质量安全合格率也有所波动。

三、水产品与主要农产品质量安全的比较

图 2-4 列出了 2021—2023 年我国主要农产品质量安全总体合格率的对比。可以看到 2021 年我国主要农产品质量安全总体合格率最高的是禽畜产品，其次是茶叶，二者的质量安全合格率分别为 99% 和 98%；而蔬菜、水产品和水果这三种农产品的质量安全合格率并列第三，为 97%。可能原因在于随着疫情防控常态化，全国经济生产稳步恢复，水产品逐渐品质化、生态化，并且新冠肺炎疫情的暴发使得消费者更加注重水产品质量安全问题，这一变化将引导和促进水产行业高质量发展。

2022 年我国主要农产品质量安全总体合格率由高到低依次为畜禽产品、水果、茶叶、蔬菜和水产品，质量安全合格率分别为 99.1%、98.8%、98.0%、97.1% 和 95.8%。2023 年我国主要农产品质量安全总体合格率由高到低依次为畜禽产品、茶叶、蔬菜、水果和水产品，质量安全合格率分别为 99.2%、98.8%、97.3%、96.3% 和 94.7%。可以看出，水产品质量安全合格率在 2022 年和 2023 年均是最低的。可能原因在于 2022 年和 2023 年尽管疫情有所好转，但其对水产品生产和供应链的长期影响仍在持续，且药物残留超标问题突出，共同导致水产品质量安全合格率出现了明显的下降。

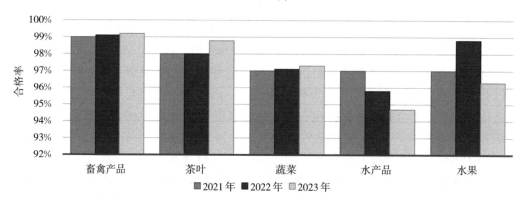

图 2-4　2021—2023 年我国主要农产品质量安全总体合格率对比
资料来源：农业农村部农产品质量安全监管司、国家市场监管总局。

第二节　水产品生产环节质量安全风险与主要来源

2021 年 1 月 8 日，农业农村部发布了一则关于加强水产养殖用投入品监管的通知①。2021 年 4 月 1 日，农业农村部印发《2021 年国家产地水产品兽药残留监控计划》②。2021 年 5 月 24 日，农业农村部办公厅发布关于印发《实施水产养殖用投入品使用白名单制度工作规范（试行）》的通知③。2024 年 3 月 13 日，农业农村部关于印发《2024 年国家产地水产品兽药残留监控计划》和《2024 年国家水生动物疫病监测计划》的通知④。可以看出，国家十分重视水产行业，这些都是最新的与水产品生产环节相关的文件，印发了与水产投入品相关的使用规范，影响着水产品生产环节质量安全风险防控。本节主要从生产环节水产品质量安全的主要风险和基于 HACCP 理论的生产环节水产品质量安全的危害来源分析两个方面，阐述我国生产环节水产品质量安全风险及来源，最终构建生产环节水产品质量安全的关键控制点和关键技术体系。本节主要借鉴了缪苗、关歆等已有的相关研究成果⑤⑥，并结合我国水产品质量安全风险的最新状况展开分析。

一、生产环节水产品质量安全的主要风险

风险为风险事件发生的概率与事件发生后果的乘积⑦。联合国化学品安全项目中将风险定义为暴露某种特定因子后在特定条件下对组织、系统或人群（或亚人群）产生有害作用的概率⑧。由于风险特性不同，没有一个完全适合所有风险问题的定义，应依据研究对象和性质的不同而采用具有针对性的定义。《中华人民共和国食品安全法》中食品安全的概念是指食品无毒、无害，符合应当有的营养要求，对人体健康不造成任何急性、亚急性或者慢性危害⑨。食品安全风险被定义为食品中标签上未标明或意料之外的物理、化学和生物污染⑩。对于食品安全风险，联合国粮农组织与世界卫生组织于 1995—1999 年先后召开了三次国际

---

① 农业农村部渔业渔政管理局 . 农业农村部关于加强水产养殖用投入品监管的通知［EB/OL］. 2021-01-08. http：//www. moa. gov. cn/govpublic/YYJ/202101/t20210108 _ 6359680. htm.

② 农业农村部渔业渔政管理局 . 农业农村部关于印发《2021 年国家产地水产品兽药残留监控计划》的通知［EB/OL］. 2021-04-01. http：//www. moa. gov. cn/govpublic/YYJ/202104/t20210401 _ 6 365095. htm.

③ 农业农村部办公厅 . 农业农村部办公厅关于印发《实施水产养殖用投入品使用白名单制度工作规范（试行）》的通知［EB/OL］. 2021-05-24. http：//www. yyj. moa. gov. cn/gzdt/202105/t20210527 _ 6368554. htm.

④ 农业农村部渔业渔政管理局 . 农业农村部关于印发《2024 年国家产地水产品兽药残留监控计划》和《2024 年国家水生动物疫病监测计划》的通知［EB/OL］. 2024-03-13. http：//www. moa. gov. cn/govpublic/YYJ/202403/t20240313 _ 6451326. htm.

⑤ 缪苗，黄一心，沈建，等，2018. 水产品安全风险危害因素来源的分析研究［J］. 食品安全质量检测学报，9 (19)：5195-5201.

⑥ 关歆，2018. 水产品中药物残留的控制对策［J］. 中国水产 (9)：49-51.

⑦ L. B. Gratt，1987. Uncertainty in Risk Assessment，Risk Management and Decision Making［M］. New York：Plenum Press.

⑧ 石阶平，2010. 食品安全风险评估［M］. 北京：中国农业大学出版社 .

⑨ 全国人民代表大会常务委员会 . 中华人民共和国食品安全法［EB/OL］. 2015-04-24. http：//law. foodmate. net/show-186186. html.

⑩ Nardi V A M，Teixeira R，Ladeira W J，et al，2020. A meta-analytic review of food safety risk perception［J］. Food Control，112 (107089).

专家咨询会[①]。国际法典委员会认为，食品安全风险是指将对人体健康或环境产生不良效果的可能性和严重性，这种不良效果是由食品中的一种危害所引起的[②]。食品安全风险主要是指潜在损坏或威胁食品安全和质量的因子或因素，这些因素包括生物性、化学性和物理性[③]。具体到生产环节的水产品质量安全风险，本章认为，我国水产品质量安全风险不仅包括生物性风险、化学性风险和物理性风险，还包括水产品本身含有的天然有毒物质以及气候变化的风险，如图2-5所示。

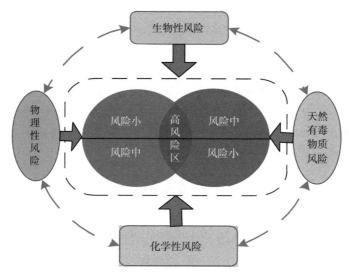

图2-5 生产环节水产品质量安全的主要风险

1. 生物性风险

一般情况下，生物污染载体主要为细菌、病毒等微生物，肉眼无法直接察觉[④]。常见感染水产品的病原微生物主要有3种类型：第一种是弧菌、爱德华氏菌、假单胞菌等细菌性病原；第二种是绦虫、车轮虫等寄生虫类病原；第三种是鲤春病毒等病毒性病原。其中，细菌性鱼病的发病率和致死率都接近或超过50%，并且随着高密度、集约化程度的提高而呈上升势头，水产病害已成为我国水产业持续、健康发展的制约因素。病原菌的早期检测对于保障水产品质量安全具有重要意义，常见细菌性病原检测方法包括微生物培养鉴定的生化方法、以抗原抗体特异性反应为基础的免疫学方法和发展迅速的分子生物学方法等。水产品质量安全中的生物性风险十分复杂，主要是由致病菌、病毒等能产生毒素的微生物组织以及对人体健康构成威胁的寄生虫等组成[⑤]。微生物的生长繁殖和食品内固有酶的活动是导致水产

---

① FAO. Risk Management and Food Safety-FAO Food and Nutrition Paper 65 [R/OL]，1997-01-27. https：//www. fao. org/4/W4982E/w4982e00. htm.

② FAO/WHO，1997. Codex Alimentarius Commission：Procedural Manual [M]. 10th ed. Rome：Joint FAO/WHO Food Standards Programme.

③ International Life Sciences Institute. A Simple Guide to Understanding and Applying the Hazard Analysis Critical Control Point Concept [R/OL]. 2004-01-01. https：//ilsi. eu/wp-content/uploads/sites/3/2016/06/2004-HACCP-3rd-ed. pdf.

④ 古毅强，2020. 食品安全的影响因素与保障措施探讨 [J]. 轻工标准与质量（3）：60-61.

⑤ 高子惠，朴永哲，宫月，等，2022. 水产品中人鱼共患细菌性病原分子生物学检测方法研究进展 [J]. 食品安全质量检测学报，13（22）：7236-7245.

品腐败变质的主要原因①。

第一，细菌。细菌是引发水产品腐败变质最主要的因素，致腐细菌可将水产品中的蛋白质、脂类等大分子逐渐分解成氨基酸、脂肪酸等小分子化合物，并生成胺类、硫化氢等有害物质，同时产生令人不愉快的气味②。细菌性疾病是影响水产动物养殖和水产品质量安全的重要生物因素，根据 2006 年统计的我国水产养殖动物疾病种类的报告可知，在 128 种水产病害中细菌性疾病有 61 种，约占所有疾病种类的一半。在这些细菌性疾病中，常见的包括弧菌病、爱德华氏菌病和假单胞菌病等，其中一些水产动物病原菌也可感染人类，如嗜水气单胞菌、副溶血弧菌、霍乱弧菌、创伤弧菌等，可导致严重的消化道疾病、创伤性感染病变和败血症。可见，水产养殖中人畜共患病原体的存在不仅会给水产养殖业造成严重的经济损失，而且也会对公共健康构成威胁③。

第二，病毒。食源性病毒是影响食品安全的重要污染物，至少有八种病毒可导致人类疾病④：包括杯状病毒科的诺如病毒和札如病毒，呼肠孤病毒科的轮状病毒 A 组，腺病毒科的肠道腺病毒，星状病毒科的人星状病毒，爱知病毒，肝炎病毒科的甲型肝炎病毒、戊型肝炎病毒等⑤。病毒性疾病暴发的载体以双壳软体动物为主，只有少数种类的病毒会引起与水产品有关的疾病，如甲型肝炎病毒、诺瓦克病毒或者类诺瓦克病毒等，水产品中含有病毒是由带病毒的水产品生产者或者被污染的水域造成的⑥。据报道，1998—2007 年，美国 7 298 起食物中毒事件中，838 起与海鲜相关。美国疾控中心的一项流行病学研究结果显示，在其确认的 188 起食物中毒案例中，76.1% 由细菌污染引起，21.3% 由病毒污染导致。诺如病毒、弧菌是水产食品中毒案例中最主要的致病源⑦。近年，由于水环境的污染，许多水产品遭受诺如病毒的污染，特别是作为滤食性水生动物的贝类，很容易从污染的水中富集大量食源性微生物和病毒⑧。

第三，寄生虫。近年来，我国饮食习惯发生明显变化，生鱼或半生海鲜类产品以其肉质清鲜甘甜、营养丰富，受到广大消费者喜爱，市场需求量逐年增加，现已成为人们餐桌上必不可少的美食。然而，生食海鲜类产品易增加感染和过敏风险，随之而来的寄生虫导致水产品质量安全问题频频发生，引发的寄生虫疾病更成为世界范围内影响人们健康的关键。据估计，全球人类寄生虫病的每年患病人数约为 4.07 亿例，其中 9 110 万例由于生食生鲜类食

① 张思琪，韦邹萍，邵俊楠，等，2022. 丁香挥发油对水产品中易腐细菌抑制作用的影响 [J]. 现代食品，28 (11)：84-87.

② 李锦，王迪，陈胜军，等，2023. 致腐细菌群体感应信号系统调控水产品腐败变质的研究进展 [J]. 食品与发酵工业，49 (23)：338-346.

③ 廖磊，2022. 水产类人畜共患致病菌现场快速检测方法研究 [D]. 连云港：江苏海洋大学.

④ Claudia Bachofen，2018. Selected Viruses Detected on and in our Food [J]. Current Clinical Microbiology Reports，5 (2)：143-153.

⑤ 吴立梦，滕峥，崔晓青，等，2021. 上海市贝类水产品诺如病毒污染状况及基因分型 [J]. 环境与职业医学，38 (8)：888-893.

⑥ H. A. Mohamed，T. K. Maqbool，K. S. Suresh，2003. Microbial Quality of Shrimp Products of Export Trade Produced from Aquacultured Shrimp [J]. International Journal of Food Microbiology，82 (3)：213-221.

⑦ 董冬丽，2022. 水溶性姜黄素光动力技术对水产食品源致病菌及诺如病毒的灭活作用 [D]. 广州：暨南大学.

⑧ 苏来金，周德庆，柳淑芳，2008. 水产品中诺如病毒检测技术研究进展 [J]. 渔业现代化 (5)：34-38.

品导致患病的患者中有 5.2 万死亡病例[①]。在鱼类寄生虫中，常将原生生物界的寄生虫称为鱼类寄生原生动物，动物界的扁形动物门、线虫动物门、棘头动物门、环节动物门的寄生虫俗称鱼类寄生蠕虫，节肢动物门甲壳纲的寄生虫俗称鱼类寄生甲壳动物[②]。引起人畜共患的食源性寄生虫主要有肝吸虫、棘颚口线虫、肺吸虫、广州管圆线虫、异尖线虫等[③]。肝吸虫（华支睾吸虫）主要是通过进食生的或未煮熟的含有肝吸虫囊蚴的淡水鱼、虾蟹等水产品而侵入人体，肝吸虫常见的宿主有青鱼、草鱼、鲢、鳙、鲤、鲫、鳊等淡水鱼。肺吸虫寄生在人的肺脏内，也可异位寄生在脑部。棘颚口线虫的中间宿主是淡水鱼类和蛙类，终末宿主为猫、狗，人为非正常宿主。可作为棘颚口线虫第二中间宿主的鱼类有很多，常见的有鲤、乌鳢、泥鳅、黄鳝、翘嘴鲌、黄颡鱼等。广州管圆线虫终宿主为鼠类，较为常见的水产品是福寿螺、褐云玛瑙螺。异尖线虫终末宿主为海洋哺乳类动物，人是非正常宿主，中间宿主是甲壳类、海鱼或软体动物，经口传播，人因生食或食用未熟的携带幼虫的海鱼、海产软体动物而致病[④]。

2. 化学性风险

水产品的化学性风险是指其本身含有的和外来的各种有毒化学性物质。引发化学性风险的物质可以分为内源性和外源性。内源性毒素是指食品本身含有的对人体有一定危害的物质，这些物质可能是食品在生长过程中产生的，或者由外界毒素在其生物体内蓄积，或者是能够引起机体免疫系统异常反应的物质（如过敏原）[⑤]。外源性毒素包括渔业用药、各种有机及无机污染物以及添加剂等。

3. 物理性风险

水产品的物理性危害主要发生在水产品的养殖、捕捞、加工、包装、运输和存储的各个阶段，来源多样。例如，鱼类产品在剔骨加工时残留在鱼肉中的截断的鱼刺，贝类产品去壳时残留的贝壳碎片，蟹肉加工时残留的蟹壳碎片等。水产品养殖过程中可能误食的金属、铁丝、针类碎片，捕捞过程中残留的鱼钩针尖等。物理性危害对人类造成的安全风险主要包括割破或刺破口腔、咽喉、肠胃等，损坏牙齿和牙龈，卡住咽喉、食管、气管造成窒息等[⑥]。

4. 天然有毒物质风险

除了生物性风险、化学性风险和物理性风险外，水产品中还有一类风险需要引起格外的关注，主要是水产品自身含有的天然有毒物质风险。水生生物中的天然有毒物质包括鱼类毒素（如河鲀毒素、组胺）和贝类毒素（如麻痹性贝毒、神经性贝毒、腹泻性贝毒）等[⑦]。河

---

① 孙晓红，张妮，赵嘉怡，等，2024. 环介导等温扩增技术在水产品寄生虫检测中的应用研究进展［J］. 食品与发酵工业，50（7）：383-388.

② 李明，李文祥，赵威山，等，2023. 中国淡水鱼类寄生虫研究七十年［J］. 水产学报，47（11）：169-189.

③ 陆璐，蒋守富，何艳燕，等，2018. 2015～2017 年上海市黄浦区市售动物食品寄生虫感染情况调查［J］. 热带病与寄生虫学，16（1）：23-25.

④ 穆迎春，徐锦华，任源远，等，2021. 重点养殖水产品质量安全风险分析总论［J］. 中国渔业质量与标准，11（6）：52-60.

⑤ 袁华平，徐刚，王海，等，2018. 食品中的化学性风险及预防措施［J］. 食品安全质量检测学报，9（14）：3598-3602.

⑥ 缪苗，黄一心，沈建，等，2018. 水产品安全风险危害因素来源的分析研究［J］. 食品安全质量检测学报，9（19）：5195-5201.

⑦ 李兆新，杨守国，郭萌萌，2011. 腹泻性贝毒素的特征与检测技术［J］. 齐鲁渔业（28）：10-12.

鲀毒素是鱼类的一种内源性毒素，主要存在河鲀的肠道中，是自然界中毒性最强的非蛋白物质之一。贝类毒素主要是通过食用海洋涡旋鞭毛藻产生的。主要症状是口腔、嘴唇和舌尖的麻木，严重时会导致瘫痪或死亡[1]。

5. 气候变化的风险

联合国政府间气候变化专门委员会发布的《政府间气候变化专门委员会第五次评估报告》（AR5 报告）预测，气候变化将以逐渐变暖、海洋酸化以及极端天气的频率、强度和位置变化等形式对水产养殖系统产生影响。一是气候逐渐变暖影响水产养殖饲料生产，会导致一些水产品的供应和价格产生波动。二是养殖品种对海洋酸化的耐受性减弱。某些地区的罗非鱼、鲤等水产品养殖业可能会受益于预期的气候变化，但无脊椎动物的捕捞业和水产养殖较易受到海洋酸化的影响，2020—2060 年，全球范围内甲壳类、软体类动物产量预计将大幅下降。三是养殖设施无法适应极端天气的发生频率和强度。四是海水养殖品种的患病率会增加。因为随着海洋表面温度的升高，一些水产品患地方性疾病的概率会增加[2]。

二、基于 HACCP 理论的生产环节水产品质量安全的危害来源分析

1. HACCP 理论介绍

HACCP 是"Hazard Analysis and Critical Control Point"的英文缩写，即"危害分析及关键控制点"，主要是通过科学和系统的方法，分析和查找食品生产过程中的危害，确定具体的预防控制措施和关键控制点，并实施有效的监控，从而确保产品的卫生安全。《食品生产企业危害分析与关键控制点（HACCP）管理体系认证管理规定》中对 HACCP 的定义是指对食品安全危害予以识别、评估和控制的系统化方法[3]。

HACCP 理论已成为国际公认的有效控制食品安全的管理体系[4]，与其他控制体系不同的是 HACCP 理论注重全程监视和控制，注重预防措施，强调通过系统地识别危害、评估危害、开发和实施有效的危害控制措施。HACCP 理论主要包括七部分内容：①进行危害分析，提出预防措施；②确定关键控制点；③确定关键限值；④建立监控程序；⑤建立纠偏行动计划；⑥建立记录保持程序；⑦建立验证程序[5]。

2. 捕捞水产品质量安全的危害来源分析

捕捞是渔场的主要生产方式，捕捞利用的渔具、使用方法等根据捕捞的对象的不同而不同。依据 HACCP 理论，对于捕捞水产品安全的危害来源分析，学术界已有研究，如于辉辉等将捕捞水产品安全的危害来源划分为 12 个方面[6]。在借鉴已有研究成果的基础上，本章构建了如图 2-6 所示的捕捞水产品质量安全的危害来源，具体包含以下 14 个方面：①捕捞水域的水体质量状况；②水产品捕捞工具的质量状况，如渔网、鱼叉、钓钩等；③捕捞过程

① 吴佳逸，2020. 某市市售水产品几种病原微生物污染情况调查研究报告 [D]. 长春：吉林农业大学.
② 刘雅丹，2022. 浅谈气候变化对渔业和水产养殖的影响 [J]. 中国水产 (1)：68-71.
③ 国家认证认可监督管理委员会. 食品生产企业危害分析与关键控制点（HACCP）管理体系认证管理规定（国家认监委 2002 年第 3 号公告）[EB/OL]. 2002-03-20. http：//law. foodmate. net/show-163435. html.
④ 张杰，2019. HACCP 体系在水产品养殖中的应用研究 [J]. 畜禽业 (12)：67-68.
⑤ 国家认证认可监督管理委员会. 食品生产企业危害分析与关键控制点（HACCP）管理体系认证管理规定（国家认监委 2002 年第 3 号公告）[EB/OL]. 2002-03-20. http：//law. foodmate. net/show-163435. html.
⑥ 于辉辉，李道亮，李瑾，等，2014. 水产品质量安全监管系统关键控制点分析 [J]. 江苏农业科学 (1)：239-241.

中使用的投入品的质量状况，如饵料等；④捕捞水产品接载区的质量状况；⑤冲洗水产品所用水体的质量状况；⑥分拣水产品所用工具的质量状况；⑦水产品包装用具的质量状况，如包扎蟹类所用的绳子等；⑧存储水产品所用水、冰的质量状况；⑨水产品存储工具、设备的质量状况；⑩水产品装卸工具的质量状况；⑪捕捞渔船上有害动物的处置状况；⑫捕捞渔船废水、废弃物的处置状况；⑬水产品计量设备的质量状况；⑭直接接触水产品的船员的身体状况。

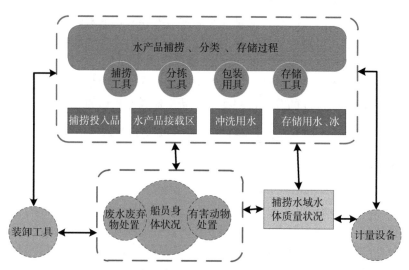

图 2-6　捕捞水产品质量安全的危害来源

3. 养殖水产品质量安全的危害来源分析

科学技术在水产养殖中的广泛运用，极大地推动了水产养殖的发展，同时养殖的对象、养殖的方式和方法也在日趋多样化[①]。与捕捞水产品相比，养殖水产品的环节更多、情况更为复杂，主要是多加了水产品饲养的环节。根据 HACCP 理论，本章构建了如图 2-7 所示的养殖水产品质量安全的危害来源，主要包括以下 18 个方面：①养殖水域的水体质量状况；②水产苗种的质量状况；③水产饲料、饵料的质量状况；④疫病防治以及渔药的质量状况和使用情况；⑤养殖设施的质量状况；⑥水生生物毒素的控制情况；⑦水产品收获工具的质量状况，如渔网、鱼叉、钓钩等；⑧收获水产品接载区的质量状况；⑨冲洗水产品所用水体的质量状况；⑩分拣水产品所用工具的质量状况；⑪水产品包装用具的质量状况，如包扎蟹类所用的绳子等；⑫存储水产品所用水、冰的质量状况；⑬水产品存储工具、设备的质量状况；⑭水产品装卸工具的质量状况；⑮收获渔船上有害动物的处置状况；⑯收获渔船废水、废弃物的处置状况；⑰水产品计量设备的质量状况；⑱直接接触水产品的船员的身体状况。

三、生产环节水产品质量安全的关键控制点

由以上分析可知，捕捞水产品质量安全的危害来源包含 14 个方面，而养殖水产品质量

---

① 齐秀云，马沙，2019. 浅谈水产养殖技术的应用与推广［J］. 农家科技（9）：128.

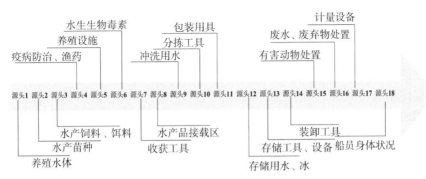

图 2-7 养殖水产品质量安全的危害来源

安全的危害来源包含 18 个方面。可以说，生产环节水产品质量安全的危害来源众多，但并不是所有的环节都具有相同的风险水平，事实上，不同来源的风险水平差别很大。对于捕捞水产品来说，捕捞水域的水体质量状况是主要的安全风险来源；而对于养殖水产品来说，除了养殖水域的水体质量状况外，养殖过程中苗种、饲料、渔药等养殖投入品的质量状况和使用情况是主要的质量安全风险来源。同时，考虑到我国水产品产量中养殖水产品产量和捕捞水产品产量的比例为 74.51：25.49、养殖水产品占绝大多数的事实，本章构建了如图 2-8 所示的生产环节水产品质量安全的关键控制点，认为生产环节水产品质量安全的关键控制点主要有：

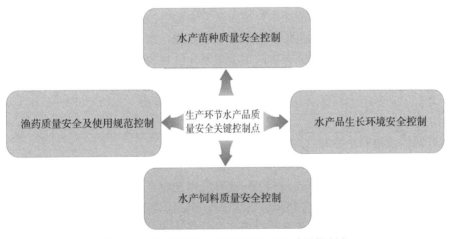

图 2-8 生产环节水产品质量安全的关键控制点

1. 水产苗种质量安全控制

水产苗种是水产品的最初形式，直接决定着水产品的质量安全。水产苗种作为养殖的根本，它的质量直接关系到广大养殖户的生产效益和水产健康养殖的发展[①]。因此，购买水产苗种时，需要对水产苗种的品质进行有效抽样检查，评估水产苗种的生长特征、生长习性以及后续可能会面临的生长风险[②]。对于自繁自养的水产苗种，苗种生产、培育过程应符合相

---

① 普树开，2015. 试述红河州水产苗种产业化发展［J］. 云南农业（5）：50-52.
② 武世公，2024. 水产养殖病害特点与对策［J］. 水产养殖，45（4）：56-57.

关法规、质量标准的规定①。在投放水产苗种之前，需要配合检疫部门完成体系化的检疫控制，通过消毒、浸泡等多种方式，对水产苗种进行处理，避免其所夹带的致病菌造成交叉感染，提高水产苗种的存活率②。总之，必须强化水产苗种管理，严格执行水产苗种生产许可证制度，建立健全苗种生产和质量安全管理制度，并且逐步形成种质优良、管理规范的水产良种生产供应体系③。

2. 水产品生长环境安全控制

水产品生长环境安全控制关键点包括生长区域内污染源、水质水源、水产品生长区域的土地、生长区域对周围的影响等方面的内容。对于水产品生长区域的地方必须无工业"三废"及农业、城镇生活、医疗废弃物的污染，产地环境符合水产品产地环境要求④。随着近年来我国经济的发展，越来越多的污水进入到水体中，从而影响水产品质量安全。因此，应该对水域环境进行常规性监测监控，重点对生活污水及工业废水排放量大的水源实施有毒有害物质检测③。

在水产品生长环境中，水体质量安全是关键内容，是决定水产品质量安全的重要因素。水质是水产养殖的根本保障，不仅关乎人们的饮食健康，还关乎养殖产地的环境质量。可见，优的水环境是保证水产养殖业稳定持续发展的关键点⑤。在水产养殖行业中，不恰当的肥料使用是导致多种环境问题的一个关键因素。例如，富营养化和水华的暴发可能导致养殖成本增加，需要更多的劳动和资源投入水质管理中。同时，受污染的水产品可能不符合市场标准，导致销售价值下降，甚至无法销售⑥。

因此，要确保各行政主体对渔业水环境质量安全的管控并对水的安全性进行科学功能区划⑦。水体质量安全控制主要包括水源选择、水质处理，水体水质应该满足渔业用水标准，水质清新，不能含有过量的对人体有害的重金属及化学物质，水体底泥及周围土壤中的重金属含量不超标。现行的《渔业水质标准》（GB 11607—1989）、《无公害食品　淡水养殖用水水质》（NY 5051—2001）、《无公害食品　海水养殖用水水质》（NY 5052—2001）是水产品水体质量的主要标准。

3. 水产饲料质量安全控制

饲料及其添加剂是水产养殖最常用的投入品之一，水产养殖病害防治药物使用不规范、投入的水产饲料是"三无"产品、饲料添加剂使用超标，造成养殖水产品的质量安全问题⑧。饲料的危害主要为有毒有害物质污染、添加违法添加剂、药物残留、贮存方法不当⑨。倘若用不安全的饲料进行喂养会严重影响水产品质量安全。例如，饲料中重金属含量超标，长时间喂养会使重金属在鱼体内累积，最终被人类食用摄入体内，对消费者的身体健康构成

---

① 徐捷，蔡友琼，王媛，2011. 水产苗种质量安全监督抽样的问题与思考［J］. 中国渔业质量与标准（2）：71-73.
② 武世公，2024. 水产养殖病害特点与对策［J］. 水产养殖，45（4）：56-57.
③ 关歆，2018. 水产品中药物残留的控制对策［J］. 中国水产（9）：49-51.
④ 李燕华，2020. 水产品养殖安全生产管理的重要性论述［J］. 农家参谋（12）：297.
⑤ 李海润，2019. 关于水产养殖环境的污染与其控制策略探析［J］. 农民致富之友（15）：187.
⑥ 何怡畅，2024. 中国水产养殖环境污染问题治理及对策研究［J］. 黑龙江水产，43（4）：420-424.
⑦ 闫润丽，2016. 水产养殖环境污染及控制对策［J］. 农业与技术（16）：142.
⑧ 邓建朝，贾博凡，赵永强，等，2023. 水产养殖投入品应用现状及规范管理［J］. 食品安全质量检测学报，14（3）：200-206.
⑨ 孙昳，2014. 浅析 HACCP 体系在水产品养殖中的应用［J］. 云南农业（1）：34-35.

威胁。对饲料的控制要求包括饲料的质量安全是否符合《饲料卫生标准》（GB 13078—2017）要求，批准文号是否被撤销，生产许可证是否合格，饲料药物添加剂是否属于禁用药物，维生素添加剂是否符合标准、法规规定，矿物质类添加剂是否符合标准、法规规定等方面的内容[①]。现行的《饲料卫生标准》（GB 13078—2017）、《饲料药物添加剂使用规范》（农业农村部公告第 168 号）、《饲料和饲料添加剂管理条例》（2017 年 3 月 1 日修订版）、《饲料质量安全管理规范》（农业农村部令 2014 年第 1 号）、《禁止在饲料和动物饮用水中使用的药物品种目录》（农业农村部公告第 176 号）、《饲料标签》（GB 10648—2013）等国家标准和规范是饲料质量安全的主要标准。

4. 渔药质量安全及使用规范控制

渔药是养殖水产品生产过程中的三大投入品之一，其质量好坏直接影响到食用水产品安全。当前，渔药的使用还存在一些问题。第一，养殖户盲目用药、加大剂量用药现象还存在，由于大量用药，水生物会产生很强的抗药性，从而影响水产品的质量安全[②]。第二，渔药残留。因为渔药投用时大多是群体给药，所以长时间使用很容易产生药物残留[③]。因此，化学药物在水产品体内的积累使其质量骤降，大大减弱了其原有的医疗功效和营养品质，也导致了鱼类消费者无形的食用抗生素，人类食用后可能诱导人体体内的某些耐药菌株萌发，降低机体免疫能力。药物残留一旦在人体浓度积蓄到一定量时，则会对人体器官造成损害[④]。药物的随意使用或增加剂量会使水中病原微生物产生耐药性，从而大大提高了水产养殖过程中疾病的发病率。

为了减少渔药造成的水产品安全问题，一方面要禁止渔药生产企业生产未经许可或没有生产执行标准的渔药，指导养殖户安全用药，科学制定休药期，从而保障水产品质量安全[⑤]。另一方面，要规范渔业养殖户的渔药使用规范并切实加强渔药品质监管，减少因过量使用渔药、不合理使用渔药对水产品质量安全造成的危害。现行的《良好农业规范第 13 部分：水产养殖基础控制点与符合性规范》（GB/T 20014.13—2013）、《无公害食品 水产品中渔药残留限量》（NY 5070—2002）、《无公害食品 渔用药物使用准则》（NY 5071—2002）、《无公害食品 水产品中有毒有害物质限量》（NY 5073—2006）是渔病防治、渔药使用的主要标准。此外，加强渔药基础理论研究也是一大对策。基础理论研究是安全使用的基础，对渔药基础理论研究更加透彻，才能制定出更合理的用法[②]。

四、水产品质量安全关键技术体系

根据以上分析，构建了如图 2-9 所示的生产环节水产品质量安全关键技术体系。水产品质量安全检测技术、水产品可追溯技术、水产品质量安全技术标准体系等技术体系重点应用于水产品生产环节中的产前（环境，如水体环境、水体底泥、周围土壤等）、产中（投入品，如水产苗种、水产饲料、饵料、渔药等）、产后（存储，如常温存储、低温存储、冷冻

---

① 潘葳，林虬，宋永康，等，2012. 我国水产饲料标准化体系现状、问题及对策 [J]. 标准科学 (1)：33-37.

② 李燕，刘晓畅，庄帅，等，2020. 大宗淡水鱼质量安全风险分析 [J]. 中国渔业质量与标准，10 (3)：1-12.

③ 赵晓杰，曹建亭，李欣，等，2019. 养殖鱼类质量安全管理与风险因子浅析 [J]. 中国水产 (4)：39-42.

④ 邓建朝，贾博凡，赵永强，等，2023. 水产养殖投入品应用现状及规范管理 [J]. 食品安全质量检测学报，14 (3)：200-206.

⑤ 李燕华，2020. 水产品养殖安全生产管理的重要性论述 [J]. 农家参谋 (12)：297.

存储等）。源头治理的水产品生产技术体系则主要针对生物性风险、化学性风险、物理性风险和天然有毒物质风险的治理。实践证明，信息化技术在水产体系中的应用有助于更好地进行水产养殖的智能化诊断与智能化监测，实现精准养殖，从而应对复杂的养殖问题①。

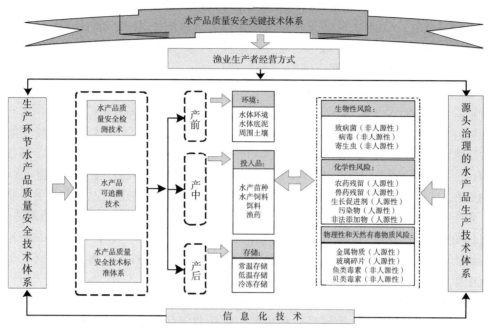

图 2-9　水产品质量安全关键技术体系

第三节　水产品生产环节质量安全的主要问题

作为我国质量安全总体合格率最低的农产品种类，水产品的质量安全风险偏高，水产品生产环节质量安全依旧存在一些问题。本章认为，目前我国生产环节水产品质量安全的主要问题是农兽药残留超标、环境污染引发的质量安全问题、微生物污染、寄生虫感染、含有有毒有害物质、含有致敏原等（图 2-10）。

一、农兽药残留超标

1. 农兽药残留超标概述

作为影响国际水产品贸易的主要技术性贸易措施和市场准入门槛，药物残留也受到越来越多的关注②。农药残留是指在农业生产过程中，使用农药后，一部分农药直接或者间接残存于谷物、蔬菜、果品、畜产品、水产品以及土壤和水体中的现象。水产品中农药残留主要是有机磷和有机氯农药③。依照《兽药管理条例》规定，兽药是指用于预防、治疗、诊断水

---

①　邓德波，2019. 信息化技术在水产养殖业的应用研究［J］. 农业与技术（39）：1，9.

②　田娟娟，2017. 国内外水产品药物残留检测能力验证比对分析与发展建议［J］. 中国农学通报，33（17）：134-140.

③　曾卿春，张龙翼，张釜，等，2020. 水产品中农药残留检验检测方法研究进展［J］. 保鲜与加工（2）：233-238.

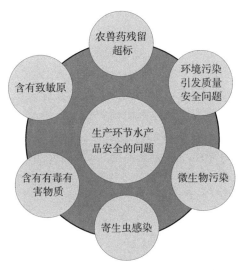

图 2-10 我国生产环节水产品质量安全的主要问题

产养殖动物疾病或调节水产动物生理机能的物质，主要包括化学药品、血清制品、微生态制品、疫苗、中药材、抗生素和消毒剂等药物①。具体包括环境改良剂（如生石灰、沸石等）、消毒剂（氯化钠、高锰酸钾等）、抗氧化剂（柠檬酸）、营养剂（牛磺酸）、杀虫驱虫剂（氯化铜、硫酸铜等）、抗微生物药品（青霉素等）、代谢改善药物（维生素 A、维生素 C）、免疫激活剂（葡聚糖）等。根据我国相关规定，氟苯尼考、孔雀石绿、氯霉素、磺胺类等为水产品养殖禁（限）用药物②。兽药残留主要由非法使用违禁药物或滥用抗菌药物所导致，包括抗生素类、驱肠虫药类、生长促进剂类、抗原虫药类、镇静剂类、β肾上腺素受体阻断剂等③。我国水产品中农兽药残留超标的主要原因有：喂养过程中使用添加大量激素的饲料以促进水产品的生长；为了降低养殖成本，在喂养过程中使用腐烂变质的饲料；滥用水质改良剂来改善水的环境；滥用消毒剂对养殖水体进行消毒；使用禁用的农兽药来防治水产品疫病；过量使用抗生素和激素类农兽药防治水产品疾病；捕捞前不执行农兽药的休药、停药制度；销售时浸泡氯霉素药液以获得较好的感官品质等不良行为仍然存在。总体来说，违规使用饲料、药物、水质改良剂、消毒剂、保鲜剂、防腐剂等投入品，使农兽药残留超标成为引起水产品质量安全事件最直接、最重要的原因④。这些残留药物在人体内不断蓄积所产生的毒性作用、过敏反应和三致作用（致畸、致癌和致突变作用）等不仅会破坏胃肠道内微生物平衡，使机体容易发生感染性疾病，而且水产品内的耐药菌株能够传播给人体，危及人体健康⑤⑥。

2. 典型案例

---

① 国务院. 兽药管理条例（国务院令第 404 号）　［EB/OL］. 2004-04-09. http：//law. foodmate. net/show-162146. html.

② 李艳，李彤，张丹娜，2022. 水产品中兽药残留现状及检测方法［J］. 养殖与饲料（4）：129-130.

③ 王春华，2021. 水产品中兽药残留现状与对策［J］. 渔业致富指南（14）：19-22.

④ 尹世久，吴林海，王晓丽，2016. 中国食品安全发展报告 2016［M］. 北京：北京大学出版社：49-50.

⑤ 李银生，曾振灵，2002. 兽药残留的现状与危害［J］. 中国兽药杂志（1）：29-33.

⑥ 胡梦红，2006. 抗生素在水产养殖中的应用、存在的问题及对策［J］. 水产科技情报（5）：217-221.

近年来，我国的食品安全问题引起了社会的强烈反响，而造成这些问题的原因有很多，农兽药残留就是其中较为突出的一种[①]。2023年，各级农业农村部门扎实开展食用农产品"治违禁 控药残 促提升"三年行动，加大监管执法力度，严厉打击禁限用药物违法使用行为，严格管控常规农兽药残留超标问题，有力震慑了违法犯罪行为。其中，河南、广西、江西、湖南、福建、山东、安徽、云南、宁夏、江苏等地农业农村部门办理的10个典型案例具有代表性，以下案例与农兽药残留超标密切相关[②]。

案例概述：2023年8月，农业农村部对山东省日照市某养殖场养殖的乌鳢开展国家农产品质量安全监督抽查，在乌鳢样品中检测出食品动物中禁止使用的氯霉素。经查，涉案乌鳢共750千克，均已起捕封存。2023年9月，山东省日照市岚山区海洋发展局依法将案件移送公安机关查处。

3. 案例分析

2011年8月22日农业农村部发布的第1624号公告明确规定氯霉素（包括琥珀氯霉素）为禁用药物清单品种[③]。然而，案例中在乌鳢样品中检出食品动物中禁止使用的氯霉素。2022年3月16日农业农村部发布的第536号公告明确规定自2022年9月1日起，撤销甲拌磷、甲基异柳磷、水胺硫磷、灭线磷原药及制剂产品的农药登记，禁止生产。在水产养殖过程中使用含有国家明令禁止使用的农兽药产品，不仅对动物机体产生潜在危害，而且给水产品质量安全带来很大的安全隐患，人们食用后也会危害身体健康。案例中相关违法人员受到了处罚，这些水产品也均做销毁、填埋等无害化处理。

二、环境污染

1. 环境污染引发的质量安全问题概述

目前，造成我国环境污染的主要原因是水污染和土壤污染。从农业环境污染角度来看，造成食品安全问题的主要原因是重金属污染、农药污染和硝酸盐污染[④]。水体环境是影响水产品质量安全的一个重要因素，水污染也是环境污染引发水产品质量安全中最主要的原因。我国水污染的主要污染物致命污染物、合成有机物、耗氧污染物等。按照理化性质又可分为4类，包括无机有毒物质、无机无毒物质、有机有毒物质和有机无毒物质[⑤]。这些污染物质大多会破坏水体生态平衡，引发水产品质量安全问题。其中，无机有毒物质可分为重金属无机有毒物质和非金属无机有毒物质。重金属污染物主要包括汞和镉，水体中重金属污染严重的主要原因是重金属工厂在生产过程中将含镉、汞等重金属元素的工业废水排放至水体中。此外，铅也是重金属污染物的主要成分，通过工业废水流入水体造成污染。非金属无机有毒物质主要为氰化物、氟化物、硫化物等，该类物质常存在于化工厂。氰化物是非金属无机有

① 李培然，2019. 食品中农兽药残留检测新技术研究进展［J］. 食品安全导刊（Z1）：51.
② 农业农村部农产品质量安全监管司. 农业农村部办公厅关于2023年农产品质量安全监管执法典型案例的通报［EB/OL］. 2024-02-04. http：//www. moa. gov. cn/govpublic/ncpzlaq/202402/t20240205_6448367. htm.
③ 兽医局. 中华人民共和国农业部第1624号公告［EB/OL］. 2011-08-22. http：//www. moa. gov. cn/govpublic/SYJ/201108/t20110822_2181053. htm.
④ 唐一菁，2021. 因环境污染造成的食品安全问题与应对措施［J］. 现代食品（19）：156-158.
⑤ 孙天睿，张向荣，2021. 金融资源错配、产业结构与环境污染——基于中国地方数据的检验［J］. 工业技术经济，40（5）：99-106.

毒物质中危害性最大的物质，人体服用 0.1 克氰化物就会失去生命迹象①。土壤污染源分为有机污染物、无机污染物和生物污染物②。

近年来，我国发生了一系列水污染的事件，2011 年渤海蓬莱油田溢油事故，事故已经累计造成 5 500 千米² 海面遭受污染，仅河北省乐亭、昌黎两县的水产养殖户遭受的经济损失约为 13 亿元③。2021 年 1 月 20 日，嘉陵江陕西入四川断面铊浓度首次出现异常，经检测，峰值铊浓度超标 1 倍。此次事件污染沿线甘肃省境内无集中式地表水饮用水水源地。经初步评估，本次突发环境事件应急响应阶段共造成直接经济损失 1 807.7 万元。

2. 典型案例

案例 1：2024 年 5 月 20 日，秦皇岛市海洋和渔业局在山海关区海域采集海虹样品 3 个，对麻痹性贝类毒素（PSP）进行监测，3 个样品均超出正常值，其中 1 个样品的最高值超过判定限值的 4.68 倍，存在严重的食用安全风险隐患。麻痹性贝类毒素会导致人体四肢肌肉麻痹、头痛恶心、流涎发热、皮疹等症状，严重的会导致呼吸停止④。

案例 2：2023 年 2 月河南省南阳市某公司销售的 1 批次梭子蟹，镉（以 Cd 计）检出值为 1.97 毫克/千克，标准规定为不大于 0.5 毫克/千克。不符合食品安全国家标准规定⑤。

案例 3：2024 年 6 月辽宁省盘锦市对某超市鱿鱼（其他水产品）进行抽样，其中镉（以 Cd 计）3.4 毫克/千克超过了正常值，不符合食品安全国家标准规定⑥。

3. 案例分析

案例 1 中提到的麻痹性贝类毒素是世界范围内分布最广、危害最大的一类海洋生物毒素，可直接危及海洋生物的生命活动，破坏海洋生态系统，进而威胁人类健康⑦。据报道，全球麻痹性贝类毒素中毒事件的致死率高达 14%⑧。世界卫生组织（WHO）规定 100 克贝类可食部分的 PSP 限量为 80 微克。我国于 2016 年 11 月 13 日实施的《鲜、冻动物性水产品卫生标准》（GB 2733—2015）规定麻痹性贝类毒素的限量为≤4 鼠单位/克，《农产品安全质量 无公害水产品要求》（GB 18406—2001）规定为≤0.8 微克/克，《无公害水产品有毒有害物质限量》（NY 5073—2006）规定为≤0.8 微克/克。2020 年 5 月 6 日，国家市场监督管理总局发布《2020 年食用贝类的风险提示》；2020 年 3 月 17 日，农业农村部关于印发

---

① 王晗，何枭吟，2021. 服务业开放能否降低地区环境污染水平？——基于空间溢出效应的视角 [J]. 西南民族大学学报（人文社会科学版），42（8）：92-103.

② 李婧，2022. 环境污染造成的食品安全问题及其应对措施 [J]. 食品安全导刊（8）：13-15.

③ 百度百科. 渤海蓬莱油田溢油事故 [EB/OL]. 2011-06. https：//baike. baidu. com/item/%E6%B8%A4%E6%B5%B7%E8%93%AC%E8%8E%B1%E6%B2%B9%E7%94%B0%E6%BA%A2%E6%B2%B9%E4%BA%8B%E6%95%85/12574808.

④ 南方周末. 青口贝毒素超标，近期不建议食用 [EB/OL]. 2024-05-28. https：//new. qq. com/rain/a/20240528A00BE300.

⑤ 河南省市场监督管理局. 关于 14 批次食品不合格情况的通告（2023 年第 6 期）[EB/OL]. 2023-02-14. https：//scjg. henan. gov. cn/2023/02-16/2690097. html.

⑥ 辽宁省市场监督管理局. 辽宁省市场监督管理局关于食品安全抽检信息的通告（2024 年第 2 期）[EB/OL]. 2024-07-05. https：//scjg. ln. gov. cn/scjdglj/fw/wyk/tbtg/spcj/2024062609455580815/index. shtml.

⑦ 杜克梅，江天久，吴霓，2013. 黄海海域贝类麻痹性贝类毒素污染状况研究 [J]. 海洋环境科学，32（2）：182-184.

⑧ PUĆKO，M.，ROURKE，W.，HUSSHERR，R.，et al，2023. Phycotoxins in bivalves from the western Canadian Arctic：The first evidence of toxigenicity [J]. Harmful Algae，Suppl C：102474.

《2020 年国家产地水产品兽药残留监控计划》等 3 个计划的通知（农渔发〔2020〕4 号），加强水产养殖用兽药及其他投入品使用的监督管理，提升养殖水产品质量安全水平，加快推进水产养殖业绿色发展。

案例 2 则是因环境污染引发的水产品重金属超标问题。正常环境中生长的螃蟹几乎不会含有重金属，螃蟹重金属超标的主要原因是人类向水体排放过量的废水、废物导致水体具有较高含量的重金属。镉是重金属污染物中的一种，会在水产品体内积累富集，而且会通过食物链将毒性危害放大，最后危害到人类的身体健康。进入人体的镉可长期蓄积在肾脏、肝脏等组织器官中。长期暴露在低剂量的镉环境下，会对肾脏、肝脏和骨骼等器官和组织产生损害[①]。

案例 3 同样也是水产品重金属超标的问题，当重金属污染物在环境中扩散时，一旦进入食物链，由于生物放大作用，它们可能在生物体内聚集，危害生物体健康。《食品安全国家标准　食品中污染物限量》（GB 2762—2017）中规定，海水虾、海水蟹中镉的最大限量为0.5 毫克/千克[②]。而案例 3 中检测结果显示镉超过了规定限量，如果人们不慎食用重金属污染的水产品将会引起中毒，引发疾病，危害生命健康。重金属一般都储存在海产品的肝、肾或甲壳组织内，所以在日常生活中，人们可以少吃海鲜的内脏和外壳，减少中毒的机会。同时，政府应加大对水产品重金属污染的监督和管理力度，减少由环境污染引发的水产品质量安全问题。

三、微生物污染

1. 微生物污染引发的质量安全问题概述

微生物污染是引发水产品生产环节质量安全的重要因素，微生物容易在水产品中繁殖，各种致病菌、病毒和寄生虫会寄生于水产品的肠道、皮肤、肌肉等部位，人们食用后很容易患上疾病。副溶血性弧菌、沙门氏菌、金黄色葡萄球菌和单增李斯特菌均是目前公认的食源性致病菌[③]。

副溶血性弧菌是一种典型的海洋细菌，据相关的调查显示，近 50% 的海鱼体内携带副溶血性弧菌，同时副溶血性弧菌是一种嗜盐性细菌。副溶血性弧菌食物中毒是进食含有该菌的食物所致，主要来自海产品，如墨鱼、海鱼、海虾、海蟹、海蜇以及含盐分较高的腌制食品等[④]。副溶血性弧菌存活能力较强，但是耐热性低，所以水产品经充分热加工后食用一般不会引起中毒，尽量不食生鲜可以有效防止副溶血性弧菌感染，副溶血性弧菌感染多发生在夏季，感染后的主要症状有剧烈腹痛、呕吐、腹泻[⑤]。此菌对酸敏感，在普通食醋中 5 分钟即可杀死。

① 余杰，2018. 典型镉污染区长住居民镉暴露与健康影响研究 [D]. 北京：北京交通大学.
② 食品安全标准与监测评估司. 食品安全国家标准：食品中真菌毒素限量（GB 2761-2017）[EB/OL]. 2017-04-14. http://www.nhc.gov.cn/cms-search/xxgk/getManuscriptXxgk.htm? id＝b83ad058ff544ee39dea811264878981.
③ 吴瑜凡，王翔，崔思宇，等，2019. 潜在食源性致病菌弓形菌在食品中的分布及检测研究进展 [J]. 食品科学，40（7）：281-288.
④ 马娟，2020. 淄博市 2018 年食源性致病菌监测结果分析 [J]. 食品安全导刊（8）：78-79.
⑤ 吴佳逸，2020. 某市市售水产品几种病原微生物污染情况调查研究报告 [D]. 长春：吉林农业大学.

沙门氏菌是引起人类食物中毒常见致病菌，受污染的动物与蛋类食品为沙门氏菌主要感染源①。此菌引发疾病主要是急性肠胃炎为主，症状有恶心、头疼、全身乏力、发冷、呕吐、腹泻等。控制好食品源头，做好环境消毒，防止交叉污染是控制沙门氏菌的关键。

金黄色葡萄球菌是导致毒素型细菌性食物中毒案例最多的病原菌，由于其宿主范围广且耐盐性高而在大气和污水中大量存在。金黄色葡萄球菌食物中毒并不是由活菌引起，而是由其先前所产肠毒素引起。人类和动物是金黄色葡萄球菌的主要宿主，特别是当水产品加工者在手部有化脓的疮疖或伤口仍然不离开岗位而接触水产品时，非常容易发生金黄色葡萄球菌污染事件。因此，洗手消毒和适当的储藏温度是控制金黄色葡萄球菌食物中毒的关键②。

单增李斯特菌喜欢在阴冷和潮湿的地方定居，在自然界中广泛存在，是污染食物重要病原菌之一，生存环境要求不高，故广泛存在于生肉制品中。这类菌通常会选择免疫力较低的老人或小孩作为宿主，致死率极高，被感染的患者轻则出现发热、呕吐类似感冒的症状，重则死亡。因此，在水产品生产中做好消毒消杀的工作是关键。

2. 典型案例

案例1：2020年6月，广州市黄埔区报告的一起副溶血性弧菌食物中毒，发病48例，无死亡③。有报道称，患者多出现腹痛、发热、呕吐和腹泻等症状。

案例2：2021年9月，在浙江宁波发生一起食用微生物污染水产品后中毒事件。68岁阿婆把吃不完的熟螃蟹放进冰箱冷藏，第二天拿出冰箱里的螃蟹后没有加热继续食用。随后出现腹痛、腹泻的症状。医护人员在她的血液里查出了沙门氏菌，并且引发了败血症④。

3. 案例分析

由案例1可知，副溶血性弧菌是食物中毒中比较常见的一种食源性病原菌。每年的6—9月通常是副溶血性弧菌引起食物中毒高发时间，并且这种菌群广泛分布于各种淡水、海水、河口等水生环境中，所以中毒事件也更容易发生在沿海地区。在日常生活中，要注重清洗和消杀，生熟用具要分开，防止交叉污染。只有全面地了解菌群的习性，才更有利于做好防护工作。案例2是沙门氏菌感染引发的食物中毒案例，沙门氏菌是引起人类食物中毒常见致病菌，受污染的动物与蛋类食品为沙门氏菌主要感染源⑤。沙门氏菌感染潜伏期通常在4~8小时，引起呕吐、发热、腹泻等症状，从而引起食物中毒、慢性肠炎等疾病⑥。由案例2可知，沙门氏菌感染了螃蟹，并且汪阿婆在食用时没有加热，导致疾病的发生。因此，我们尽可能不吃生肉或未经彻底煮熟的肉，在加工生鲜海产品和生肉类食品后，务必将砧板洗净晾干，以免污染其他食物。

---

① 杨焕焕，余佳敏，周瑄，等，2021.武汉市食品中食源性致病菌污染情况检测及分析 [J].现代食品（14）：226-228.

② 时培芝，朱波，2017.浅谈我国水产品的微生物污染与控制措施 [J].中国市场（1）：222，227.

③ 广东省卫生健康委.广东省卫生健康委公布2020年6月全省突发公共卫生事件信息 [EB/OL].2020-07-15.http://wsjkw.gd.gov.cn/zwgk_gsgg/content/post_3044887.html.

④ 鄞州新闻网.吃隔夜螃蟹让阿婆患败血症 这种病菌有多厉害 [EB/OL].2021-09-07.http://yz.cnnb.com.cn/system/2021/09/07/030286439.shtml.

⑤ 杨焕焕，余佳敏，周瑄，等，2021.武汉市食品中食源性致病菌污染情况检测及分析 [J].现代食品（14）：226-228.

⑥ 刘立兵，耿云云，姜彦芬，等，2019.沙门氏菌重组酶聚合酶检测方法的建立及应用 [J].食品科学，40（2）：298-303.

四、寄生虫感染

水产品中含有的寄生虫感染人类的方式主要是通过食用。食源性寄生虫病是指进食被感染期寄生虫污染的食物、水源进而引起人体感染的寄生虫病。近年来随着经济和社会的发展，人民的生活水平逐渐提高，饮食逐步多样化，对水产品的需求量也同步增多。故而由于食品安全而带来的问题愈发显著，水产品中食源性寄生虫病已成为影响我国人民身体健康的重要因素之一。联合国粮食与农业组织（FAO）曾列出了10种重要的人鱼共患寄生虫，包括异尖线虫、华支睾吸虫、颚口线虫、广州管圆线虫等。除此之外还有肺吸虫等其他类型寄生虫。

以上几种寄生虫以及其他类型的寄生虫的危害可以通过以下措施进行预防：去除鱼的内脏、剔除含有寄生虫幼体和囊蚴的鱼肉、热加工（60℃下热加工大于10分钟）、冷冻处理（-20℃冷冻24小时或-35℃冷冻大于15小时）、酸渍（在浓醋中浸泡5小时以上）、超高压（200兆帕或300兆帕超高压处理）等[①]。

五、含有毒有害物质

1. 含有毒有害物质概述

水产品除了其本身含有的寄生虫会危害人体的健康，还有其自身产生的各类有害物质也会对人体健康造成危害。常见的有毒有害物质以热带或亚热带草食草鱼体内长期蓄积的西加鱼毒、鱼胆毒素（含有以鲤醇硫酸酯钠这种有机盐为主要成分胆盐的胆汁）、河鲀毒素等为主要代表。

西加鱼毒素（Ciguatera Fish Poisoning，CFP）又称为雪卡毒素，对哺乳动物毒性超强，人类食用具有较高毒性的鱼肉200克即能致死。西加鱼毒素是一类聚醚类的脂溶性毒素，属神经毒素，不易被胃酸或高温加热破坏，主要分布于鱼的头、内脏、生殖器官中，尤其内脏中含量较高，常规的烹饪难以去除。对人类具有食品安全隐患的主要为珊瑚鱼，如西星斑、燕尾星斑、老虎斑、东星斑、苏眉、梭鱼、黑鲈和真鲷等。人类食用后急性中毒的临床表征主要包括恶心、呕吐、腹泻，严重时出现热感颠倒、休克、空间记忆缺陷及认知障碍等症状[②]。

鱼胆在民间医学被认为有舒肝明目之功效，许多人为治疗眼疾、支气管哮喘、风湿病、慢性疾病和改善一般健康而服用鱼胆，但鱼胆中胆汁的毒性成分会对人体造成伤害，可引发"瀑布式"全身炎症反应综合征，诱发多器官功能衰竭。其中，导致鱼胆中毒的鱼类主要是鲤科类，包括草鱼、青鱼、鲢、鳙、鲤和鲫。草鱼鱼胆中毒者多见。进食鱼胆后可快速致病并导致多器官受累，最初2~12小时主要表现为恶心、呕吐、腹痛、腹泻等急性肠胃炎症状；随后2~3天出现皮肤黏膜黄染、少尿、无尿、全身水肿等症状，并伴随着心血管系统和神经系统受累情况；严重者可危及生命诱发多器官衰竭导致死亡[③]。

河鲀毒素（Tetrodotoxin，TTX）是一种天然存在的神经毒素，主要存在于生活在东南

---

① 张双灵，周德庆，2005. 水产品中寄生虫危害分析及预防措施［J］. 中国水产（3）：65-66.
② 王蕊，吴佳俊，陈荔，2022. 不容忽视的"雪卡毒素"［J］. 生命世界（3）：10-11.
③ 周旋，2024. 吃鱼胆是治病还是致病［J］. 健康世界，31（3）：43-44.

亚的温带海域、太平洋、地中海、大西洋等生物体内。TTX的结构性质稳定，采用传统的腌制、日晒、高温烹饪均不能去除其毒性。TTX可以通过胃肠道被人体吸收，进入循环系统进一步输送至全身各处，可浸润脑脊液，通过尿液排泄。吸收低剂量的TTX可导致皮肤刺痛或感觉异常。当食用大剂量后，TTX通过血液循环在体内迅速扩散，导致全身肌肉麻痹、心律失常、呼吸衰竭等症状，目前尚无特效解毒剂。TTX本身无色无味，中毒潜伏期极短，能在短时间内造成神经元和肌肉快速失活，致死率极高[①]。

2. 典型案例

案例1：2023年6月15日，患者于前一天晚上进食溪石斑鱼及鱼子，后半夜出现腹痛，伴恶心、呕吐胃容物，感胸闷、气促，伴呼吸困难，口周麻木，无四肢麻木等症状[②]。

案例2：2024年6月2日，林某最近上火，想起此前听到的生吃鱼胆可以解毒下火，便配着啤酒生吃了有成年人大拇指一半大小的鱼胆。两小时后，身体便开始不适，出现上吐下泻、头晕乏力等症状。经检查，林明呈现出明显的肝衰竭症状。并伴随凝血功能障碍[③]。

案例3：2023年11月，福建医科大学附属医院ICU抢救了因食用河鲀而导致中毒的一对母子。先后出现意识不清、呼吸衰竭等症状，因儿子食用量较大，甚至出现心搏骤停，后经心肺复苏等抢救措施后才恢复生命体征[④]。

3. 案例分析

案例1中的溪石斑鱼的鱼子及卵巢含有一种无色无味的神经毒素——雪卡毒素，成熟的鱼子毒性最强。雪卡毒素为脂溶性多聚醚类化合物，无色无味，耐高温，不被胃酸破坏，故加热、冰冻、干燥、盐化都无法破坏其毒性。中毒潜伏期一般为2～10小时，表现为神经系统、消化系统和心血管系统多种症状，严重时会出现心律失常、休克，甚至呼吸肌麻痹而死亡。案例2林某因生食鱼胆而中毒，因鱼胆胆汁的主要成分有胆酸、牛磺胆酸、氢胺酸等多种毒素，这些毒素不会被加热、烹煮或酒精所破坏，中毒可导致肝肾受损，逐渐出现急性重型肝炎、肾衰竭、脑水肿、心肌损伤等严重症状。案例3中的河鲀因含有河鲀毒素而具有极高的食品安全风险。河鲀毒素结构稳定、经高温煮沸、日晒、腌制、火烤等常规的烹调方式都难以破坏。起初中毒者可能只有口腔部位出现麻木感，随着毒素吸收蔓延，逐渐出现步态不稳、言语含糊，若累及呼吸及心血管神经便会出现呼吸肌的瘫痪及心脏传导阻滞，导致呼吸以及心搏骤停。河鲀中毒潜伏期很短，若抢救不及时，中毒后最快10分钟内死亡，死亡率超过30%。

六、含有致敏源

鱼和甲壳类水产品属于联合国粮农组织和世界卫生组织认定的过敏食物。水产品过敏原主要是指来自水产品中的蛋白质，能够诱导人体产生特异性IgE抗体应答的抗原性物质，其结构越复杂，致敏性越强，普遍具有较好的耐酸碱和热稳定性，在食品加工处理和人体消化

① 赵长源，贾雪霞，郭艺芬，等，2024. 河豚毒素对BV-2细胞氧化应激损伤的诱导作用［J］. 滨州医学院学报，47（2）：106-113.

② 沈金云，2024. 溪石斑鱼中毒1例及文献复习［J］. 中国乡村医药，31（11）：48-49.

③ 人民日报［EB/OL］. 2024-06-07. https://m.baidu.com/bh/m/detail/ar_9143291813117964619.

④ 东南网. 河鲀中毒导致生命垂危，医生提醒0.000 5g即可致死且无特效解毒药［EB/OL］. 2023-11-20. https://baijiahao.baidu.com/s?id=1783084023212445228&wfr=spider&for=pc.

过程中过敏原不易被破坏，极易引发水产食物过敏性疾病，发病症状趋于复杂化和严重化，在皮肤、胃肠系统、呼吸系统方面会出现不同程度的过敏症状，严重时可致昏厥、休克[①]。水产品中的致敏原蛋白，主要分为钙结合蛋白和原肌球蛋白两大类。钙结合蛋白主要存在于鳕鱼、鲑、鲤和甲壳类动物中，是鱼类的主要致敏蛋白。原肌球蛋白存在于无脊椎动物肌肉和非肌肉细胞中，是甲壳类动物的主要致敏蛋白，尤其是虾的主要热稳定性致敏原。除此以外，随着对水产品致敏性研究的不断深入，致敏蛋白的发现也越来越多，如精氨酸激酶、血蓝蛋白、胶原蛋白等[②]。

据现有研究可知，较为有效地避免水产品过敏的方法为用热加工与非热加工技术处理水产品，热加工与非热加工技术通过修饰和改变过敏原蛋白质的分子结构进而在一定程度上消减过敏原的致敏性。其中，热加工技术是一类以热能为基础的加工技术，主要包括煮沸、煎炸、高温灭菌、烘烤和微波加热等，这类技术通过将热能逐渐传递或转化给食品而使其组分在热能的作用下发生结构变化，从而引起功能性变化。热加工操作简易方便，技术发展较为成熟。在使用热加工技术处理水产品时，应注意热加工的时间、温度以及辅助加工方式对过敏原致敏性产生的不同程度的影响。非热加工技术是新型的食品加工技术，主要包括超高温、低温等离子体、超声波和辐射等技术。这些技术通过暴露和掩盖食物中过敏原的抗原表位，改变致敏蛋白的空间结构，从而消减其致敏性。非热加工技术对食品的固有营养成分影响较小，能够很好地维持食品的质构、色泽、新鲜度等，逐渐成为食品加工行业新的推动力[③]。

第四节　水产品生产环节质量安全监管的法律体系

为全面了解我国生产环节水产品质量安全监管的法律体系，本节对我国现行的法律法规进行了汇总，包括全国人大通过的相关法律、国务院行政法规、农业农村部的相关规章和规范性文件等（图 2-11）。需要说明的是，除了上文提到的三种类型的法律文件外，我国生

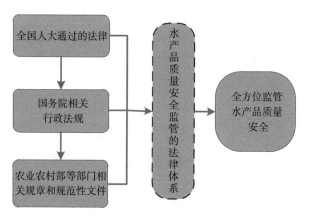

图 2-11　我国生产环节水产品质量安全监管的法律体系

① 刘红，陈一瑜，刘庆梅，等，2024. 水产品过敏原及其检测技术概述［J］. 中国食品学报，24（2）：454-466.
② 方瑶雁，赵莘芷，徐大伦，等，2021. 水产品致敏蛋白的研究进展［J］. 食品工业科技，42（17）：381-388.
③ 成军虎，马筱冉，陈璐，等，2022. 热加工与非热加工技术对水产品致敏性的影响研究进展［J］. 现代食品科技，38（8）：327-333.

产环节水产品质量安全监管的法律体系还包括省、自治区、直辖市、计划单列市、拥有地方立法权的地市等地方人大通过的行政法规等，由于篇幅限制，在此不再讨论。

一、相关法律

表2-1是与水产品质量安全监管有关的法律。如表2-1所示，与我国水产品质量安全相关的法律共11种。其中，《中华人民共和国食品安全法》（以下简称《食品安全法》）与《中华人民共和国农产品质量安全法》（以下简称《农产品质量安全法》）是关系我国水产品质量安全的专门性法律，需要重点关注，但《食品安全法》与《农产品质量安全法》如何有效衔接及实用性问题还没有充分解决。而《中华人民共和国渔业法》（以下简称《渔业法》）是规范我国渔业活动的基本法，因此，如何有效保障水产品质量安全应成为其中的重要内容，但现行的《渔业法》对此几乎没有涉及。未来，《渔业法》需要借鉴《食品安全法》和《农产品质量安全法》的思想和内容，弥补水产品质量安全监管内容不足的缺陷。

除了与水产品质量安全相关的专业性法律外，还有一些法律涉及水产品质量安全监管。例如，《中华人民共和国动物防疫法》从水产品防疫的角度涉及水产品质量安全；《中华人民共和国水污染防治法》《中华人民共和国海洋环境保护法》从水污染防治、海洋环境保护等方面保障水产品质量安全；《中华人民共和国农业法》《中华人民共和国标准化法》《中华人民共和国产品质量法》从农产品质量标准、产品质量保证等角度加强水产品质量安全监管；《中华人民共和国进出境动植物检疫法》《中华人民共和国进出口商品检验法》则在检疫、检验等方面的内容涉及进出口水产品质量安全问题。

除此之外，由于《中华人民共和国食品安全法》《中华人民共和国农产品质量安全法》《中华人民共和国进出口商品检验法》《中华人民共和国进出境动植物检疫法》《中华人民共和国产品质量法》等出台的时间、背景不同，也存在彼此间各自适用范围不清晰、标准要求不一致的问题。需要进一步处理不同法律之间范围交叉、标准不一致的问题，确定不同职能部门在保障水产品质量安全方面的职责边界，使水产品质量安全的相关法律进一步得到施行。

表2-1　与水产品质量安全监管有关的法律

序号	法律名称及制定和修改时间	简要评述
1	《中华人民共和国渔业法》1986年制定，2000年、2004年、2009年、2013年修改	规制渔业活动的基本法；缺乏涉及水产品质量安全的问题，但水产苗种检疫、防止病害和污染、养殖水环境管理与水产品质量安全管理密切相关
2	《中华人民共和国农产品质量安全法》2006年制定，2018年、2022年修改	有关食用农产品质量监管的基本法，适用初级水产品质量安全监管，需要进一步厘清和《食品安全法》的适用关系
3	《中华人民共和国农业法》1993年制定，2002年、2012年修改	适用渔业和水产品质量安全，是规制农业活动的普通法，涉及农产品质量问题，如农产品质量标准、检测、认证等
4	《中华人民共和国动物防疫法》1997年制定，2007年、2013年、2015年、2021年修改	动物防疫基本法，提出加强对动物防疫活动的管理，预防、控制和扑灭动物疫病，促进养殖业发展，保护人体健康，维护公共卫生安全；适用水生动物防疫，与水产品质量安全有关

序号	法律名称及制定和修改时间	简要评述
5	《中华人民共和国水污染防治法》1984 年制定，1996 年、2008 年、2017 年修改	防治水污染的基本法，涉及水产品质量安全问题；规定县级以上人民政府渔业等部门，在各自的职责范围内，对有关水污染防治实施监督管理
6	《中华人民共和国海洋环境保护法》1982 年制定，1999 年、2013 年、2016 年、2017 年、2023 年修改	保护海洋环境的基本法，涉及水产品质量安全问题；为了保护和改善海洋环境，保护海洋资源，防止污染损害，保障生态安全和公众健康，维护国家海洋权益，建设海洋强国，推进生态文明建设，促进经济社会可持续发展，实现人与自然和谐共生
7	《中华人民共和国标准化法》1988 年制定，2017 年修改	我国农业、工业、服务业以及社会事业等领域产品（含水产品）生产的法律依据；以提升产品和服务质量，促进科学技术进步，保障人身健康和生命财产安全，维护国家安全、生态环境安全，提高经济社会发展水平
8	《中华人民共和国食品安全法》2009 年制定，2015 年、2018 年、2021 年修改	食品安全的基本法，2015 年版本被誉为"史上最严食品安全法"，但需要进一步明确与《农产品质量安全法》以及其他法律的适用关系；国务院卫生、农业行政部门应当及时相互通报食品、食用农产品安全风险评估结果等信息
9	《中华人民共和国进出境动植物检疫法》1991 年制定，2009 年修改	有关动植物及其产品进出口检疫的基本法，与进出口水产品质量安全相关
10	《中华人民共和国进出口商品检验法》1989 年制定，2002 年、2013 年、2018 年、2021 年修改	有关进出口商品检验的基本法，涉及进出口水产品质量安全
11	《中华人民共和国产品质量法》1993 年制定，2000 年、2009 年、2018 年修改	有关产品质量的普通法，也适用于食品，与水产品质量安全相关

二、相关行政法规

表 2-2 梳理了国务院制定的适用水产品质量安全监管的行政法规，可以看出，国务院制定的相关行政法规主要是根据上文中提到的法律制定而来。其中，《中华人民共和国兽药管理条例》第七十四条明确规定，水产养殖中的兽药使用、兽药残留检测和监督管理以及水产养殖过程中违法用药的行政处罚，由县级以上人民政府渔业主管部门及其所属的渔政监督管理机构负责。为此，渔业部门可按此条例制定专门的渔药使用、残留检测等方面的管理办法，有效预防和控制因渔药使用不当而造成的水产品质量问题。同时，亦应考虑渔药和兽药之间的概念差别，防止那些不属于兽药但用于渔业生产的化学品影响水产品质量安全。

水产饲料是水产养殖活动的重要投入品，影响着水环境质量和水产品质量，按照《中华人民共和国饲料和饲料添加剂管理条例》规定，饲料的生产、经营销售主要由畜牧部门管理，但是在使用环节由渔业部门管理，相关立法应进一步明确畜牧和渔业部门在水产饲料管理方面的分工协作关系。根据 2005 年《工业产品生产许可证管理条例》，从事食品工业化加工的企业应办理许可证，而从事初级农产品加工的则不需要。由此，亦可划分渔业部门与其他食品安全监管部门的职责范围，渔业部门应依法对发生在水产养殖场和捕捞渔船上的水产品初级加工活动实施监管，制定相关管理办法，禁止将不符合要求的初级水产品直接投放消费市场或转移至食品加工厂。

表 2-2　现行的国务院制定的水产品质量安全相关行政法规

序号	法律名称及通过和修改时间	简要评述
1	《兽药管理条例》2004 年通过，2014 年、2016 年、2020 年修改	对兽药管理问题作了全面规定，适用渔药管理，但渔药和兽药的定义存在差异；主要由兽医部门负责实施，渔业部门在使用环节有管理权
2	《饲料和饲料添加剂管理条例》1999 年通过，2001 年、2013 年、2016 年、2017 年修改	对饲料、饲料添加剂管理问题作了全面规定，适用水产饲料管理；主要由畜牧部门负责实施，渔业部门在使用环节有管理权
3	《渔业法实施细则》1987 年通过，2020 年修改	为了加强渔业资源的保护、增殖、开发和合理利用，发展人工养殖，保障渔业生产者的合法权益，促进渔业生产的发展，适应社会主义建设和人民生活的需要制定的法律
4	《认证认可条例》2003 年通过，2016 年、2020 年、2023 年修改	规范了包括水产品在内的产品质量认证、认可问题，提高产品、服务的质量和管理水平，促进经济社会的发展制定的条例
5	《食品安全法实施条例》2009 年通过，2016 年、2019 年修改	为实施《食品安全法》做出了更详尽的规定；对食品安全风险监测和评估、食品安全标准、食品生产经营、食品检验、食品进出口、食品安全事故处置、监督管理、法律责任等做出了修改
6	《工业产品生产许可证管理条例》2005 年通过	对工业化加工食品实施许可证管理的最直接法律依据，可理清渔业部门和食药监部门在水产品质量安全领域的管辖权界限
7	《标准化法实施条例》1990 年通过，2024 年修改	对工业产品的品种、规格、质量、等级或者安全、卫生要求以及工业产品的设计、生产、试验、检验、包装、储存、运输、使用的方法或者生产、储存、运输过程中的安全、卫生要求等需要统一的技术要求制定的详细实施条例
8	《水污染防治法实施细则》2000 年通过，2018 年废止	详细阐明了关于水污染防治的监督管理、防止地表水污染、防治地下水污染等多方面的规定
9	《进出境动植物检疫法实施条例》1996 年通过	为实施 1991 年《进出境动植物检疫法》做出了进一步规定；对进出境动植物及其容器和运输工具依照相关实施的法规、条例进行检疫
10	《进出口商品检验法实施条例》2005 年通过，2013 年、2016 年、2017 年、2019 年、2022 年修改	为实施《进出口商品检验法》做出了更详尽的规定；"中华人民共和国国家质量监督检验检疫总局"修改为"海关总署"，"出入境检验检疫局"修改为"出入境检验检疫机构"；其他条款做出了更详尽的规定

三、农业农村部相关规章和规范性文件

作为我国渔业的主管部门，农业农村部出台的水产品质量安全的相关规章和规范性文件更多、覆盖范围更广、内容也更为具体。表 2-3 是农业农村部（或农业部）制定的水产品质量安全相关规章和规范性文件。其中，有专门针对水产品的部门规章，如《水产品批发市场管理办法》《水产苗种管理办法》《水产养殖质量安全管理规定》等。尤其是《水产养殖质量安全管理规定》，它是一部非常有前瞻性的立法，是按照《渔业法》《兽药管理条例》《饲料和饲料添加剂管理条例》的立法宗旨制定的，也是目前唯一一部

以"提高养殖水产品质量安全水平"为主要立法目的的农业部规章，内容很全面。然而，《水产养殖质量安全管理规定》是 2003 年公布的，截至 2024 年已有 21 年。其间，我国陆续颁布《农产品质量安全法》和《食品安全法》，国务院也修订了相关的行政法规如《兽药管理条例》和《饲料和饲料添加剂管理条例》，并对食品安全监管体制做出了重大调整。因此，《水产养殖质量安全管理规定》已经不能满足现实条件下水产品养殖环节质量安全的需要，有必要对其进行全面修改。除此之外，农业农村部的相关规章和规范性文件包括饲料管理、动物疫情管理、兽药管理、农产品质量管理等内容，均从不同方面对我国水产品质量安全进行管理。

表 2-3　现行的农业农村部（或农业部）制定的水产品质量安全相关规章和规范性文件

编号	名称	文件编号与发布时间
1	《饲料和饲料添加剂生产许可管理办法》	2012 年 5 月 2 日农业部令 2012 年第 3 号公布，2013 年 12 月 31 日农业部令 2013 年第 5 号、2016 年 5 月 30 日农业部令 2016 年第 3 号修订、2017 年 11 月 30 日农业部令 2017 年第 8 号修订、2022 年 1 月 7 日农业农村部令 2022 年第 1 号修订
2	《新饲料和新饲料添加剂管理办法》	2012 年 5 月 2 日农业部令 2012 年第 4 号公布，2016 年 5 月 30 日农业部令 2016 年第 3 号修订、2022 年 1 月 7 日农业农村部令 2022 年第 1 号修订
3	《饲料添加剂和添加剂预混合饲料产品批准文号管理办法》	2004 年 7 月 1 日农业部令 2004 年第 38 号发布，2012 年 5 月 2 日农业部令 2012 年第 5 号公布
4	《饲料质量安全管理规范》	2014 年 1 月 13 日农业部令 2014 年第 1 号公布，2017 年 11 月 30 日农业部令 2017 年第 8 号修订
5	《进口饲料和饲料添加剂登记管理办法》	2014 年 1 月 13 日农业部令 2014 年第 2 号公布，2016 年 5 月 30 日农业部令 2016 年第 3 号修订、2017 年 11 月 30 日农业部令 2017 年第 8 号修订
6	《中华人民共和国动物及动物源食品中残留物质监控计划和官方取样程序》	1999 年 5 月 11 日农牧发〔1999〕8 号公布
7	《兽药质量监督抽样规定》	2001 年 12 月 10 日农业部令 2001 年第 6 号公布，2007 年 11 月 8 日农业部令 2007 年第 6 号修订
8	《兽药生产质量管理规范》	2002 年 3 月 19 日农业部令 2002 年第 11 号公布，2020 年 4 月 1 日农业农村部令 2020 年第 3 号修订
9	《兽药标签和说明书管理办法》	2002 年 10 月 31 日农业部令 2002 年第 22 号公布，2004 年 7 月 1 日农业部令 2004 年第 38 号、2007 年 11 月 8 日农业部令 2007 年第 6 号、2017 年 11 月 30 日农业部令 2017 年第 8 号修订
10	《兽药注册办法》	2004 年 11 月 24 日农业部令 2004 年第 44 号公布
11	《动物病原微生物分类名录》	2005 年 5 月 24 日农业部令 2005 年第 53 号公布
12	《新兽药研制管理办法》	2005 年 8 月 31 日农业部令 2005 年第 55 号公布，2016 年 5 月 30 日农业部令 2016 年第 3 号、2019 年 4 月 25 日农业农村部令 2019 年第 2 号修订
13	《兽用生物制品经营管理办法》	2007 年 3 月 29 日农业部令 2007 年第 3 号公布，2021 年 3 月 18 日农业农村部令 2021 年第 2 号修订
14	《兽药进口管理办法》	2007 年 7 月 31 日农业部、海关总署令 2007 年第 2 号公布，2019 年 4 月 25 日农业农村部令 2019 年第 2 号、2022 年 1 月 7 日农业农村部令 2022 年第 2 号修订

编号	名称	文件编号与发布时间
15	《兽药经营质量管理规范》	2010 年 1 月 15 日农业部令 2010 年第 3 号公布，2017 年 11 月 30 日农业部令 2017 年第 8 号修订
16	《动物检疫管理办法》	2010 年 1 月 21 日农业部令 2010 年第 6 号公布，2019 年 4 月 25 日农业农村部令 2019 年第 2 号、2022 年 9 月 7 日农业农村部令 2022 年第 7 号修订
17	《动物防疫条件审查办法》	2010 年 1 月 21 日农业部令 2010 年第 7 号公布，2022 年 9 月 7 日农业农村部令 2022 年第 8 号修订
18	《兽用处方药和非处方药管理办法》	2013 年 9 月 11 日农业部令 2013 年第 2 号公布
19	《兽药产品批准文号管理办法》	2015 年 12 月 3 日农业部令 2015 年第 4 号公布，2019 年 4 月 25 日农业农村部令 2019 年第 2 号修订、2022 年 1 月 7 日农业农村部令 2022 年第 1 号修订
20	《水产品批发市场管理办法》	1996 年 11 月 27 日农渔发〔1996〕13 号公布，2007 年 11 月 8 日农业部令 2007 年第 6 号修订
21	《水产苗种管理办法》	2001 年 12 月 10 日农业部令 2001 年第 4 号公布，2005 年 1 月 5 日农业部令 2005 年第 46 号修订
22	《水产养殖质量安全管理规定》	2003 年 7 月 24 日农业部令 2003 年第 31 号公布
23	《无公害农产品管理办法》	2002 年 4 月 29 日农业部、质检总局令第 12 号公布，2007 年 11 月 8 日农业部令 2007 年第 6 号修订
24	《农产品包装和标识管理办法》	2006 年 10 月 17 日农业部令 2006 年第 70 号公布
25	《农产品质量安全检测机构考核办法》	2007 年 12 月 12 日农业部令 2007 年第 7 号公布，2017 年 11 月 30 日农业部令 2017 年第 8 号修订
26	《农产品地理标志管理办法》	2007 年 12 月 25 日农业部令 2007 年第 11 号公布，2019 年 4 月 25 日农业农村部令 2019 年第 2 号修订
27	《绿色食品标志管理办法》	2012 年 7 月 30 日农业部令 2012 年第 6 号公布，2019 年 4 月 25 日农业农村部令 2019 年第 2 号、2022 年 1 月 7 日农业农村部令 2022 年第 1 号修订
28	《农产品质量安全监测管理办法》	2012 年 8 月 14 日农业部令 2012 年第 7 号公布，2022 年 1 月 7 日农业农村部令 2022 年第 1 号修订
29	《关于有效成分含量高于产品质量标准的农药产品有关问题的复函》	2005 年 10 月 12 日农办政函〔2005〕82 号
30	《农业部农产品质量安全监督抽查实施细则》	2007 年 6 月 10 日农办市〔2007〕21 号
31	《农产品地理标志使用规范》	2008 年 8 月 8 日农业部公告第 1071 号
32	《农产品质量安全检测机构考核评审员管理办法、农产品质量安全检测机构考核评审细则》	2009 年 7 月 21 日农业部公告第 1239 号

相较于前文修订更新的政策法规，为贯彻国务院相关政策文件清理工作的要求，实现文件的与时俱进，农业部于 2016 年 5 月 30 日发布《农业部关于宣布失效一批文件的决定》

（农发〔2016〕2号），其中共宣布258件文件失效。在258件失效文件中包含大量关于水产品质量安全问题和渔业科技相关方面等诸多文件（表2-4）。其中所含的《关于加强渔业质量管理工作的通知》（农市发〔2000〕8号）直接关系各类水产品的质量安全问题，除此之外还涉及各类水产品质量安全的文件主要有《关于印发〈优势农产品质量安全推进计划〉的通知》（农市发〔2003〕4号）、《关于进一步加强农产品质量安全管理工作的意见》（农市发〔2004〕15号）、《农业部关于加强农产品质量安全监管能力建设的意见》（农市发〔2006〕17号）、《农业部办公厅关于加强农产品质量安全事件应急工作的通知》（农市发〔2006〕31号）、《农业部关于贯彻〈农产品质量安全法〉加强农产品批发市场质量安全监管工作的意见》（农市发〔2007〕7号）、《农业部关于印发〈农产品质量安全信息发布制度〉的通知》（农市发〔2007〕11号）、《农业部办公厅关于印发〈农业部农产品质量安全事件应急工作机制方案〉的通知》（农办市〔2007〕12号）、《农业部关于贯彻落实〈国务院关于加强食品等产品安全监督管理的特别规定〉的意见》（农市发〔2007〕21号）等。涉及水产品科技方面的文件可以在技术环境等相关层面给予水产品质量安全管理的帮助，进一步保障水产品质量安全。其中所含的《发送〈关于农牧渔业科学技术研究成果管理试行办法〉的函》（〔1982〕农（科）字第97号）、《关于抓好农牧渔业专利工作的通知》（〔1985〕农（科）字第85号）、《本部关于成立农牧渔业部环境保护委员会的通知》（〔1985〕农（能环）字第7号）、《关于印发〈农牧渔业科学技术成果管理的规定〉等七个文件的通知》（〔1986〕农（科）字第32号）、《本部关于印发〈农牧渔业"丰收奖"奖励办法〉的通知》（〔1987〕农（科）字第10号）、《农牧渔业部关于防范海上发生抢劫渔民事件的通知》（〔1988〕农（渔政）字第20号）等失效文件间接防范了水产品质量安全问题的发生。

表2-4　部分失效的水产品质量安全相关文件

编号	名称	文件编号与发布时间
1	《关于加强渔业质量管理工作的通知》	农市发〔2000〕8号
2	《关于转发"绿色食品"工作会议文件的通知》	农（垦）字〔1990〕第83号
3	《关于印发〈优势农产品质量安全推进计划〉的通知》	农市发〔2003〕4号
4	《关于进一步加强农产品质量安全管理工作的意见》	农市发〔2004〕15号
5	《关于开展"无公害食品行动计划"试点工作的通知》	农办市〔2004〕22号
6	《农业部关于印发〈国家重大食品安全事故应急预案农业部门操作手册〉的通知》	农市发〔2006〕11号
7	《农业部关于加强农产品质量安全监管能力建设的意见》	农市发〔2006〕17号
8	《农业部公安厅关加强农产品质量安全事件应急工作的通知》	农市发〔2006〕31号

（续）

编号	名称	文件编号与发布时间
9	《农业部关于贯彻〈农产品质量安全法〉加强农产品批发市场质量安全监管工作的意见》	农市发〔2007〕7 号
10	《农业部关于印发〈农产品质量安全信息发布制度〉的通知》	农市发〔2007〕11 号
11	《农业部公安厅关于印发〈农业部农产品质量安全事件应急工作机制方案〉的通知》	农市发〔2007〕12 号
12	《农业部关于贯彻落实〈国务院关于加强食品等产品安全监督管理的特别规定〉的意见》	农办市〔2007〕21 号
13	《远洋渔业管理规定 2016 年修正本》	农业部令第 27 号
14	《关于印发〈无公害农产品检测机构管理办法〉的通知	农质安发〔2013〕17 号》
15	《实施无公害农产品认证的产品目录》	农业部国家认证认可监督管理委员会公告第 699 号
16	《动物性食品中兽药最高残留限量》	农业部〔2002〕235 号
17	《发送〈关于农牧渔业科学技术研究成果管理试行办法〉的函》	〔1982〕农（科）字第 97 号
18	《关于抓好农牧渔业专利工作的通知》	〔1985〕农（科）字第 85 号
19	《本部关于成立农牧渔业部环境保护委员会的通知》	〔1985〕农（能环）字第 7 号
20	《关于印发〈农牧渔业科学技术成果管理的规定〉等七个文件的通知》	〔1986〕农（科）字第 32 号
21	《本部关于印发〈农牧渔业"丰收奖"奖励办法〉的通知》	〔1987〕农（科）字第 10 号
22	《农牧渔业部关于防范海上发生抢劫渔民事件的通知》	〔1988〕农（渔政）字第 20 号
22	《卫生部关于进一步规范健康相关产品监督管理有关问题的通知》	卫法监发〔2003〕1 号
23	《关于施行〈进出口水产品检验检疫监督管理办法〉的通知》	国质检食〔2011〕286 号
24	《食品安全管理体系 水产品加工企业要求》	国家认监委 2007 年第 3 号公告
25	《散装食品卫生管理规范》	卫法监发〔2003〕180 号
26	《水产品卫生管理办法》	卫生部令第 5 号
27	《动物疫情报告管理办法》	农牧发〔1999〕18 号
28	《农业部产品质量监督检验测试机构管理办法》	农市发〔2007〕23 号
29	《农产品地理标志登记程序》	农业部公告第 1071 号

第五节　水产品生产环节质量安全的监管进展

2024 年中央 1 号文件明确指出，要树立大农业观、大食物观，多渠道拓展食物来源[①]。2024 年 4 月 24 日，农业农村部渔业渔政管理局在江苏省盐城市召开全国水产品质量安全监管工作会议，围绕渔业部门水产品稳产保供首要任务，对 2024 年工作进行全面部署，扎实推进水产品质量安全监管。会议强调，要坚持把保障水产品有效供给作为渔业发展的首要任务，守牢水产品稳产保供和质量安全两条底线：一是抓好专项整治，尽快化解水产品质量安全监管难点问题；二是加强产地水产品药残监控，切实压实养殖生产经营者质量安全主体责任；三是做好质量安全监管执法，稳步提升基层监管部门质量安全监管能力；四是规范水产品质检机构，持续提高水产品质量安全检测综合水平；五是坚持质量安全"产出来"，加快推进水产养殖业转型升级[②]。

一、全面推进水产品质量安全追溯体系建设

2021 年 11 月 4 日，农业农村部修订了《农产品质量安全信息化追溯管理办法（试行）》及 5 个配套方案。2022 年 1 月 25 日，国家发展和改革委员会印发《"十四五"现代流通体系建设规划》，提出加快完善重要产品追溯系统，推进食品（含食用农产品）、药品等重要产品质量安全信息化追溯系统建设入法，鼓励行业协会、第三方机构等依法依规建立重要产品追溯系统，提供产品溯源等服务，推进相关领域的追溯标准修订和应用推广工作；并加大可追溯产品市场推广力度，调动大型流通企业等主动选用积极性，扩大追溯产品市场规模[③]。主要内容如下：

1. 充分认识国家追溯平台上线试运行的重要意义

农产品质量安全追溯体系建设是维护人民群众"舌尖上的安全"的重大举措，也是推进农业信息化的重要内容。近几年的中央 1 号文件多次提出，要建立全程可追溯、互联共享的农产品监管追溯信息平台。全国农业工作会议提出"五区一园四平台"建设，进一步明确了追溯管理工作要求。加快建立全国统一的追溯管理信息平台、制度规范和技术标准，有利于积极开展农产品全程追溯管理，提升综合监管效能；有利于倒逼生产经营主体强化质量安全意识，落实好第一责任；有利于畅通公众查询渠道，提振公众消费信心。建立健全农产品质量安全追溯体系，对于提升农产品质量安全智慧监管能力、促进农业产业健康发展、确保农产品消费安全具有重大意义。

2. 指导思想

按照"统一设计、分步实施，部省协同、分工合作，方便操作、联网运行"的总体思路，在追溯平台格局和操作习惯基本稳定的前提下，实现业务融合、数据融合、信息共享，

[①]　农业农村部．全国水产品质量安全监管工作会议在江苏召开［EB/OL］．2024-04-25．http：//www.yyj.moa.gov.cn/gzdt/202404/t20240425_6454392.htm．

[②]　农业农村部．树立大农业观、大食物观，更好保障粮食安全［EB/OL］．2024-05-10．http：//www.moa.gov.cn/ztzl/ymksn/gmrbbd/202405/t20240510_6455144.htm．

[③]　农业农村部．国家发展改革委：推进重要产品质量安全信息化追溯系统建设入法［EB/OL］．2022-01-25．http：//www.jgs.moa.gov.cn/zsgl/202201/t20220125_6387623.htm．

建立覆盖全国、互联共享的统一平台。建立健全大数据辅助科学决策和社会治理机制，推进政府管理和社会治理模式创新，实现政府决策科学化、执法监管精准化、公共服务高效化。

3. 建立追溯管理运行制度

出台国家农产品质量安全追溯管理办法，明确追溯要求，统一追溯标识，规范追溯流程，健全管理规则。加强农业与有关部门的协调配合，健全完善追溯管理与市场准入的衔接机制，以责任主体和流向管理为核心，以扫码入市或索取追溯凭证为市场准入条件，构建从产地到市场到餐桌的全程可追溯体系。鼓励各地会同有关部门制定农产品追溯管理地方性法规，建立主体管理、包装标识、追溯赋码、信息采集、索证索票、市场准入等追溯管理基本制度，促进和规范生产经营主体实施追溯行为。

4. 搭建信息化追溯平台

建立"高度开放、覆盖全国、共享共用、通查通识"的国家平台，赋予监管机构、检测机构、执法机构和生产经营主体使用权限，采集主体管理、产品流向、监管检测和公众评价投诉等相关信息，逐步实现农产品可追溯管理。各行业、各地区已建追溯平台的，要充分发挥已有的功能和作用，探索建立数据交换与信息共享机制，加快实现与国家追溯平台的有效对接和融合，将追溯管理进一步延伸至企业内部和田间地头。鼓励有条件的规模化农产品生产经营主体建立企业内部运行的追溯系统，如实记载农业投入品使用、出入库管理等生产经营信息，用信息化手段规范生产经营行为。具体目标如下：

（1）开展平台试运行　不断调整优化平台的功能和机制，确保平台运行稳定、功能设置合理、制度机制健全、数据互联共享。试运行结束后，积极开展追溯试点，扎实推进农产品质量安全追溯体系建设。

（2）平台运行稳定　国家追溯平台系统软件、硬件设备、通信环境、网络安全等功能性能稳定可靠，各项技术指标符合国家追溯平台设计要求，具有持续正常运行能力，能够支撑访问。

（3）功能设置合理　国家追溯平台追溯、监管、监测、执法等各项业务功能模块和操作流程满足实际需求，业务功能齐全完备，满足信息采集、信息查询、数据共享和分析决策等主要功能实现。

（4）制度机制健全　健全制度规范和技术标准，统一追溯流程，统一追溯标识。创新工作方法，推动建立部门协作机制，探索建立运行推广新方式。在试运行地区范围内，率先实现农业产业化重点龙头企业、农民合作社省级示范社和"三品一标"等规模化主体100%入网注册。健全完善对接标准规范体系、安全保障体系、运维管理体系，全面推进农产品追溯业务一体化、信息共享化、服务扁平化。

（5）数据互通共享　探索与试运行省级追溯平台、农业行业平台有效对接模式，力争实现跨平台互联互通，推动追溯管理上下联动、部门协同，实现全国追溯"一盘棋"。

5. 制定追溯管理技术标准

充分发挥技术标准的引领和规范作用，按照"共性先立、急用先行"的原则。一是加快制定对接技术指南，由农业农村部负责制定对接指南，依据各地实际实施追溯平台与国家追溯平台对接实施方案及技术方案，做好对接部署和技术保障；二是统一对接标准规范，各省按照规定的技术标准推进追溯平台对接工作；三是做好入口集成工作，建立多通道登录体系，最终形成全国追溯平台网络矩阵入口；四是分批开展平台对接，按照"分期分批对接，满足条件优先对接"原则实施方案和对接指南；五是整合对接移动应用，推动应用业务的移动端延伸；六是共建大数据中心，通过大数据分析全面提升智慧监管能力；七是加强网络安全保障，构建防护体系，满足智慧监管和公共服务应用需求；八是建立分级运维体系，建立分级管理、上下联动、责任明确、保障有力的运维管理体系。以此实现全国农产品质量安全追溯管理"统一追溯模式、统一业务流程、统一编码规则、统一信息采集"。各地应制定追溯操作指南，编制印发追溯管理流程图和明白纸，加强宣传培训，指导生产经营主体积极参与。

6. 加强追溯管理举措

2022年，国家发展和改革委员会印发《"十四五"现代流通体系建设规划》（以下简称《规划》），提出加快完善重要产品追溯系统，推进食品（含食用农产品）、药品等重要产品质量安全信息化追溯系统建设入法。《规划》指出，推进流通领域信用体系建设，加快完善重要产品追溯系统，加强追溯系统建设，拓展追溯系统应用①。

二、进一步加强水生动物疫病持续性监测

为了更好地组织和规范开展水生动物疫病监测，全面掌握重要水生动物疫病的病原分布、流行趋势和疫情动态，提高风险预警能力，科学研判防控形势，制定防控策略，及时消除疫情隐患，避免发生区域性突发疫情，减少因水生动物疫病所造成的经济损失，保障水产品质量安全，农业农村部根据实际情况开展了大量工作。2017—2024年《国家水生动物疫病监测计划》主要内容呈现总体延续、动态更新的特征。

《2024年国家水生动物疫病监测计划》于2024年3月11日发布，重点计划内容：对鲤春病毒血症、白斑综合征、草鱼出血病、锦鲤疱疹病毒病、传染性造血器官坏死病、病毒性神经坏死病、鲫造血器官坏死病、鲤浮肿病、虾肝肠胞虫病、十足目虹彩病毒病、传染性肌坏死病等水生动物疫病进行专项监测。相应研究所除对以上疫病监测外，同时对传染性皮下和造血组织坏死病、急性肝胰腺坏死病、传染性胰脏坏死病等有关疫病开展调查。各地要根据《国家水生动物疫病监测计划》制定本行政区域的水生动物疫病监测计划，不断加强水生动物疫病风险评估、监测预警和应急处置工作，认真组织开展水产养殖动植物疾病测报，全面掌握疫病分布和流行态势，科学研判防控形势。省级主管部门安排的省级水生动物疫病监测计划（以下称"省级监测计划"），纳入国家水生动物疫病监测计划汇总统计②。

三、农资投入品监管

2021年1月7日，农业农村部印发了《关于加强水产养殖投入品监管的通知》，通知中强调水产养殖用到的兽药、饲料和饲料添加剂等投入品的管理急需加强，为保障养殖水产品质量安全，加快推进水产养殖业绿色发展，要依法打击生产、进口、经营和食用假、劣水产养殖兽用药、饲料和饲料添加剂等违法行为③。

---

① 农业农村部．国家发展改革委：推进重要产品质量安全信息化追溯系统建设入法［EB/OL］．2022-01-25. http：//www. jgs. moa. gov. cn/zsgl/202201/t20220125 _ 6387623. htm.

② 农业农村部．农业农村部关于印发《2024年国家产地水产品兽药残留监控计划》和《2024年国家水生动物疫病监测计划》的通知［EB/OL］．2024-03-13. http：//www. moa. gov. cn/govpublic/YYJ/202403/t20240313 _ 6451326. htm.

③ 农业农村部．农业农村部关于加强水产养殖用投入品监管的通知［EB/OL］．2021-01-08. http：//www. moa. gov. cn/xw/bmdt/202101/t20210108 _ 6359664. htm.

1. 强化投入品管理

关于水产养殖投入品，应当按照兽药、饲料和饲料添加剂管理的，无论冠以"××剂"的名称，均应依法取得相应生产许可证和产品批准文号，方可生产、经营和使用。水产养殖用兽药的研制、生产、进口、经营、发布广告和使用等行为，应严格依照《兽药管理条例》监督管理。未经审查批准，不得生产、进口、经营水产养殖用兽药和发布水产养殖用兽药广告。市售所谓"水质改良剂""底质改良剂""微生态制剂"等产品中，用于预防、治疗、诊断水产养殖动物疾病或者有目的地调节水产养殖动物生理机能的，应按照兽药监督管理。禁止生产、进口、经营和使用假、劣水产养殖用兽药，禁止使用禁用药品及其他化合物、停用兽药、人用药和原料药。水产养殖用饲料和饲料添加剂的审定、登记、生产、经营和使用等行为，应严格按照《饲料和饲料添加剂管理条例》监督管理。依照《农药管理条例》有关规定，水产养殖中禁止使用农药。

2. 规范经营行为

全面推行农业投入品经营主体备案许可，强化经营准入管理，整体提升经营主体素质。落实农业投入品经营诚信档案和购销台账，推动兽药良好经营规范的实施。建立和畅通农业投入品经营主渠道，推广农资连锁经营和直销配送，着力构建新型农资经营网络，提高优质放心农业投入品覆盖面。相关政府部门要积极为兽药、饲料和饲料添加剂生产、经营企业在相关行政审批业务，以及水产养殖者在规范使用兽药、饲料和饲料添加剂等方面提供服务，优化审批流程，引导其规范生产、经营和使用。相关行业协会要加强行业自律，教育相关企业杜绝生产假、劣兽药等违法行为，依法科学规范生产、销售和使用农业投入品。

3. 加强执法监督

2021 年 1 月 7 日农业农村部印发的《关于加强水产养殖投入品监管的通知》中提到农业农村部决定 2021—2023 年连续三年开展水产养殖用兽药、饲料和饲料添加剂相关违法行为的专项整治，各级地方农业农村（畜牧兽医、渔业）主管部门要将专项整治列入重点工作，落实责任，常抓不懈。县级以上地方农业农村（畜牧兽医、渔业）主管部门要设立有奖举报电话，加大对生产、进口、经营和使用假、劣水产养殖用兽药，未取得许可证明文件的水产养殖用饲料、饲料添加剂，以及使用禁用药品及其他化合物、停用兽药、人用药、原料药和农药等违法行为的打击力度，重点查处故意以所谓"非药品""动保产品""水质改良剂""底质改良剂""微生态制剂"等名义生产、经营和使用假兽药，逃避兽药监管的违法行为。县级以上地方农业农村（畜牧兽医、渔业）主管部门以及农业综合执法机构、渔政执法机构要依法、依职能，对生产、进口、经营和使用假、劣水产养殖用兽药，以及未取得许可证明文件的水产养殖用饲料、饲料添加剂，使用禁用药品及其他化合物、停用兽药、人用药、原料药和农药等违法行为实施行政处罚，涉嫌违法犯罪的，依法移送司法机关处理①。

四、水产品质量安全数字化监管

2016 年 4 月 22 日，农业部、国家发展和改革委员会、中央网络安全和信息化领导小组办公室、科学技术部、商务部、国家质量监督检验检疫总局、国家食品药品监督管理总局、

---

① 农业农村部．农业农村部关于加强水产养殖用投入品监管的通知［EB/OL］．2021-01-08．http：//www.moa.gov.cn/xw/bmdt/202101/t20210108_6359664.htm.

国家林业局等 8 个部门联合发布了《关于印发〈"互联网＋"现代农业三年行动实施方案〉的通知》（农市发〔2016〕2 号）提出"互联网＋"现代渔业的概念，构建集渔业生产情况、市场价格、生态环境和渔船、渔港、船员为一体的渔业渔政管理信息系统，推动卫星通信、物联网等技术在渔业行业的应用，提高渔业信息化水平。《2019 年渔业渔政工作要点》（农办渔〔2019〕5 号）提出在大力推进一二三产业融合发展，推进建设以渔业为主导产业的现代产业园的同时，要加强渔业信息化建设，推动全国渔业管理数据互联互通，积极发展互联网＋现代渔业①。2021 年 12 月 29 日农业农村部印发的《"十四五"全国渔业发展规划》（农渔发〔2021〕28 号）中强化渔业科技，三大举措之一的发展智慧渔业与"互联网＋"现代渔业密切相关。其中，包括加快工厂化、网箱、池塘、稻渔等养殖模式的数字化改造，推进水质在线监测、智能增氧、精准饲喂、病害防控、循环水智能处理、水产品分级分拣等技术应用，开展深远海养殖平台、无人渔场等先进养殖系统试验示范。推广渔船卫星通信、定位导航、鱼群探测、防碰撞等船用终端和数字化捕捞装备。推进渔业渔政管理数字化技术应用，建设渔业渔政管理信息和公共服务平台，提升渔业执法数字化水平，重点推进长江禁渔信息化能力建设。加强渔业统计基层基础，及时收集发布产能、供给、需求、价格、贸易等信息，强化生产和市场监测预警，分析研判形势，合理引导预期②。2022 年 9 月，农业农村部办公厅印发了《农业现代化示范区数字化建设指南》中明确了今后一段时期农业现代化示范区数字化建设的发展思路，提出以产业数字化、数字产业化为主线，以数据为关键要素，以发展智慧农业为重点，聚集资源要素，创新工作机制，加快推动现代信息技术与示范区农业生产经营深度融合，实现数据资源互联共享、农业全产业链赋能增效，为全面推进乡村振兴、加快农业农村现代化注入新动能③。2023 年 4 月 13 日，中央网信办、农业农村部、国家发展和改革委员会、工业和信息化部、国家乡村振兴局联合印发的《2023 年数字乡村发展工作要点》要求，深入实施《数字乡村发展战略纲要》《数字乡村发展行动计划（2022—2025 年）》，以数字化赋能乡村产业发展、乡村建设和乡村治理，整体带动农业农村现代化发展、促进农村农民共同富裕，推动农业强国建设取得新进展、数字中国建设迈上新台阶④。2023 年 9 月 19 日，农业农村部新闻办公室报道，由农业农村部大数据发展中心联合相关单位研发打造的"全农码"平台正式线上运行，通过"全农码"，可以为涉农领域各要素赋予数字身份，连接"地、人、物、财、事"，完成数据全面关联汇集，扫码即可查看关联关系、关联信息、关联应用，实现"一码呈现"；可以对接各类应用中的规则，依据赋码对象正常、预警或中止的状态，对其进行绿、黄、红赋码转码，实现"一码监管"⑤。

---

① 农业农村部 . 2019 年渔业渔政工作要点［EB/OL］. 2019-04-19. http：//www. yyj. moa. gov. cn/bjwj/201904/t20190419_6197472. htm.

② 农业农村部 . 农业农村部关于印发《"十四五"全国渔业发展规划》的通知［EB/OL］. 2022-01-06. http：//www. moa. gov. cn/govpublic/YYJ/202201/t20220106_6386439. htm.

③ 农业农村部 . 以数字化引领驱动农业现代化——《农业现代化示范区数字化建设指南》解读［EB/OL］. 2022-09-05. http：//www. scs. moa. gov. cn/zcjd/202209/t20220905_6408570. htm.

④ 农业农村部 . 中央网信办、农业农村部等五部门联合印发《2023 年数字乡村发展工作要点》［EB/OL］. 2023-04-13. http：//www. scs. moa. gov. cn/zcjd/202304/t20230413_6425294. htm.

⑤ 农业农村部新闻办公室 . "全农码"平台上线运行［EB/OL］. 2023-09-19. http：//www. moa. gov. cn/xw/zwdt/202309/t20230919_6436808. htm.

第三章 水产品加工业市场供应与质量安全

本章首先分析我国水产品加工业的发展现状①，其次介绍了我国主要水产加工品的区域分布，然后根据国家食品药品监督管理总局和国家市场监督管理总局发布的国家监督抽检数据探究我国水产制品的质量安全状况，再次介绍了我国水产预制菜市场供应与质量安全风险，最后提出了完善我国水产制品质量安全监管建议。

第一节 水产品加工业市场供应概况

一、水产品加工业总产值

图 3-1 是 2008—2023 年我国水产品加工业总产值。2008 年我国水产品加工业总产值仅为 1 971.37 亿元，之后水产品加工业总产值持续高速增长。2016 年，我国水产品加工业

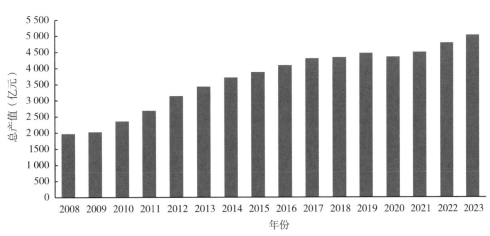

图 3-1 2008—2023 年我国水产品加工业总产值
资料来源：农业农村部渔业渔政管理局，《中国渔业统计年鉴》(2009—2024)。

---

① 本书第一章、第二章生产环节主要强调获得的是初级水产品，而本章的水产品加工是指水产品保鲜（保活）、保藏和加工利用，强调获得的是水产品制品。

总产值首次突破 4 000 亿元关口，达到 4 090.23 亿元。2016—2019 年，我国水产品加工业总产值保持平稳增长，2017 年、2018 年、2019 年我国水产品加工业总产值分别达到 4 305.08 亿元、4 336.79 亿元、4 464.61 亿元，累计增长达到 9.15%，年均增长 2.96%。2020 年我国水产品加工业总产值为 4 354.19 亿元，较 2019 年下降 2.47%。2021 年我国水产品加工业总产值为 4 496.22 亿元，较 2020 年增长了 3.26%，较 2019 年增长了 0.71%。2022 年我国水产品加工业总产值为 4 784.61 亿元，较 2021 年增长 6.41%。2023 年我国水产品加工业总产值为 5 020.54 亿元，较 2022 年增长 4.93%，较 2021 年增长 11.66%。

二、水产品加工企业

水产品加工企业是指从事水产品保鲜（保活）、保藏和加工利用的企业。2008—2023 年我国水产品加工企业数及规模以上加工企业数如图 3-2 所示，近年来，我国水产品加工企业基本保持稳定，且一直维持在 9 000～10 000 家。其中，2008 年的水产品加工企业数最多，达到 9 971 家，2020 年的水产品加工企业数最少，为 9 136 家。2016—2020 年，我国拥有水产品加工企业呈下降趋势，下降了 558 家，累计下降率达到 5.8%，年均下降 1.40%。2021 年我国水产品加工企业数有所回升，为 9 202 家，较 2020 年多 66 家，但仍比 2019 年仍少 121 家。2022—2023 年我国水产品加工企业数继续回升，2022 年为 9 331 家，较 2021 年增加 129 家；2023 年为 9 433 家，较 2022 年增加 102 家，为近 5 年来最高水平。

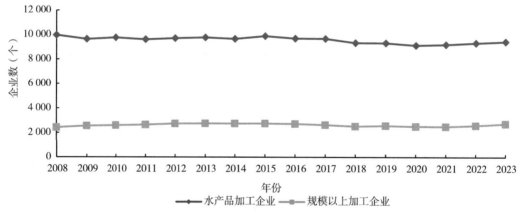

图 3-2　2008—2023 年我国水产品加工企业数及规模以上加工企业数
资料来源：农业农村部渔业渔政管理局，《中国渔业统计年鉴》（2009—2024）。

规模以上水产品加工企业是指年主营业务收入 500 万元以上的水产品加工企业。2008 年，我国拥有规模以上水产品加工企业 2 428 家。2016 年我国拥有规模以上水产品加工企业 2 722 家，2017 年我国规模以上水产品加工企业下降到 2 636 家，2018 年进一步下降到 2 524 家，2019 年有所回升达到 2 570 家，2020 年我国水产品加工企业又出现下降为 2 513 家，2021 年我国水产品加工企业进一步下降到 2 497 家（占水产品加工企业的比重为 27.1%）。2016—2021 年，我国拥有规模以上水产品加工企业累计下降 225 家，下降了 8.3%。2022 年我国规模以上水产品加工企业增加到 2 592 家，占水产品加工企业的比重为 27.8%。2023 年我国规模以上水产品加工企业进一步增加，达到 2 726 家，为 2016 年以来最高水平，占水产品加工企业的比重提升为 28.9%。

三、水产品加工能力

水产品加工能力是指年加工处理的水产品总量。图 3 - 3 是 2008—2023 年我国水产品加工能力。2008 年，我国水产品加工能力为 2 197.48 万吨，之后的水产品加工能力稳步增长；2016 年，我国水产品加工能力达到 2 849.11 万吨。2017 年我国水产品加工能力达到 2 926.23 万吨，较 2016 年增长了 2.7%。2018 年我国水产品加工能力较 2017 年小幅下降了 1.2%，为 2 892.16 万吨。2019 年为 2 888.20 万吨，基本和 2018 年持平。2020 年我国水产品加工能力出现了小幅下降，为 2 853.43 万吨，较 2019 年下降了 1.20%。2021 年我国水产品加工能力为 2 893.58 万吨，较 2020 年小幅增长 1.41%，基本和 2018 年持平。2022 年我国水产品加工能力为 2 970.41 万吨，较 2021 年增长 2.66%。2023 年我国水产品加工能力突破 3 000 万吨，达到 3 015.82 万吨，较 2022 年小幅增长 1.53%。

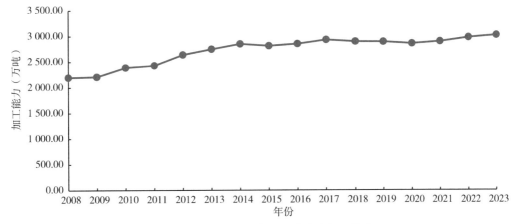

图 3 - 3　2008—2023 年我国水产品加工能力

资料来源：农业农村部渔业渔政管理局，《中国渔业统计年鉴》（2009—2024）。

四、水产品加工总量

2008—2023 年我国水产品加工总量如图 3 - 4 所示。2008 年我国水产品加工总量为 1 367.76万吨，之后持续高速增长；2016 年我国水产品加工总量增长到 2 165.44 万吨；2017 年我国水产品加工总量达到历史最好水平的 2 196.25 万吨，较 2016 年增长了 1.4%；2018 年我国水产品加工总量出现小幅下降，为 2 156.85 万吨；2019 年出现小幅回升，达到 2 171.41 万吨。2020 年我国水产品加工总量再次出现下降，为 2 090.79 万吨，较 2019 年下降了 3.71%。2021 年我国水产品加工总量出现小幅回升，为 2 125.04 万吨，较 2020 年增长了 1.64%。2016—2021 年，我国水产品加工总量累计下降 40.40 万吨，下降了 1.87%。2022 年我国水产品加工总量小幅回升，为 2 147.79 万吨，较 2021 年增长了 1.07%。2023 年我国水产品加工总量持续小幅回升，为 2 199.46 万吨，较 2022 年增长了 2.41%。

具体来说，我国水产品加工总量由海水产品加工量和淡水产品加工量组成。2016—2023 年，我国海水产品加工量和水产品加工总量的变化趋势基本一致。海水产品加工量 2016 年为 1 775.07 万吨，2017 年达到历史最高值 1 788.06 万吨，2018 年下降到 1 775.02 万吨；2019 年出现小幅回升达到 1 776.09 万吨，基本和 2016 年持平。2020 年，我国海水产品加

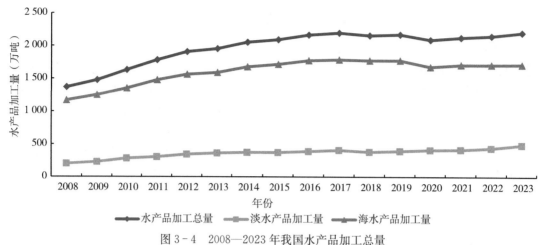

图 3-4　2008—2023 年我国水产品加工总量

资料来源：农业农村部渔业渔政管理局，《中国渔业统计年鉴》（2009—2024）。

工量为 1 679.27 万吨，较 2019 年下降了 5.45%。2021 年，我国海水产品加工量为 1 708.81万吨，较 2020 年增长了 1.76%。2022 年，我国海水产品加工量为 1 709.15 万吨，基本与 2021 年持平。2023 年，我国海水产品加工量为 1 713.12 万吨，较 2022 年仅增长了 0.23%。与此同时，我国淡水产品加工量也大体呈现相同趋势，淡水产品加工量 2016 年达 390.37 万吨，2017 年达到 408.19 万吨，2018 年下降到 381.83 万吨；2019 年出现小幅回升，达到 395.32 万吨，基本和 2016 年 390.37 万吨持平。2020 年，我国淡水产品加工量为 411.51 万吨，较 2019 年增长了 4.10%。2021 年，我国淡水产品加工量为 416.23 万吨，较 2020 年增长了 1.15%。2022

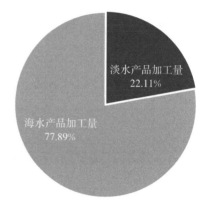

图 3-5　2023 年我国水产品加工总量分布

资料来源：农业农村部渔业渔政管理局，《中国渔业统计年鉴》（2024），并由作者整理计算所得。

年，我国淡水产品加工量为 438.64 万吨，较 2021 年增长了 5.38%。2023 年，我国淡水产品加工量为 486.35 万吨，较 2022 年增长了 10.88%。2023 年，我国海水产品加工量占水产品加工总量的比重为 77.89%，而淡水产品加工量的占比仅为 22.11%，可见，我国水产品加工主要仍以海水产品加工为主（图 3-5）。

五、用于加工的水产品总量

2008—2023 年我国用于加工的水产品总量如图 3-6 所示。2008 年，我国用于加工的水产品总量为 1 637.43 万吨，2016 年我国用于加工的水产品总量高达 2 635.76 万吨。2016—2021 年，我国用于加工的水产品总量大体呈现先增后减趋势。2017 达到历史最高值的 2 680.02万吨，2018 年下降到 2 653.41 万吨，2019 年进一步下降到 2 649.96 万吨，2020 年再次下降到 2 477.16 万吨为近 5 年的最低点，2021 年出现小幅回升为 2 522.68 万吨。2016—2021 年，我国用于加工的水产品总量累计下降了 113.08 万吨，累计下降率为

4.29%。2022 年我国用于加工的水产品总量为 2 556.13 万吨，较 2021 年小幅增长 1.33%。2023 年我国用于加工的水产品总量为 2 623.71 万吨，较 2022 年小幅增长 2.64%。

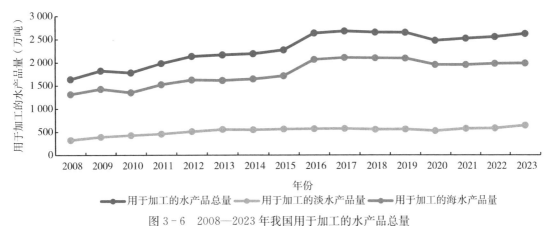

图 3-6　2008—2023 年我国用于加工的水产品总量
资料来源：农业农村部渔业渔政管理局，《中国渔业统计年鉴》（2009—2024）。

　　具体来说，我国用于加工的水产品总量由用于加工的海水产品量和用于加工的淡水产品量组成。2016—2023 年，我国用于加工的海水产品量和用于加工的水产品总量的变化趋势基本一致。用于加工的海水产品量 2016 年为 2 066.37 万吨，2017 年达到历史最高值 2 106.52万吨，之后呈逐年下降趋势，2018 年下降到 2 099.02 万吨，2019 年进一步下降到 2 091.79 万吨，2020 年下降到 2 000 万吨以下为 1 952.98 万吨，2021 年下降到 1 951.10 万吨为近 6 年最低点。2022 年回升到 1 976.32，较 2021 年增长 1.29%。2023 年增加到 1 982.69，较 2022 年增长 0.32%。2016—2023 年，我国用于加工的海水产品量累计下降 83.68 万吨，累计下降率为 4.05%。我国用于加工的淡水产品量 2016 年为 569.39 万吨，2017 年达到 573.50 万吨，2018 年下降到 554.39 万吨，2019 年小幅回升到 558.17 万吨。2020 年，我国用于加工的淡水产品量为 524.18 万吨，相比 2019 年下降了 6.09%。2021 年，我国用于加工的淡水产品量为 571.57 万吨，相比 2020 年增长了 9.04%。我国用于加工的海水产品量和用于加工的淡水产品量保持较大差距，2016—2019 年，每年差值在 1 500 吨左右，之后差距出现减小趋势，2020 年为 1 428.80 万吨，2021 年为 1 379.53 万吨，2022 年为 1 396.51万吨，2023 年差距缩小到 1 341.67 万吨。2023 年，我国用于加工的海水产品量占用于加工的水产品总量的比重为 75.57%，而用于加工的淡水产品量的占比仅为 24.43%（图 3-7），可见，我国用于加工的水产品仍以海水产品为主。

六、常见水产品的年加工量

1. 对虾

　　对虾是我国重要的加工水产品。2008 年我国的对虾加工量为 31.95 万吨，2016 年我国的对虾加工量波动增加到 51.23 万吨，2017 年进一步增加到 52.01 万吨，之后整体出现下降趋势，2018 年下降到 51.74 万吨，2019 年进一步下降到 48.71 万吨，2020 年小幅上升到 49.08 万吨，之后出现持续下降趋势，2021 年、2022 年、2023 年分别下降为 48.23 万吨、46.77 万吨、45.88 万吨。2016—2023 年，我国的对虾加工量累计下降 5.35 万吨，累计下降率为 10.44%，年均下降 1.41%（图 3-8）。

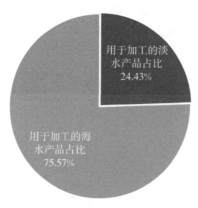

图 3-7 2023 年我国用于加工的水产品总量分布

资料来源：农业农村部渔业渔政管理局，《中国渔业统计年鉴》(2024)，并由作者整理计算所得。

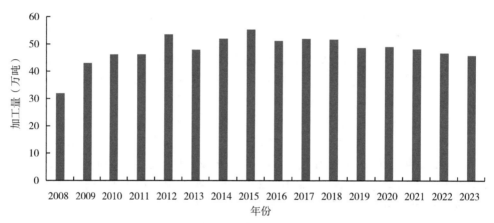

图 3-8 2008—2023 年间我国对虾加工量

资料来源：农业农村部渔业渔政管理局，《中国渔业统计年鉴》(2009—2024)。

2. 克氏原螯虾

克氏原螯虾又称小龙虾，是近年来非常受欢迎的淡水产品，尤其是夏季，克氏原螯虾成为夜排档的重要美食。小龙虾加工分为初级加工和加工副产物综合利用，以初级加工为主。初级加工产品主要包括速冻制品（包括速冻虾尾、速冻虾仁、速冻整只虾）和即食食品（包括调味小龙虾、小龙虾休闲食品等）[①]。2008—2023 年我国克氏原螯虾加工量如图 3-9 所示，2008 年我国克氏原螯虾加工量为 13.09 万吨，2016 年我国克氏原螯虾的加工量达到 19.21 万吨。在市场需求和政策推动下，小龙虾加工量呈现直线上升态势，2017 年为 30.94 万吨，同比增长 61.06%；2018 年为 40.90 万吨，同比增长 32.19%；2019 年为 50.99 万吨，同比增长 24.67%。2020—2021 年，加工量分别为 56.61 万吨和 66.18 万吨，小龙虾增速有所放缓，同比增长分别为 11.02% 和 16.91%。2022 年小龙虾加工量大幅上升，达到 121.68 万吨，同比增长 86%。2023 年小龙虾加工量持续增长，但增速放缓至 15.24%，为 140.23 万吨。2016—2023 年，我国克氏原螯虾加工量累积增长率达到 629.98%，年均增长

---

① 农业农村部渔业渔政管理局，全国水产技术推广总站，中国水产学会，中国水产流通加工协会. 中国小龙虾产业发展报告（2022）[EB/OL].2022-09-10. https：//mp. weixin. qq. com/s/F_A0RjCmjeLw1KvNEDEE7w.

率为32.84%。

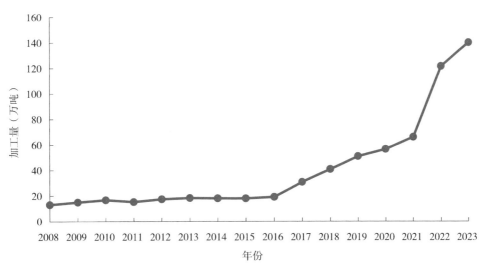

图3-9 2008—2023年我国克氏原螯虾加工量
资料来源：农业农村部渔业渔政管理局，《中国渔业统计年鉴》（2009—2024）。

3. 罗非鱼

我国罗非鱼加工产品主要包括罗非鱼片、干罗非鱼片、罗非鱼腊制品、罗非鱼罐头、罗非鱼鱼糜制品五大类。罗非鱼片又包括冻罗非鱼片、冰鲜罗非鱼片和液熏罗非鱼片三类。冻罗非鱼片是我国主要的加工出口产品形式。罗非鱼鱼糜是精深加工水产制品，包括鱼丸、鱼香肠、鱼糕等[①]。2008—2023年我国罗非鱼加工量如图3-10所示。2008年，我国罗非鱼加工量为47.07万吨；2016年，我国罗非鱼加工量波动回升到60万吨左右的水平，为64.03万吨。2017—2021年，我国罗非鱼加工量出现先增后减趋势，受内销市场需求扩大影响，2017年我国罗非鱼加工增加到66.75万吨，2018年进一步增加到69.72万吨。由于罗非鱼加工仍然以出口为主，受新关税制度的影响，2019年罗非鱼加工量下降到55.99万吨；2020年进一步下降到54.95万吨，较2018年降幅达到21.18%。2021年，我国罗非鱼加工量有所回升，为56.71万吨，较2020年增长了3.20%。2022年，我国罗非鱼加工量再次下降到54.06万吨，较2021年下降了4.67%。2023年下降到51.28万吨，较2022年下降了5.14%，为2010年以来最低水平。

4. 鳗

鳗加工制品主要有烤鳗、冷冻鳗、鳗丝、鳗干等，市场份额占比较大的是烤鳗。我国鳗出口以烤鳗为主，主要出口至日本、美国、俄罗斯等地[①]。2008—2023年我国鳗加工量如图3-11所示。近年来，我国鳗加工量基本保持稳定，除2008年为8.15万吨外，2009—2016年基本保持在11万吨左右。2016年我国鳗加工量达到11.74万吨，2017年增长到11.87万吨，较2016增加了1.11%；2018年进一步增长到12.91万吨，较2017增加了8.76%；2019年下降到12.25万吨，较2018下降了5.11%；2020年有所回升，达到12.92万吨，基本和2018年持平；2021年出现较大幅度增长，为15.14万吨，相比2020年增长率达到

① 赵志霞，吴燕燕，李来好，等，2017. 我国罗非鱼加工研究现状［J］. 食品工业科技，38（09）：363-367，373.

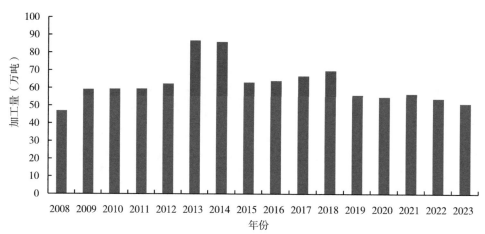

图 3-10　2008—2023 年我国罗非鱼加工量

资料来源：农业农村部渔业渔政管理局，《中国渔业统计年鉴》(2009—2024)。

17.18%。2022 年我国鳗加工量开始下降，为 13.95 万吨，较 2021 年下降 7.86%。2023 年持续下降至 13.62 万吨，较 2022 年下降 2.37%，相比于 2021 年下降 10.04%（图 3-11）。

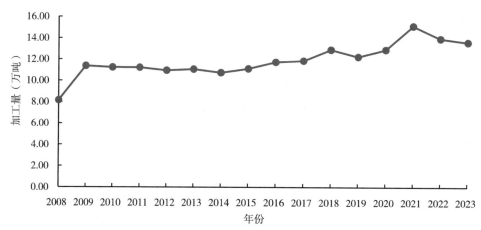

图 3-11　2008—2023 年我国鳗加工量

资料来源：农业农村部渔业渔政管理局，《中国渔业统计年鉴》(2009—2024)。

5. 斑点叉尾鮰

我国斑点叉尾鮰加工品有冻鮰鱼片、烤鮰、鮰酱等，其中冻鮰鱼片是斑点叉尾鮰出口的主要形式。图 3-12 是 2008—2023 年我国斑点叉尾鮰加工量。2008 年，我国斑点叉尾鮰加工量为 6.66 万吨，2016 年下降到 5.69 万吨；受美国全面实施《鲇形目鱼及其制品强制检验法规》的影响，2017 年我国斑点叉尾鮰加工量下降到 4.19 万吨，同比下降 26.27%，为 2008 年来的最低点；2018 年和 2019 年出现回升趋势，分别达到 4.44 万吨和 4.95 万吨；2020 年小幅下降到 4.65 万吨；2021 年出现较大幅度增长，为 5.39 万吨，相比 2020 年增长了 15.91%。2022 年出现大幅增长，为 6.26 万吨，较 2021 年增长了 16.14%，为 2013 年以来最高。2023 年又出现下降趋势，为 5.85 万吨，较 2022 年下降 6.55%，相较于 2021 年增长了 8.53%。

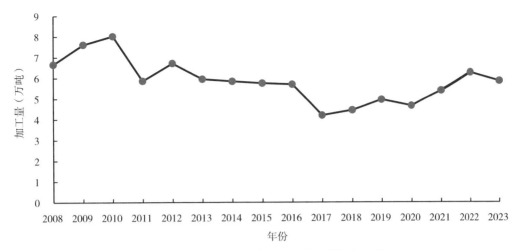

图 3 - 12　2008—2023 年我国斑点叉尾鮰加工量

资料来源：农业农村部渔业渔政管理局，《中国渔业统计年鉴》（2009—2024）。

七、水产品冷藏能力

1. 水产品冷库规模

近年来，我国水产品冷库规模呈现出先迅速上升后缓慢下降再小幅持续上升趋势。如图 3 - 13 所示，2008—2011 年，我国水产品冷库规模迅速增长，累计增长了 23.31%，并于 2011 年达到 9 173 座的历史最高水平。2011 年之后，虽然水产冷库规模略有波动，但整体呈下降趋势。2016 年，我国拥有水产品冷库 8 595 座。2017 年我国拥有水产品冷库规模出现下降，下降到 8 237 座，2018 年进一步下降到 7 957 座，为 2010 年来最低。2019 年以来出现小幅持续回升趋势，2019 年为 8 056 座，2020 年和 2021 年分别回升到 8 188 座和 8 454 座，2022 年进一步回升到 8 675 座；2023 年回升到 9 143 座，为历史第二高水平。

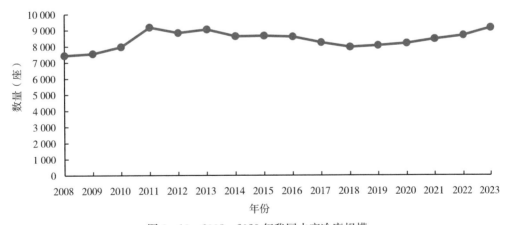

图 3 - 13　2008—2023 年我国水产冷库规模

资料来源：农业农村部渔业渔政管理局，《中国渔业统计年鉴》（2009—2024）。

2. 水产品冷藏能力

虽然 2011 年之后的水产冷库规模整体呈下降趋势，但 2008—2014 年水产品冷藏能力持续增长，由 2008 年的 335.68 万吨/次增长到 2014 年的历史最高值 519.12 万吨/次，累计增长了 54.65%，年均增长 7.54%，实现了较高速度的增长。然而，2015 年和 2016 年的水产品冷藏能力连续出现下降，分别下降到 500.66 万吨/次和 458.37 万吨/次，分别同比下降 3.56% 和 11.70%。2017—2020 年，我国水产品冷藏能力基本和 2016 年持平，分别为 465.70 万吨/次、467.18 万吨/次、462.07 万吨/次和 464.38 万吨/次。2021 年我国水产品冷藏能力为 474.63 万吨/次，相比 2020 年增长了 2.21%。2022 年和 2023 年持续小幅增长，分别为 489.65 万吨/次和 499.65 万吨/次，同比分别增长 3.16%、2.04%（图 3 - 14）。

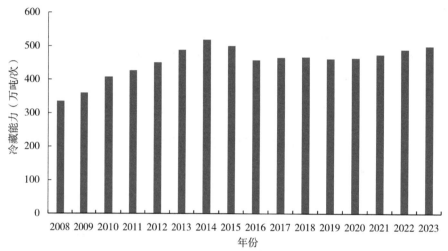

图 3 - 14　2008—2023 年我国水产品冷藏能力
资料来源：农业农村部渔业渔政管理局，《中国渔业统计年鉴》（2009—2024）。

3. 水产品冻结能力与制冰能力

2008—2023 年我国水产品冻结能力与制冰能力如图 3 - 15 所示，2008 年以来，虽然略有波动，但我国水产品的冻结能力基本呈增长的趋势，由 2008 年的 43.08 万吨/日增长到 2016 年的 94.69 万吨/日，累计增长了 119.80%，年均增长 10.35%，保持了两位数增长。2017 年和 2018 年我国水产品的冻结能力出现下降趋势，分别下降到 93.72 万吨/日和 86.89 万吨/日；2019 年回升到 93.05 万吨/日；2020—2022 年再次出现下降趋势，分别下降到 88.21 万吨/日、85.34 万吨/日和 83.68 万吨/日。2016—2022 年，我国水产品的冻结能力累计下降 11.01 万吨/日，累计下降率为 11.63%。2023 年我国水产品的冻结能力迅速增长至 98.77 万吨/日，是自 2008 年以来最高水平。

与此同时，我国水产品制冰能力基本维持在 20 万～26 万吨/日之间。2016 年，我国水产品制冰能力达到历史最高点 25.40 万吨/日；2017 年下降到 23.41 万吨/日，下降了 7.83%；2018 年进一步下降到 20.24 万吨/日，下降了 13.54%；2019 年和 2020 年出现小幅回升，分别达到 20.82 万吨/日和 21.49 万吨/日；2021 年出现小幅下降，为 20.15 万吨/日。2022 年小幅回升至 22.34 万吨/日，增长了 10.87%。2023 年又小幅下降至 21.50 万吨/日，下降了 3.76%。2016—2023 年，我国水产品制冰能力累计下降 3.90 万吨/日，累计下降率为 15.35%。

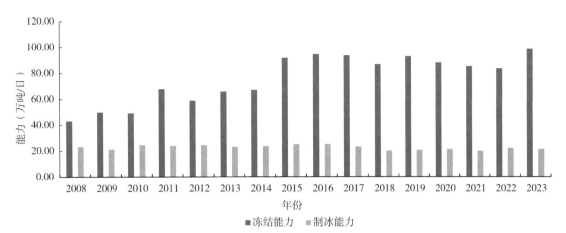

图 3-15 2008—2023 年我国水产品冻结能力与制冰能力

资料来源：农业农村部渔业渔政管理局，《中国渔业统计年鉴》（2009—2024）。

第二节 主要水产加工品的区域分布

我国水产加工品种类丰富，主要包括水产冷冻品、干腌制品、鱼糜制品、藻类加工品、鱼粉、罐制品、鱼油制品等。由图 3-16 和表 3-1 可知，水产冷冻品是我国最重要的水产加工品，所占比重超过七成；干腌制品、鱼糜制品、藻类加工品的加工量也较高，均在 100 万吨以上；鱼粉、罐制品、鱼油制品的加工量则相对较低。

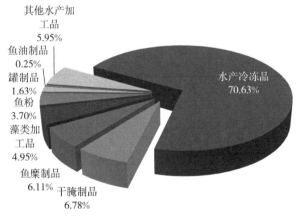

图 3-16 2023 年我国水产加工品的主要种类

资料来源：农业农村部渔业渔政管理局，《中国渔业统计年鉴》（2024），并由作者整理计算所得。

表 3-1 2021—2023 年我国水产加工品的主要种类

水产加工品种类	2021 年		2022 年		2023 年	
	加工量（万吨）	所占比例（%）	加工量（万吨）	所占比例（%）	加工量（万吨）	所占比例（%）
水产冷冻品	1 519.52	71.51	1 532.00	71.33	1 553.53	70.63
干腌制品	141.53	6.66	146.43	6.82	149.18	6.78

水产加工品种类	2021 年		2022 年		2023 年	
	加工量（万吨）	所占比例（%）	加工量（万吨）	所占比例（%）	加工量（万吨）	所占比例（%）
鱼糜制品	134.98	6.35	135.48	6.31	134.37	6.11
藻类加工品	102.37	4.82	100.08	4.66	108.83	4.95
鱼粉	65.90	3.10	72.35	3.37	81.33	3.70
罐制品	33.04	1.55	34.28	1.60	35.88	1.63
鱼油制品	6.78	0.32	6.17	0.29	5.40	0.25
其他水产加工品	119.22	5.61	121.00	5.63	130.94	5.95
总计	2 125.04	100.00	2 147.79	100.00	2 199.46	100.00

资料来源：农业农村部渔业渔政管理局，《中国渔业统计年鉴》（2022—2024），并由作者整理计算所得。由于整理过程中的四舍五入，表中可能存在合计不准确的情况，表 3-2 至表 3-9 与此相同。

一、水产冷冻品

水产冷冻品是指为了保鲜，将水产品进行冷冻加工处理后得到的产品，包括冷冻品和冷冻加工品，但不包括商业冷藏品。其中，冷冻品泛指未改变其原始性状的粗加工产品，如冷冻全鱼、全虾等；冷冻加工品指采用各种生产技术和工艺，改变其原始性状、改善其风味后制成的产品，如冻鱼片、冻虾仁、冷冻烤鳗、冻鱼子等。2021—2023 年我国水产冷冻品的产量分别为 1 519.52 万吨、1 532.00 万吨和 1 553.53 万吨，占水产加工品总量的比重分别为 71.51%、71.33% 和 70.63%。由此可知，水产冷冻品是我国最重要的水产加工品种类，占水产加工品总量的比例超七成。

表 3-2　2021—2023 年我国水产冷冻品的省份分布

省份	2021 年		省份	2022 年		省份	2023 年	
	加工量（万吨）	所占比例（%）		加工量（万吨）	所占比例（%）		加工量（万吨）	所占比例（%）
山东	494.45	32.54	山东	499.67	32.62	山东	496.20	31.94
福建	268.33	17.66	福建	263.78	17.22	福建	268.00	17.25
辽宁	176.56	11.62	辽宁	167.61	10.94	辽宁	155.51	10.01
浙江	143.31	9.43	浙江	140.94	9.20	浙江	137.28	8.84
广东	105.94	6.97	广东	106.50	6.95	广东	107.92	6.95
广西	65.50	4.31	广西	65.86	4.30	广西	67.68	4.36
江苏	63.78	4.20	江苏	62.60	4.09	江苏	62.88	4.05
湖北	82.52	5.43	湖北	87.87	5.74	湖北	108.12	6.96
海南	30.04	1.98	海南	33.58	2.19	海南	33.77	2.17
吉林	23.65	1.56	吉林	23.65	1.54	吉林	23.65	1.52
安徽	16.62	1.09	安徽	18.67	1.22	安徽	20.40	1.31

省份	2021 年		省份	2022 年		省份	2023 年	
	加工量（万吨）	所占比例（%）		加工量（万吨）	所占比例（%）		加工量（万吨）	所占比例（%）
江西	13.74	0.90	江西	14.52	0.95	江西	15.58	1.00
湖南	21.60	1.42	湖南	28.93	1.89	湖南	34.80	2.24
河北	7.07	0.47	河北	8.04	0.53	河北	7.53	0.48
云南	0.75	0.05	云南	0.71	0.05	云南	0.76	0.05
河南	1.80	0.12	河南	4.66	0.30	河南	8.90	0.57
上海	0.28	0.02	上海	0.32	0.02	上海	0.36	0.02
北京	0.19	0.01	北京	0.12	0.01	北京	0.05	0.00
内蒙古	0.18	0.01	内蒙古	0.19	0.01	内蒙古	0.23	0.01
黑龙江	0.78	0.05	黑龙江	0.64	0.04	黑龙江	0.68	0.04
四川	0.26	0.02	四川	0.20	0.01	四川	0.21	0.01
青海	1.10	0.07	青海	1.50	0.10	青海	1.44	0.09
新疆	0.57	0.04	新疆	0.68	0.04	新疆	0.69	0.04
天津	0.00	0.00	天津	0.30	0.02	天津	0.27	0.02
陕西	0.11	0.01	陕西	0.12	0.01	陕西	0.30	0.02
贵州	0.27	0.02	贵州	0.25	0.02	贵州	0.11	0.01
重庆	0.04	0.00	重庆	0.04	0.00	重庆	0.11	0.01
总计	1 519.52	100.00	总计	1 532.00	100.00	总计	1 553.53	100.00

资料来源：农业农村部渔业渔政管理局，《中国渔业统计年鉴》（2022—2024），并由作者整理计算所得。

2021 年，我国水产冷冻品生产的主要省份是山东（494.45 万吨，32.54%）、福建（268.33 万吨，17.66%）、辽宁（176.56 万吨，11.62%）、浙江（143.31 万吨，9.43%）、广东（105.94 万吨，6.97%），以上 5 个省份生产的水产冷冻品合计为 1 188.59 万吨，占水产冷冻品产量的 78.22%。2022 年，我国水产冷冻品生产的主要省份是山东（499.67 万吨，32.62%）、福建（263.78 万吨，17.22%）、辽宁（167.61 万吨，10.94%）、浙江（140.94 万吨，9.20%）、广东（106.50 万吨，6.95%），以上 5 个省份生产的水产冷冻品合计为1 178.50 万吨，占水产冷冻品产量的 76.93%。2023 年，我国水产冷冻品生产的主要省份是山东（496.20 万吨，31.94%）、福建（268.00 万吨，17.25%）、辽宁（155.51 万吨，10.01%）、浙江（137.28 万吨，8.84%）、湖北（108.12 万吨，6.96%）、广东（107.92 万吨，6.95%），以上 6 个省份生产的水产冷冻品合计为 1 273.03 万吨，占水产冷冻品产量的81.95%（表 3-2、图 3-17）。可见，山东、福建、辽宁、浙江、广东一直是我国水产冷冻品的重要生产大省，2011—2023 年的产量均在近 100 万吨以上，占水产冷冻品产量的比重接近八成。其中，山东是我国水产冷冻品生产的最重要省份，占全国水产冷冻品产量的比重近 1/3，远远超过其他省份；福建是我国水产冷冻品生产的第二大省份，占全国水产冷冻品产量的比重超过 15%。近三年湖北省的水产冷冻品也逐渐增长至全国前列。

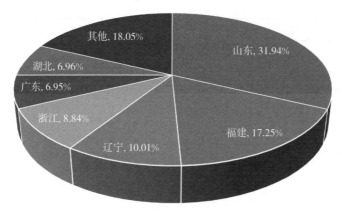

图 3-17　2023 年我国水产冷冻品的省份分布

资料来源：农业农村部渔业渔政管理局，《中国渔业统计年鉴》（2024），并由作者整理计算所得。

二、干腌制品

干腌制品指以水产品为原料，经脱水（烘干、烟熏、焙烤等）或添加剂腌制（盐、糖、酒、糟）制成具有保藏性和良好风味的产品，如烤鱼片、鱿鱼丝、鱼松、虾皮、虾米、海珍干品，以及海蜇、腌鱼、烟熏鱼、糟鱼、醉虾蟹、醉泥螺、卤甲鱼、水生动植物调味品（虾蟹酱、蚝油、鱼酱油）等。干腌制品是我国第二大水产加工品种类。2019—2021 年我国干腌制品的生产量分别达到 152.13 万吨、138.31 万吨和 141.53 万吨，占水产加工品总量的比重分别为 7.01%、6.62% 和 6.66%。2021—2023 年我国干腌制品的生产量分别达到141.53 万吨、146.43 万吨和 149.18 万吨，占水产加工品总量的比重分别为 6.66%、6.82% 和 6.78%（表 3-1、图 3-16）。

表 3-3　2021—2023 年我国干腌制品的省份分布

省份	2021 年 加工量（万吨）	所占比例（%）	省份	2022 年 加工量（万吨）	所占比例（%）	省份	2023 年 加工量（万吨）	所占比例（%）
福建	28.81	20.36	福建	27.84	19.01	福建	29.32	19.66
山东	26.67	18.84	山东	27.34	18.67	山东	26.21	17.57
湖北	23.33	16.48	湖北	23.72	16.20	湖北	18.94	12.70
江西	13.60	9.61	江西	13.94	9.52	江西	14.59	9.78
辽宁	8.09	5.72	辽宁	10.39	7.10	辽宁	11.11	7.45
浙江	10.23	7.23	浙江	8.51	5.81	浙江	8.14	5.46
广东	9.20	6.50	广东	11.23	7.67	广东	11.50	7.71
江苏	9.76	6.90	江苏	10.64	7.26	江苏	11.76	7.88
湖南	4.59	3.24	湖南	5.23	3.57	湖南	9.23	6.19
安徽	2.26	1.60	安徽	2.32	1.59	安徽	2.97	1.99
广西	1.92	1.36	广西	1.91	1.30	广西	1.94	1.30
海南	1.57	1.11	海南	0.35	0.24	海南	0.35	0.24

省份	2021 年		省份	2022 年		省份	2023 年	
	加工量（万吨）	所占比例（%）		加工量（万吨）	所占比例（%）		加工量（万吨）	所占比例（%）
吉林	0.23	0.16	吉林	1.59	1.09	吉林	1.57	1.05
河北	0.29	0.20	河北	0.30	0.20	河北	0.33	0.22
云南	0.32	0.23	云南	0.33	0.23	云南	0.38	0.26
黑龙江	0.11	0.08	黑龙江	0.32	0.22	黑龙江	0.33	0.22
内蒙古	0.09	0.06	内蒙古	0.06	0.04	内蒙古	0.06	0.04
河南	0.03	0.02	河南	0.11	0.08	河南	0.11	0.07
贵州	0.09	0.06	贵州	0.09	0.06	贵州	0.09	0.06
四川	0.27	0.19	四川	0.11	0.08	四川	0.12	0.08
新疆	0.02	0.01	新疆	0.03	0.02	新疆	0.03	0.02
重庆	0.06	0.04	重庆	0.05	0.04	重庆	0.09	0.06
总计	141.53	100.00	总计	146.43	100.00	总计	149.18	100.00

资料来源：农业农村部渔业渔政管理局，《中国渔业统计年鉴》(2022—2024)，并由作者整理计算所得。

2021 年，我国干腌制品生产的主要省份是福建（28.81 万吨，20.36%）、山东（26.67 万吨，18.84%）、湖北（23.33 万吨，16.48%）、江西（13.60 万吨，9.61%）、浙江（10.23 万吨，7.23%）、江苏（9.76 万吨，6.90%）、广东（9.20 万吨，6.50%），以上 7 个省份生产的干腌制品合计为 121.60 万吨，占干腌制品产量的 85.92%。2022 年，我国干腌制品生产的主要省份是福建（27.84 万吨，19.01%）、山东（27.34 万吨，18.67%）、湖北（23.72 万吨，16.20%）、江西（13.94 万吨，9.52%）、广东（11.23 万吨，7.67%）、江苏（10.64 万吨，7.26%）、辽宁（10.39 万吨，7.10%），以上 7 个省份生产的干腌制品合计为 125.10 万吨，占干腌制品产量的 85.43%。2023 年，我国干腌制品生产的主要省份是福建（29.32 万吨，19.66%）、山东（26.21 万吨，17.57%）、湖北（18.94 万吨，

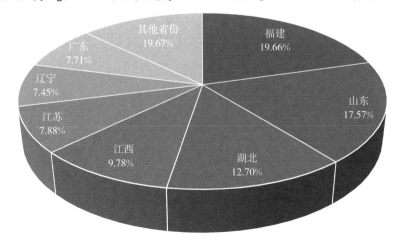

图 3-18　2023 年我国干腌制品的省份分布
资料来源：农业农村部渔业渔政管理局，《中国渔业统计年鉴》(2024)，并由作者整理计算所得。

12.70%）、江西（14.59 万吨，9.78%）、江苏（11.76 万吨，7.88%）、广东（11.50 万吨，7.71%）、辽宁（11.11 万吨，7.45%），以上 7 个省份生产的干腌制品合计为 123.43 万吨，占干腌制品产量的 82.75%（表 3-3、图 3-18）。可见，福建、山东、湖北、江西一直是我国干腌制品的重要生产大省，2019—2021 年的产量均在 10 万吨以上；其中，福建和山东是我国干腌制品生产的最重要省份，2021—2023 年干腌制品的产量均在 26 万吨以上，两省占全国干腌制品产量的比重均为 38%左右。

三、鱼糜制品

鱼糜制品指将鱼（虾、蟹、贝等）肉（或冷冻鱼糜）绞碎经配料、擂溃成为稠而富有黏性的鱼肉酱（生鱼糜），再做成一定形状后进行水煮（油炸或焙烤烘干）等加热或干燥处理而制成的食品，如鱼糜、鱼香肠、鱼丸、鱼糕、鱼饼、鱼面、模拟蟹肉等。鱼糜制品是我国第三大水产加工品种类，产量与干腌制品相差不大。2021—2023 年我国鱼糜制品的生产量分别达到 134.98 万吨、135.48 万吨和 134.37 万吨，占水产加工品总量的比重分别为6.35%、6.31%和 6.11%（表 3-1、图 3-16）。

表 3-4　2021—2023 年我国鱼糜制品的省份分布

省份	2021 年		省份	2022 年		省份	2023 年	
	加工量（万吨）	所占比例（%）		加工量（万吨）	所占比例（%）		加工量（万吨）	所占比例（%）
福建	41.00	30.37	福建	40.33	29.76	福建	34.78	25.89
山东	33.51	24.83	山东	32.77	24.19	山东	32.78	24.40
湖北	22.59	16.74	湖北	21.37	15.77	湖北	21.80	16.22
浙江	8.55	6.33	浙江	9.30	6.87	浙江	9.03	6.72
广东	9.08	6.73	广东	9.23	6.81	广东	9.01	6.70
江西	7.11	5.27	江西	7.52	5.55	江西	7.60	5.66
辽宁	4.39	3.25	辽宁	4.41	3.26	辽宁	4.19	3.12
安徽	1.81	1.34	安徽	1.86	1.37	安徽	1.89	1.41
江苏	2.45	1.82	江苏	2.50	1.85	江苏	2.64	1.96
广西	1.82	1.35	广西	1.80	1.33	广西	5.64	4.19
湖南	2.03	1.50	天津	1.30	0.96	天津	1.45	1.08
海南	0.21	0.16	湖南	2.45	1.81	湖南	2.69	2.00
吉林	0.29	0.21	海南	0.22	0.16	海南	0.32	0.24
四川	0.02	0.02	吉林	0.28	0.21	吉林	0.28	0.21
云南	0.04	0.03	四川	0.03	0.02	四川	0.03	0.03
河南	0.03	0.02	云南	0.05	0.04	云南	0.15	0.11
重庆	0	0.00	河南	0.03	0.02	河南	0.05	0.04
贵州	0	0.00	贵州	0.01	0.01	贵州	0.01	0.01
总计	134.98	100.00	总计	135.48	100.00	总计	134.37	100.00

资料来源：农业农村部渔业渔政管理局，《中国渔业统计年鉴》（2022—2024），并由作者整理计算所得。

2021 年，我国鱼糜制品生产的主要省份是福建（41.00 万吨，30.37%）、山东（33.51 万吨，24.83%）、湖北（22.59 万吨，16.74%）、广东（9.08 万吨，6.73%）、浙江（8.55 万吨，6.33%），以上 5 个省份生产的鱼糜制品合计为 114.73 万吨，占鱼糜制品产量的 85.00%。2022 年，我国鱼糜制品生产的主要省份是福建（40.33 万吨，29.76%）、山东（32.77 万吨，24.19%）、湖北（21.37 万吨，15.77%）、浙江（9.30 万吨，6.87%）、广东（9.23 万吨，6.81%），以上 5 个省份生产的鱼糜制品合计为 112.99 万吨，占鱼糜制品产量的 83.40%。2023 年，我国鱼糜制品生产的主要省份是福建（34.78 万吨，25.89%）、山东（32.78 万吨，24.40%）、湖北（21.80 万吨，16.22%）、广东（9.01 万吨，6.70%）、浙江（9.03 万吨，6.72%），以上 5 个省份生产的鱼糜制品合计为 107.40 万吨，占鱼糜制品产量的 79.93%（表 3-4、图 3-19）。可见，福建、山东、湖北、浙江、广东一直是我国鱼糜制品的重要生产大省，占鱼糜制品产量比重的八成左右。其中，福建和山东是我国鱼糜制品生产的最重要省份，合计占全国鱼糜制品产量比重的五成左右。

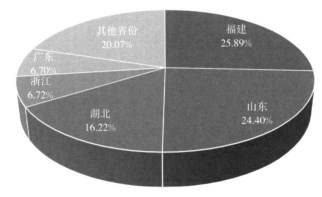

图 3-19　2023 年我国鱼糜制品的省份分布

资料来源：农业农村部渔业渔政管理局，《中国渔业统计年鉴》（2024），并由作者整理计算所得。

四、藻类加工品

藻类加工品指以海藻为原料，经加工处理制成具有保藏性和良好风味的方便食品，如海带结、干紫菜、调味裙带菜等。藻类加工品是我国重要的水产加工品种类。2021—2023 年我国藻类制品的生产量分别达到 102.37 万吨、100.08 万吨和 108.83 万吨，占水产加工品总量的比重分别为 4.82%、4.66% 和 4.95%（表 3-1、图 3-16）。福建、山东、辽宁是我国藻类加工品生产的最重要省份。2021 年，我国藻类生产的主要省份是山东（38.99 万吨，38.09%）、福建（34.24 万吨，33.45%）和辽宁（23.00 万吨，22.47%），以上三个省份生产的藻类合计为 96.23 万吨，占藻类生产产量的 94.01%。2022 年，我国藻类生产的主要省份是福建（30.56 万吨，30.53%）、山东（38.89 万吨，38.86%）和辽宁（24.25 万吨，24.23%），以上三个省份生产的藻类合计为 93.70 万吨，占藻类生产产量的 93.62%。2023 年，我国藻类生产的主要省份是山东（43.94 万吨，40.38%）、福建（34.17 万吨，31.40%）和辽宁（24.04 万吨，22.09%），以上三个省份生产的藻类合计为 102.16 万吨，占藻类生产产量的 93.87%（表 3-5、图 3-20）。总体来说，2021—2023 年，福建、山东、辽宁三省藻类加工品产量的占比达到 93% 以上，处于绝对优势地位。

表 3-5　2021—2023 年我国藻类加工品的省份分布

省份	2021 年 加工量 (万吨)	2021 年 所占比例 (%)	省份	2022 年 加工量 (万吨)	2022 年 所占比例 (%)	省份	2023 年 加工量 (万吨)	2023 年 所占比例 (%)
福建	34.24	33.45	福建	30.56	30.53	福建	34.17	31.40
山东	38.99	38.09	山东	38.89	38.86	山东	43.94	40.38
辽宁	23.00	22.47	辽宁	24.25	24.23	辽宁	24.04	22.09
江苏	2.42	2.36	江苏	2.43	2.43	江苏	2.27	2.08
浙江	2.72	2.66	浙江	3.03	3.03	浙江	3.14	2.88
海南	0	0.00	内蒙古	0.05	0.05	湖南	0.23	0.21
内蒙古	0	0.00	广东	0.46	0.46	内蒙古	0.05	0.05
广东	0.48	0.47	江西	0.14	0.14	广东	0.65	0.60
江西	0.13	0.13	云南	0.03	0.03	江西	0.10	0.09
云南	0.02	0.02	宁夏	0.14	0.14	云南	0.05	0.04
河南	0	0.00	天津	0.07	0.07	宁夏	0.18	0.16
总计	102.37	100.08	总计	100.08	100.00	总计	108.83	100.00

资料来源：农业农村部渔业渔政管理局，《中国渔业统计年鉴》（2022—2024），并由作者整理计算所得。

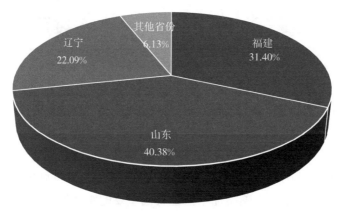

图 3-20　2023 年我国藻类加工品的省份分布
资料来源：农业农村部渔业渔政管理局，《中国渔业统计年鉴》（2024），并由作者整理计算所得。

五、鱼　　粉

　　鱼粉指用低值水产品及水产品加工废弃物（如鱼骨、内脏、虾壳等）等为主要原料生产而成的加工品。鱼粉是我国水产品加工业的附加产品。2021—2023 年我国鱼粉的生产量分别达到 65.90 万吨、72.35 万吨和 81.33 万吨，占水产加工品总量的比重分别为 3.10%、3.37% 和 3.70%（表 3-1、图 3-16）。

　　2021 年，我国鱼粉生产的主要省份是山东（25.30 万吨，38.39%）、浙江（14.06 万吨，21.34%）、广东（8.35 万吨，12.67%）、湖北（6.03 万吨，9.15%），以上 4 个省份生产的鱼粉合计为 53.74 万吨，占鱼粉产量的 81.56%。2022 年，我国鱼粉生产的主要省份是山东（24.77 万吨，34.24%）、浙江（16.17 万吨，22.34%）、湖北（9.87 万吨，13.64%）、广东（8.50 万吨，11.75%）、辽宁（6.32 万吨，8.73%），以上 5 个省份生产的鱼粉合计为 65.63 万吨，占鱼粉产量的 90.71%。2023 年，我国鱼粉生产的主要省份是山东（25.24 万吨，31.03%）、浙江（16.07 万吨，19.76%）、湖北（10.09 万吨，12.41%）、海南（8.75 万吨，10.76%）、广东（8.28 万吨，10.18%）、辽宁（6.75 万吨，8.30%），以上 6 个省份生产的鱼粉合计为 75.18 万吨，占鱼粉产量的 92.44%（表 3-6、图 3-21）。2022 年以来，湖北省生产鱼粉产量逐年增加，总体上看，山东、浙江、辽宁、广东、湖北是我国鱼粉的重要生产大省，占鱼粉产量的比重超过 80%。其中，山东是我国鱼粉生产的最重要省份，2021—2023 年年产量均在 25 万吨左右，远远超过其他省份。

表 3-6   2021—2023 年我国鱼粉的省份分布

| 省份 | 2021 年 | | 省份 | 2022 年 | | 省份 | 2023 年 | |
	加工量（万吨）	所占比例（%）		加工量（万吨）	所占比例（%）		加工量（万吨）	所占比例（%）
山东	25.30	38.39	山东	24.77	34.24	山东	25.24	31.03
浙江	14.06	21.34	浙江	16.17	22.34	浙江	16.07	19.76
广东	8.35	12.67	广东	8.50	11.75	广东	8.28	10.18
辽宁	5.73	8.70	辽宁	6.32	8.73	辽宁	6.75	8.30
海南	0.00	0.00	海南	0.00	0.00	湖北	10.09	12.41
福建	2.54	3.85	福建	2.82	3.90	福建	2.07	2.55
安徽	0.00	0.00	安徽	0.00	0.00	安徽	0.12	0.14
河北	1.63	2.47	河北	1.63	2.25	河北	1.63	2.01
广西	0.00	0.00	湖北	9.87	13.64	江西	0.06	0.08
江苏	0.16	0.24	江西	0.06	0.09	江苏	0.16	0.20
江西	0.06	0.09	江苏	0.16	0.22	新疆	0.00	0.00
云南	0.11	0.17	新疆	0.00	0.00	云南	0.01	0.01
湖南	1.92	3.91	云南	0.12	0.17	湖南	2.10	2.58
湖北	6.03	9.15	湖南	1.93	2.67	海南	8.75	10.76
总计	65.90	100.00	总计	72.35	100.00	总计	81.33	100.00

资料来源：农业农村部渔业渔政管理局，《中国渔业统计年鉴》（2022—2024），并由作者整理计算所得。

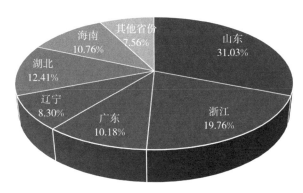

图 3-21   2023 年我国鱼粉的省份分布
资料来源：农业农村部渔业渔政管理局，《中国渔业统计年鉴》（2024），并由作者整理计算所得。

六、水产罐制品

水产罐制品指以水产品为原料按照罐头工艺加工制成的产品，包括硬包装和软包装罐头，如鱼类罐头、虾贝类罐头等。2021—2023 年我国水产罐制品的生产量分别达到 33.04 万吨、34.28 万吨和 35.88 万吨，占水产加工品总量的比重分别为 1.55%、1.60% 和 1.63%（表 3-1、图 3-16）。

表 3-7　2021—2023 年我国罐制品的省份分布

省份	2021 年 加工量（万吨）	所占比例（%）	省份	2022 年 加工量（万吨）	所占比例（%）	省份	2023 年 加工量（万吨）	所占比例（%）
山东	12.60	38.14	山东	12.60	36.77	山东	12.74	35.50
福建	3.61	10.93	福建	3.59	10.47	福建	4.15	11.58
浙江	3.47	10.50	浙江	3.76	10.96	浙江	3.80	10.58
广东	5.25	15.89	广东	5.18	15.11	广东	5.60	15.60
湖北	1.08	3.27	湖北	1.10	3.21	湖北	1.29	3.59
江苏	1.87	5.66	江苏	1.93	5.64	江苏	1.99	5.56
辽宁	1.87	5.66	辽宁	1.92	5.61	辽宁	1.72	4.80
江西	1.37	4.15	江西	1.42	4.14	江西	1.44	4.01
河北	0.73	2.21	河北	0.80	2.34	河北	0.83	2.30
安徽	0.55	1.66	安徽	0.66	1.91	安徽	0.69	1.92
湖南	0.37	1.12	湖南	1.12	3.28	湖南	1.33	3.69
广西	0.07	0.21	广西	0.07	0.19	广西	0.07	0.19
云南	0.05	0.15	云南	0.04	0.11	云南	0.08	0.24
内蒙古	0.00	0.00	内蒙古	0.00	0.01	天津	0.07	0.20
吉林	0.01	0.03	吉林	0.01	0.04	吉林	0.01	0.04
河南	0.00	0.00	四川	0.04	0.11	河南	0.01	0.02
宁夏	0.00	0.00	黑龙江	0.01	0.02	四川	0.04	0.12
新疆	0.03	0.09	新疆	0.03	0.08	新疆	0.02	0.04
总计	33.04	100.00	总计	34.28	100.00	总计	35.88	100.00

资料来源：农业农村部渔业渔政管理局，《中国渔业统计年鉴》（2022—2024）。

2021 年，我国水产罐头制品生产的主要省份是山东（12.60 万吨，38.14%）、广东（5.25 万吨，15.89%）、福建（3.61 万吨，10.93%）、浙江（3.47 万吨，10.50%）、江苏（1.87 万吨，5.66%）、辽宁（1.87 万吨，5.66%），以上 6 个省份生产的水产罐头制品合计为 28.67 万吨，占水产罐头制品产量的 86.77%。2022 年，我国水产罐头制品生产的主要省份是山东（12.60 万吨，36.77%）、福建（3.59 万吨，10.47%）、浙江（3.76 万吨，10.96%）、广东（5.18 万吨，15.11%）、辽宁（1.92 万吨，5.61%）、江苏（1.93 万吨，5.64%），以上 6 个省份生产的水产罐头制品合计为 28.99 万吨，占水产罐头制品产量的 84.55%。2023 年，我国水产罐头制品生产的主要省份是山东（12.74 万吨，35.50%）、广东（5.60 万吨，15.60%）、福建（4.15 万吨，11.58%）、浙江（3.80 万吨，10.58%）、江苏（1.99 万吨，5.56%）、辽宁（1.72 万吨，4.80%），以上 6 个省份生产的水产罐头制品合计为 30.00 万吨，占水产罐头制品产量的 83.61%（表 3-7、图 3-22）。可见，山东、福建、广东、江苏、浙江、辽宁一直是我国水产罐头制品的重要生产大省，六省合计占水产罐头制品产量的比重 80% 以上。其中，山东是我国水产罐头制品生产的最重要省份，也是唯一一个产量超过 10 万吨的省份；福建、浙江、广东三省也是水产制品重要省份，近三年稳居第 2 至第 4 位。

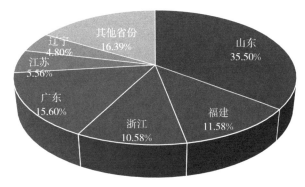

图 3-22　2023 年我国罐制品的省份分布
资料来源：农业农村部渔业渔政管理局，《中国渔业统计年鉴》（2024），并由作者整理计算所得。

七、鱼油制品

鱼油制品指从鱼肉或鱼肝中提取油脂并制成的产品，如粗鱼油、精鱼油、鱼肝油、深海鱼油等。鱼油制品产量低、价格高，是我国水产品加工业的高附加值产品。2021 年我国鱼油制品的生产量为 6.78 吨，占水产加工品总量的比重为 0.32%；2022 年我国鱼油制品的生产量为 6.17 吨，占水产加工品总量的比重为 0.29%；2023 年生产量为 5.40 吨，占水产加工品总量的比重为 0.25%（表 3-1、图 3-16）。

我国鱼油制品的产地主要有山东、福建、辽宁、云南、浙江等 5 个省份，其中山东是我国鱼油制品生产的最重要省份。2021 年山东鱼油制品加工量为 3.58 万吨，占鱼油制品总产比重超过五成；2022 年小幅增长至 3.60 万吨，2023 年小幅下降至 3.57 万吨，占鱼油制品总产品的比重由 2021 年的 52.80% 增长到 2022 年的 58.36%、2023 年的 66.09%，仍然占鱼油生产量的五成之上，在鱼油制品领域具有绝对优势地位。福建鱼油生产呈现下降趋势，由 2021 年 2.74 万吨下降至 2022 年的 2.15 万吨、2023 年的 1.37 万吨，居第二位。辽宁鱼油加工量 2021—2023 年稳居第三位，2022 年和 2023 年鱼油加工量分别为 0.29 万吨和 0.33 万吨（表 3-8、图 3-23）。

表 3 - 8　2021—2023 年我国鱼油制品的省份分布

| 省份 | 2021 年 | | 省份 | 2022 年 | | 省份 | 2023 年 | |
	加工量(万吨)	所占比例(%)		加工量(万吨)	所占比例(%)		加工量(万吨)	所占比例(%)
山东	3.58	52.80	山东	3.60	58.36	山东	3.57	66.09
福建	2.74	40.41	福建	2.15	34.84	福建	1.37	25.44
浙江	0.05	0.74	浙江	0.05	0.82	浙江	0.10	1.87
广西	0.00	0.00	江西	0.01	0.22	江西	0.01	0.27
云南	0.06	0.88	云南	0.06	0.94	云南	0.01	0.11
辽宁	0.33	4.87	辽宁	0.29	4.67	辽宁	0.33	6.03
河北	0.00	0.00	河北	0.00	0.05	河北	0.00	0.05
总计	6.78	100.00	总计	6.17	100.00	总计	5.40	100.00

资料来源：农业农村部渔业渔政管理局，《中国渔业统计年鉴》(2022—2024)，并由作者整理计算所得。

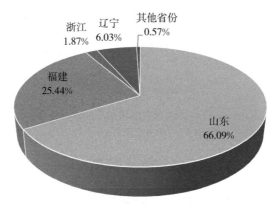

图 3 - 23　2023 年我国鱼油制品的省份分布
资料来源：农业农村部渔业渔政管理局，《中国渔业统计年鉴》(2024)，并由作者整理计算所得。

八、其他水产加工品

　　其他水产加工品指除上述加工产品之外的加工品统称，如助剂和添加剂（蛋白胨、褐藻胶、碘、甘露醇、卡拉胶、琼脂等）、珍珠加工品、贝壳工艺品、鱼酒、鱼奶等。2021 年，我国其他水产加工品生产的主要省份是江苏（54.35 万吨，45.59%）、福建（23.89 万吨，20.04%）、辽宁（13.39 万吨，11.23%）、广东（10.06 万吨，8.44%）、山东（6.63 万吨，5.56%）、广西（5.45 万吨，4.57%），以上 6 个省份生产的其他水产加工品合计为 113.78 万吨，占其他水产加工品总产量的 95.44%。2022 年，我国其他水产加工品生产的主要省份是江苏（51.19 万吨，42.31%）、福建（26.37 万吨，21.79%）、辽宁（13.52 万吨，11.18%）、广东（10.93 万吨，9.03%）、山东（6.29 万吨，5.20%）、广西（5.43 万吨，4.49%），以上 6 个省份生产的其他水产加工品合计为 113.73 万吨，占其他水产加工品总产量的 93.99%。2023 年，我国其他水产加工品生产的主要省份是江苏（56.82 万吨，

43.39%)、福建（31.01 万吨，23.68%）、辽宁（13.52 万吨，10.33%）、广东（10.60 万吨，8.09%）、山东（7.96 万吨，6.08%）、广西（5.49 万吨，4.20%），以上 6 个省份生产的其他水产加工品合计为 125.40 万吨，占其他水产加工品总产量的 95.77%。可见，江苏、福建、辽宁、广东、山东、广西一直是我国其他水产加工品的重要生产省份，六省份合计占其他水产加工品产量的比重为 93% 以上。其中，江苏是我国其他水产加工品生产的最重要省份，也是唯一一个产量超过 50 万吨的省份；福建其他水产加工品产量保持在 20 万吨以上，稳居我国其他水产加工品生产的第二位；辽宁其他水产加工品产量 13 万吨左右，稳居我国其他水产加工品生产的第三位（表 3 - 9、图 3 - 24）。

表 3 - 9　2021—2023 年我国其他水产加工品的省份分布

省份	2021 年		省份	2022 年		省份	2023 年	
	加工量（万吨）	所占比例（%）		加工量（万吨）	所占比例（%）		加工量（万吨）	所占比例（%）
江苏	54.35	45.59	江苏	51.19	42.31	江苏	56.82	43.39
福建	23.89	20.04	福建	26.37	21.79	福建	31.01	23.68
辽宁	13.39	11.23	辽宁	13.52	11.18	辽宁	13.52	10.33
广东	10.06	8.44	广东	10.93	9.03	广东	10.60	8.09
山东	6.63	5.56	山东	6.29	5.20	山东	7.96	6.08
广西	5.45	4.57	广西	5.43	4.49	广西	5.49	4.20
江西	1.48	1.24	湖南	3.58	2.96	江西	1.70	1.29
湖南	1.40	1.18	江西	1.54	1.27	浙江	1.68	1.28
浙江	1.29	1.08	浙江	1.39	1.15	湖南	0.66	0.56
海南	0.66	0.56	黑龙江	0.32	0.26	吉林	0.51	0.39
湖北	0.24	0.20	湖北	0.16	0.13	黑龙江	0.48	0.37
黑龙江	0.22	0.18	海南	0.11	0.09	湖北	0.20	0.15
河北	0.13	0.11	天津	0.10	0.08	海南	0.12	0.09
重庆	0.02	0.01	河北	0.04	0.03	天津	0.10	0.08
四川	0.00	0.00	重庆	0.03	0.02	河北	0.04	0.03
吉林	0.00	0.00	四川	0.01	0.01	陕西	0.03	0.02
安徽	0.00	0.00	吉林	0.01	0.00	重庆	0.03	0.02
总计	119.22	100.00	总计	121.00	100.00	总计	130.94	100.00

资料来源：农业农村部渔业渔政管理局，《中国渔业统计年鉴》（2022—2024），并由作者整理计算所得。

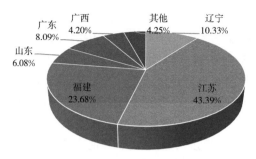

图 3 - 24　2023 年我国其他水产加工品的省份分布

资料来源：农业农村部渔业渔政管理局，《中国渔业统计年鉴》(2024)，并由作者整理计算所得。

第三节　基于国家监督抽检数据的水产制品质量安全

一、水产制品质量安全发展趋势

2013—2017 年，我国食品安全监督抽检结果主要由国家食品药品监督管理总局发布，2018 年及以后我国食品安全监督结果主要由国家市场监督管理总局发布。因此，本节 2017 年及以前的数据主要来自国家食品药品监督管理总局，2018—2023 年的数据主要来自国家市场监督管理总局。图 3 - 25 显示了 2014—2023 年间我国水产制品与食品安全总体合格率。2014 年我国水产制品合格率为 93.06％，之后逐年上升；2015 年为 95.30％，较 2014 年提升近 2 个百分点；2016 年为 95.70％，较 2015 年略微有所提升；2017 年我国水产制品的抽查合格率为 97.51％[①]；2018 年和 2019 年分别提升为 97.72％和 98.14％，2020 年和 2021 年分别进一步提升为 98.33％和 98.70％；2022 年、2023 年分别进一步提升为 98.86％和 98.89％。从图 3 - 25 可以看出，我国水产制品的抽查合格率一直呈上升态势。

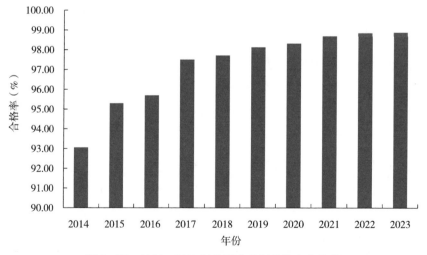

图 3 - 25　2014—2023 年我国水产制品抽查合格率

资料来源：根据国家食品药品监督管理总局官方网站和国家市场监督管理总局食品抽检信息整理所得。

---

① 2017 年的水产制品抽检合格率由国家食品药品监督管理总局公布的 2017 年四个季度数据综合计算得出，2018 年的水产制品抽检合格率由国家市场监督管理总局公布的 2018 年四个季度数据综合计算得出，2019 年的水产制品抽检合格率由国家市场监督管理总局公布的 2019 年一二季度数据和下半年数据综合计算得出。

二、国家层面水产制品抽检情况

水产制品按其加工工艺的不同，分为速冻水产制品、干制水产品、盐渍水产品、鱼糜制品、熟制动物性水产制品、生食水产品和其他水产制品。干制水产品是指以鲜、冻动物性水产品或海水藻类为原料，经相应工艺加工制成的产品，包括藻类干制品和预制动物性水产干制品。

（一）藻类干制品

藻类干制品是指以海水藻类为原料，添加或不添加辅料，经相应工艺加工制成的干制品，包括干海带、干燥裙带菜、紫菜、海苔等藻类干制品。如表 3-10 所示，藻类干制品主要检验的项目为铅（以 Pb 计）、菌落总数和大肠菌群。

表 3-10　藻类干制品检验项目

序号	检验项目	依据标准	检测方法
1	铅（以 Pb 计）	GB 2762	GB 5009.12
2	菌落总数[a]	GB 19643	GB 4789.2
3	大肠菌群[a]	GB 19643	GB 4789.3

注：a. 仅限即食类产品检测。

资料来源：《国家食品安全监督抽检实施细则（2024 版）》。

（二）预制动物性水产干制品

预制动物性水产干制品是指以鲜、冻动物性水产品为原料，添加或不添加辅料，经干燥工艺而制成的不可直接食用的干制品，包括鱼类干制品〔大黄鱼干（黄鱼鲞）、鳗干、银鱼干、海蜒、青鱼干、其他鱼类干制品〕、虾类干制品（虾米、虾皮、对虾干等）、贝类干制品〔干贝、鲍鱼干、贻贝干（淡菜干）、蛤干、海螺干、牡蛎干、蛏干、其他贝类干制品〕、其他水产干制品（梅花参、刺参、乌参、鱼翅、鱼皮、鱼唇、明骨、鱼肚、鱿鱼干、墨鱼干、章鱼干等）。如表 3-11 所示，预制动物性水产干制品检验项目为镉（以 Cd 计）、N-二甲基亚硝胺、苯甲酸及其钠盐（以苯甲酸计）和山梨酸及其钾盐（以山梨酸计）。

表 3-11　预制动物性水产干制品检验项目

序号	检验项目	依据标准	检测方法
1	过氧化值（以脂肪计）	GB 10136	GB 5009.227
2	铅（以 Pb 计）[a]	GB 2762	GB 5009.12
3	镉（以 Cd 计）[b]	GB 2762	GB 5009.15
4	多氯联苯[ad]	GB 2762	GB 5009.190
5	N-二甲基亚硝胺[c]	GB 2762	GB 5009.26
6	苯甲酸及其钠盐（以苯甲酸计）	GB 2760	GB 5009.29
7	山梨酸及其钾盐（以山梨酸计）	GB 2760	GB 5009.29
8	合成着色剂（柠檬黄、胭脂红、日落黄）[ce]	GB 2760	GB 5009.35

注：a. 限生产日期在 2023 年 6 月 30 日（含）之后的产品检测。

b. 仅限鱼类制品检测。

c. 限 2024 年 3 月 6 日（含）后检测。

d. 限鱼类、贝类产品检测。

e. 视产品具体色泽而定。

资料来源：《国家食品安全监督抽检实施细则（2024 版）》。

（三）盐渍水产品

盐渍水产品是指以新鲜海藻、水母、鲜（冻）鱼等为原料，经相应工艺加工制成的不可直接食用的产品，包括盐渍鱼（以鲜、冻鱼为原料，经盐腌加工制成的不可直接食用的盐渍水产品，主要有咸鲅、咸鳓、咸黄鱼、咸鲳、咸鲐、咸鲑、咸带鱼、咸鲢、咸鳙、咸鲤、咸金线鱼和其他鱼类腌制品）、盐渍藻（盐渍海带、盐渍裙带菜等）和其他盐渍水产品（盐渍海蜇皮和盐渍海蜇头等）。如表 3-12 至表 3-14 所示，盐渍鱼检验项目为过氧化值（以脂肪计）和组胺等，盐渍藻检验项目为铅（以 Pb 计）、苯甲酸及其钠盐（以苯甲酸计）和山梨酸及其钾盐（以山梨酸计），其他盐渍水产品检验项目有铅（以 Pb 计）、苯甲酸及其钠盐（以苯甲酸计）和山梨酸及其钾盐（以山梨酸计）。

表 3-12 盐渍鱼检验项目

序号	检验项目	依据标准	检测方法
1	过氧化值（以脂肪计）	GB 10136	GB 5009.227
2	组胺	GB 10136	GB 5009.208
3	铅（以 Pb 计）[a]	GB 2762	GB 5009.12
4	镉（以 Cd 计）	GB 2762	GB 5009.15
5	多氯联苯[a]	GB 2762	GB 5009.190
6	N-二甲基亚硝胺[b]	GB 2762	GB 5009.26
7	苯甲酸及其钠盐（以苯甲酸计）	GB 2760	GB 5009.29
8	山梨酸及其钾盐（以山梨酸计）	GB 2760	GB 5009.29

注：a. 限生产日期在 2023 年 6 月 30 日（含）之后的产品检测。
b. 限生产日期在 2024 年 3 月 6 日（含）之后的产品检测。
资料来源：《国家食品安全监督抽检实施细则（2024 版）》。

表 3-13 盐渍藻检验项目

序号	检验项目	依据标准	检测方法
1	铅（以 Pb 计）	GB 2762	GB 5009.12
2	苯甲酸及其钠盐（以苯甲酸计）	GB 2760	GB 5009.29
3	山梨酸及其钾盐（以山梨酸计）	GB 2760	GB 5009.29

资料来源：《国家食品安全监督抽检实施细则（2024 版）》。

表 3-14 其他盐渍水产品检验项目

序号	检验项目	依据标准	检测方法
1	铅（以 Pb 计）	GB 2762	GB 5009.12
2	苯甲酸及其钠盐（以苯甲酸计）	GB 2760	GB 5009.29
3	山梨酸及其钾盐（以山梨酸计）	GB 2760	GB 5009.29

资料来源：《国家食品安全监督抽检实施细则（2024 版）》。

（四）预制鱼糜制品

预制鱼糜制品是指以鲜（冻）鱼、贝类、甲壳类、头足类等动物性水产品肉糜为主要原料，添加辅料，经相应工艺加工制成的不可直接食用的产品，包括鱼丸、虾丸、墨鱼丸和其他。如表 3 - 15 所示，预制鱼糜制品检验项目主要有苯甲酸及其钠盐（以苯甲酸计）和山梨酸及其钾盐（以山梨酸计）等。

表 3 - 15　预制鱼糜制品检验项目

序号	检验项目	依据标准	检测方法
1	挥发性盐基氮	GB 10136	GB 5009.228
2	铅（以 Pb 计）[a]	GB 2762	GB 5009.12
3	多氯联苯[ab]	GB 2762	GB 5009.190
4	苯甲酸及其钠盐（以苯甲酸计）	GB 2760	GB 5009.29
5	山梨酸及其钾盐（以山梨酸计）	GB 2760	GB 5009.29
6	脱氢乙酸及其钠盐（以脱氢乙酸计）	GB 2760	GB 5009.121

注：a. 限生产日期在 2023 年 6 月 30 日（含）之后的产品检测。
b. 限鱼类、贝类产品检测。
资料来源：《国家食品安全监督抽检实施细则（2024 版）》。

（五）熟制动物性水产制品

熟制动物性水产制品是指以鲜、冻动物性水产品为原料，添加或不添加辅料，经烹调、油炸、熏烤、干制等工艺熟制而成的可直接食用的水产制品，主要包括风味熟制水产品（烤鱼片、鱿鱼丝、熏鱼、鱼松、炸鱼、即食海参、即食鲍鱼、其他）、即食动物性水产干制品、即食鱼糜制品和其他。如表 3 - 16 所示，熟制动物性水产制品检验项目主要有铅（以 Pb 计）、镉（以 Cd 计）、多氯联苯、N-二甲基亚硝胺、苯甲酸及其钠盐（以苯甲酸计）、山梨酸及其钾盐（以山梨酸计）、甜蜜素（以环己基氨基磺酸计）和脱氢乙酸及其钠盐（以脱氢乙酸计）。

表 3 - 16　熟制动物性水产制品检验项目

序号	检验项目	依据标准	检测方法
1	铅（以 Pb 计）[a]	GB 2762	GB 5009.12
2	镉（以 Cd 计）[b]	GB 2762	GB 5009.15
3	多氯联苯[ac]	GB 2762	GB 5009.190
4	N-二甲基亚硝胺[d]	GB 2762	GB 5009.26
5	苯甲酸及其钠盐（以苯甲酸计）	GB 2760	GB 5009.28
6	山梨酸及其钾盐（以山梨酸计）	GB 2760	GB 5009.28
7	甜蜜素（以环己基氨基磺酸计）[d]	GB 2760	GB 5009.97
8	脱氢乙酸及其钠盐（以脱氢乙酸计）	GB 2760	GB 5009.121

注：a. 限生产日期在 2023 年 6 月 30 日（含）之后的产品检测。
b. 仅鱼类制品检测。
c. 限鱼类、贝类产品检测。
d. 限 2024 年 3 月 6 日（含）后检测。

（六）生食动物性水产品

生食动物性水产品是指以鲜、冻动物性水产品为原料，食用前经洁净加工而不经加热熟制即可直接食用的水产制品，包括腌制生食动物性水产品和即食生食动物性水产品。腌制生食动物性水产品以活的泥螺、贝类、淡水蟹和新鲜或冷冻海蟹、鱼子等动物性水产品为原料，采用盐渍或糟、醉加工制成的可直接食用的腌制品，包括醉虾、醉泥螺、醉蚶、即食海蜇等。即食生食动物性水产品以鲜、活、冷藏、冷冻的鱼类以及甲壳类、贝类、头足类等动物性水产品为原料，经洁净加工而未经腌制或熟制的可直接食用的水产品，包括生鱼片、生食贝类等。如表 3-17 所示，生食动物性水产品检验项目主要有挥发性盐基氮、苯甲酸及其钠盐（以苯甲酸计）、山梨酸及其钾盐（以山梨酸计）、铝的残留量（以即食海蜇中 Al 计）、菌落总数、大肠菌群、沙门氏菌和副溶血性弧菌等。

表 3-17　生食动物性水产品检验项目

序号	检验项目	依据标准	检测方法
1	挥发性盐基氮	GB 10136	GB5 009.228
2	铅（以 Pb 计）	GB 2762	GB 5009.12
3	多氯联苯	GB 2762	GB5 009.190
4	苯甲酸及其钠盐（以苯甲酸计）	GB 2760	GB 5009.29
5	山梨酸及其钾盐（以山梨酸计）	GB 2760	GB 5009.29
6	铝的残留量（以即食海蜇中 Al 计）	GB 2760	GB 5009.182
7	菌落总数	GB 10136	GB 4789.2
8	大肠菌群	GB 10136	GB 4789.3
9	沙门氏菌	GB 29921 GB 31607	GB 4789.4
10	副溶血性弧菌	GB 29921 GB 31607	GB 4789.7
11	单核细胞增生李斯特氏菌	GB 29921 GB 31607	GB 4789.30

资料来源：《国家食品安全监督抽检实施细则（2024 版）》。

（七）其他水产制品

其他水产制品是指除上述水产制品外的其他产品，包括海参胶囊、牡蛎胶囊、甲壳素、海藻胶、海珍品口服液、螺旋藻、多肽类、调味海带（裙带菜）和非即食调理水产品等。如表 3-18 所示，其他水产制品检验项目主要有苯甲酸及其钠盐（以苯甲酸计）和山梨酸及其钾盐（以山梨酸计）等。

表 3-18　其他水产制品检验项目

序号	检验项目	依据标准	检测方法
1	铅（以 Pb 计）	GB 2762	GB 5009.12
2	苯甲酸及其钠盐（以苯甲酸计）	GB 2760	GB 5009.29
3	山梨酸及其钾盐（以山梨酸计）	GB 2760	GB 5009.29
4	脱氢乙酸及其钠盐（以脱氢乙酸计）	GB 2760	GB 5009.121
5	柠檬黄[a]	GB 2760	GB 5009.35
6	防腐剂混合使用时各自用量占其最大使用量的比例之和	GB 2760	/
7	菌落总数[b]	GB 19643	GB 4789.2

注：a. 限 2024 年 3 月 6 日（含）后调味藻类检测。

b. 限即食调味藻类检测。

资料来源：《国家食品安全监督抽检实施细则（2024 版）》。

三、2023 年不同时间段我国水产制品安全具体状况

如表 3 - 19 所示，2023 年上半年，全国市场监管部门完成水产制品安全监督抽检 19 355 批次，依据有关食品安全国家标准检验，检出不合格样品 251 批次，不合格率为 1.30%，样品合格率为 98.70%；2023 年第三季度，全国市场监管部门完成水产制品安全监督抽检 14 036 批次，检出不合格样品 156 批次，不合格率为 1.11%，样品合格率为 98.89%；2023 年全年全国市场监管部门完成水产制品安全监督抽检 48 241 批次，检出不合格样品 534 批次，不合格率为 1.11%，样品合格率为 98.89%。

表 3 - 19 2023 年不同时间段我国水产制品合格率

时间段	样品抽检数量（批次）	合格样品数量（批次）	不合格样品数量（批次）	样品不合格率（%）	样品合格率（%）
上半年	19 355	19 104	251	1.30	98.70
第三季度	14 036	13 880	156	1.11	98.89
全年	48 241	47 707	534	1.11	98.89

资料来源：根据国家市场监督管理总局食品抽检信息整理所得。

四、水产制品抽检合格率与食品安全总体状况合格率的比较

此处主要比较我国水产制品合格率与食品安全总体合格率情况。如图 3 - 26 所示，2014—2023 年我国水产品与食品安全总体合格率的差异可以分为两个阶段。第一阶段是 2014—2017 年，我国水产制品合格率为 93.1%、95.3%、95.7% 和 97.51%，分别明显低于食品安全总体合格率 95.7%、96.8%、96.8% 和 97.7%，但差距逐年缩小；第二阶段是 2018—2023 年，水产制品合格率开始高于食品安全总体合格率，2018—2021 年我国水产制品合格率为 97.72%、98.14%、98.33% 和 98.70%，分别高于食品安全总体合格率

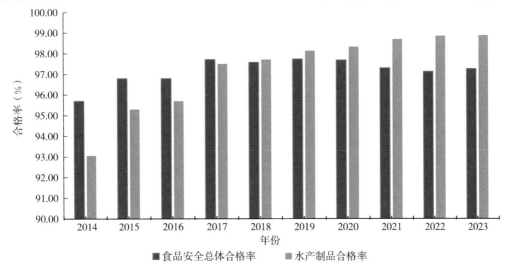

图 3 - 26 2014—2023 年我国水产制品与食品安全总体合格率
资料来源：根据国家食品药品监督管理总局官方网站和国家市场监督管理总局食品抽检信息整理所得。

97.58％、97.74％、97.69％和 97.31％，并且超过食品安全总体合格率的幅度逐渐变大，由 2018 年高出食品安全总体合格率 0.14 个百分点到 2021 年高出 1.39 个百分点。2022 年、2023 年我国水产制品合格率分别为 98.86％和 98.89％，分别高出同期食品安全总体合格率 1.72 个百分点和 1.62 个百分点。这主要得益于近年来我国有关部门加大实施水产绿色健康养殖技术推广行动，对水产品及水产制品的质量安全保障越来越重视。

五、水产制品抽检合格率与其他食品种类抽检合格率的比较

如表 3-20 所示，2022 年水产制品的抽检合格率在我国 34 类主要食品种类中仅位列第 24 位，低于 23 种食品种类的抽检合格率，仅高于饼干（98.71％）、冷冻饮品（98.67％）、糕点（98.39％）、淀粉及淀粉制品（98.35％）、酒类（98.32％）、其他食品（98.18％）、蔬菜制品（97.63％）、炒货食品及坚果制品（97.20％）、食用农产品（96.37％）、餐饮食品（91.93％）等 10 个食品种类。

2023 年水产制品的抽检合格率在我国 34 类主要食品种类中仅位列第 25 位，低于 24 种食品种类的抽检合格率，仅高于茶叶及相关制品（98.85％）、调味品（98.69％）、糕点（98.65％）、淀粉及淀粉制品（98.44％）、水果制品（98.13％）、炒货食品及坚果制品（97.68％）、食用农产品（96.47％）、蔬菜制品（96.23％）、餐饮食品（93.04％）9 个食品种类，说明水产制品仍然是我国亟须加强治理的食品种类。

表 3-20　2022—2023 年我国主要食品种类的抽检合格率

序号	2022 年		2023 年	
	品类	合格率（％）	品类	合格率（％）
1	特殊医学用途配方食品	100.00	可可及焙烤咖啡产品	99.95
2	婴幼儿配方食品	99.98	婴幼儿配方食品	99.93
3	可可及焙烤咖啡产品	99.94	特殊医学用途配方食品	99.88
4	乳制品	99.88	乳制品	99.87
5	罐头	99.81	蛋制品	99.86
6	食品添加剂	99.79	保健食品	99.83
7	糖果制品	99.76	罐头	99.82
8	保健食品	99.76	糖果制品	99.81
9	蛋制品	99.73	食品添加剂	99.79
10	速冻食品	99.67	速冻食品	99.78
11	特殊膳食食品	99.64	粮食加工品	99.48
12	调味品	99.46	薯类和膨化食品	99.44
13	粮食加工品	99.32	饼干	99.37
14	茶叶及相关制品	99.31	蜂产品	99.25
15	食糖	99.12	特殊膳食食品	99.23
16	蜂产品	99.08	方便食品	99.21
17	方便食品	98.96	食用油、油脂及其制品	99.20

序号	2022 年		2023 年	
	品类	合格率（％）	品类	合格率（％）
18	肉制品	98.94	肉制品	99.19
19	薯类和膨化食品	98.92	豆制品	99.17
20	豆制品	98.91	食糖	99.13
21	饮料	98.90	其他食品	99.02
22	食用油、油脂及其制品	98.87	饮料	99.01
23	水果制品	98.86	冷冻饮品	98.99
24	水产制品	98.86	酒类	98.89
25	饼干	98.71	水产制品	98.89
26	冷冻饮品	98.67	茶叶及相关制品	98.85
27	糕点	98.39	调味品	98.69
28	淀粉及淀粉制品	98.35	糕点	98.65
29	酒类	98.32	淀粉及淀粉制品	98.44
30	其他食品	98.18	水果制品	98.13
31	蔬菜制品	97.63	炒货食品及坚果制品	97.68
32	炒货食品及坚果制品	97.20	食用农产品	96.47
33	食用农产品	96.37	蔬菜制品	96.23
34	餐饮食品	91.93	餐饮食品	93.04

资料来源：根据国家市场监督管理总局官方网站食品抽检信息整理所得。

六、水产制品不合格原因

根据国家市场监督管理总局发布的关于食品抽检不合格情况的通告，如表 3 - 21 所示，2022—2023 年共检出 10 批次涉及水产制品的不合格品，发现的主要问题是微生物污染、食品添加剂超范围超限量使用问题、有机污染物污染问题、重金属污染等。其中，检出微生物污染问题最多，为 4 批次；食品添加剂超限量使用问题为 3 批次；有机污染物污染问题为 2 批次；重金属污染问题 1 批次。

表 3 - 21　2022—2023 年抽检水产制品不合格的原因

编号	存在的问题	不合格批次
1	微生物污染问题	4
2	食品添加剂超范围超限量使用问题	3
3	有机污染物污染问题	2
4	重金属污染问题	1

资料来源：根据国家市场监督管理总局官方网站发布的食品抽检信息整理所得。

（一）微生物污染问题

根据国家市场监督管理总局发布的关于食品抽检不合格情况的通告，所检测出的 4 批次涉及微生物污染问题，均为菌落总数不符合食品安全国家标准规定，涉及的产品有即食海蜇丝、即食海蜇头、寿司烤紫菜、夹心海苔。

菌落总数是指示性微生物指标，不是致病菌指标，反映食品在生产过程中的卫生状况。如果食品的菌落总数严重超标，将会破坏食品的营养成分，使食品失去食用价值；还会加速食品腐败变质，可能危害人体健康。《食品安全国家标准 动物性水产制品》（GB 10136—2015）中规定，即食生制动物性水产制品一个样品中菌落总数的 5 次检测结果均不得超过 10^5 菌落形式单位/克，且至少 3 次检测结果不超过 $5×10^4$ 菌落形成单位/克。水产制品中菌落总数超标的原因，可能是企业未按要求严格控制生产加工过程的卫生条件，也可能与产品包装密封不严或储运条件不当等有关。

（二）食品添加剂超限量使用问题

根据国家市场监督管理总局发布的关于食品抽检不合格情况的通告，所检测出的 3 批次涉及食品添加剂超限量使用问题，均为山梨酸及其钾盐（以山梨酸计）不符合食品安全国家标准规定，涉及的产品有即食海蜇丝、虾片和海带丝。

山梨酸及其钾盐抗菌性强，防腐效果好，是目前应用非常广泛的食品防腐剂。长期食用山梨酸及其钾盐超标的食品，可能对肝脏、肾脏、骨骼生长造成危害。《食品安全国家标准 食品添加剂使用标准》（GB 2760—2024）中规定，山梨酸及其钾盐（以山梨酸计）在预制水产品（半成品）中的最大使用量为 0.075 克/千克。预制水产品（半成品）中山梨酸及其钾盐（以山梨酸计）超标的原因，可能是企业为延长产品保质期或者弥补产品生产过程中卫生条件不佳而超限量使用，也可能是在使用过程中未准确计量。

（三）有机污染物污染问题

根据国家市场监督管理总局发布的关于食品抽检不合格情况的通告，所检测出的 2 批次涉及有机污染物污染问题，主要是 N-二甲基亚硝胺检测值不符合食品安全国家标准规定，涉及的产品为鳕鱼片和炭烤鱿鱼丝。

N-二甲基亚硝胺是 N-亚硝胺类化合物中的一种。食品中天然存在的 N-亚硝胺类化合物含量极微，但其前体物质亚硝酸盐和胺类广泛存在于自然界中，在适宜的条件下可以形成 N-亚硝胺类化合物。N-二甲基亚硝胺是国际公认的毒性较大的污染物，具有肝毒性和致癌性。《食品安全国家标准 食品中污染物限量》（GB 2762—2017）中规定，水产制品（水产品罐头除外）中 N-二甲基亚硝胺最大限量值为 4.0 微克/千克。水产制品中 N-二甲基亚硝胺超标的原因，可能是产品所使用的原料不新鲜，也可能是生产加工过程中卫生条件控制不严格。

（四）重金属污染问题

根据国家市场监督管理总局发布的关于食品抽检不合格情况的通告，所检测出的 1 批次涉及重金属污染问题，主要是铅（以 Pb 计）检测值不符合食品安全国家标准规定，涉及的产品为干裙带菜。铅是最常见的重金属污染物，是一种严重危害人体健康的重金属元素，可在人体内蓄积。长期摄入铅含量超标的食品，会对血液系统、神经系统产生损害。《食品安全国家标准 食品中污染物限量》（GB 2762—2017）中规定，铅（以 Pb 计）在藻类及其制品（螺旋藻及其制品除外）中的最大限量值为 1.0 毫克/千克（以干重计）。藻类干制品中铅（以 Pb 计）检测值超标的原因，可能是生产企业使用的原料中铅含量超标，也可能是生产设备或包装材料中的铅迁移带入。

第四节　水产品预制菜市场供应与质量安全

水产预制菜是以一种或多种食用水产品及其制品为原料，使用或不使用调味料等辅料，不添加防腐剂，经工业化预加工（如搅拌、腌制、滚揉、成型、炒、炸、烤、煮、蒸等）制成，配以或不配以调味料包，符合产品标签标明的贮存、运输及销售条件，加热或熟制后方可食用的预包装水产菜肴。水产品预制菜行业近年来迅速发展，成为水产品加工业重要组成部分。根据食用方式可分为即食水产品预制菜、即热水产品预制菜、即烹水产品预制菜。

一、水产品预制菜市场供应

（一）市场规模

随着生活节奏的加快和"懒宅经济"的兴起，消费者对便捷、美味、健康的餐饮需求日益增长。水产品预制菜以其方便快捷、营养丰富的特点，满足了现代消费者的需求。大批消费者继而从吃新鲜海鲜转向吃鲜味水产预制菜，这就为水产预制菜腾出一大片蓝海市场。另一方面，为了保持"新鲜"，水产行业活鱼不仅运输成本高、毛利空间越来越低，还可能在流通运输、暂养等过程中出现质量安全问题，产业的再扩大再发展十分受限。而水产品做成预制菜不仅在很大程度上能化解上述难题，还能通过产品不同部位在上游企业的再利用实现产品增值的最大化，比如鱼头能加工成剁椒鱼头预制菜、鱼片能加工成酸菜鱼等，从而提高了原料的利用率和附加值，促进了渔业一二三产业的融合发展。

2023年中央1号文件首次明确提出要"培育发展预制菜产业"，为预制菜产业发展提供了强大助力。2024年3月，国家市场监督管理总局联合教育部、工业和信息化部、农业农村部、商务部、国家卫生健康委员会印发《关于加强预制菜食品安全监管　促进产业高质量发展的通知》（以下简称"《通知》"），首次在国家层面规范了预制菜的范围，并且表示推进预制菜标准体系建设、加强预制菜食品安全监管以及统筹推进预制菜产业高质量发展。"预制菜是水产业走向深加工更好出路"，为此近年来，多地省市政府出台一系列政策，着力推动水产预制菜更好地发展。

在众多因素的驱动下，水产预制菜在B端和C端市场的需求逐渐攀升。据红餐产业研究院测算，2023年我国水产预制菜市场规模达到1 260亿元，同比增长20.3%；2019—2023年的复合年增长率达到18.1%。在供需两端需求持续上升背景下，我国水产预制菜市场规模在2024年有望突破1 500亿元，2025年有望突破2 000亿元（图3-27）[①]。

（二）供应主体与产品类型

水产预制菜的市场参与者分别来自产业的上、中、下游，按照企业主营业务大致可以分为水产类供应链企业、速冻食品企业、专业预制菜企业、餐饮企业、生鲜电商企业这五大类参与者。例如，水产类供应链企业有国联水产、恒兴水产、大湖股份等，速冻食品类企业有安井食品、海欣食品、日冷食品等，专业预制菜企业有味知香、信良记等，生鲜电商类企业有盒马鲜生、叮咚买菜、永辉超市等，餐饮类企业有德叔鲍鱼、广州酒家等。

---

① 预制菜调味产业分会，红餐产业研究院，联合利华，2024. 2024水产预制菜产业发展白皮书［EB/OL］. 2024-07-02. https：//mp. weixin. qq. com/s/KVsOUzyC1rtbMFpmaE _ sZQ.

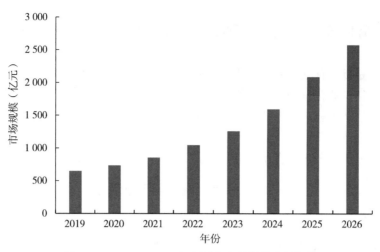

图 3 - 27　2019—2026 年我国水产预制菜市场规模
资料来源：《2024 水产预制菜产业发展白皮书》。

水产预制菜细分类别多样，按照不同的水产品类型主要分为鱼类预制菜、虾类预制菜、鲍鱼海参类预制菜、贝壳小海鲜类预制菜、蛙类预制菜以及其他类型预制菜。其中，鱼类预制菜产品种类丰富，涌现出了诸多实力企业，在市场中占据较大份额；虾类预制菜产品形态丰富且原料搭配多样化，市场发展成熟；预制技术让鲍鱼海参类从"高端食品"走向大众市场；小海鲜预制菜因应用场景丰富而受青睐。

二、水产预制菜质量安全风险

水产预制菜产业链较长，参与主体众多。水产预制菜原材料采购、生产加工过程、贮存与运输环节都可能面临食品安全风险，任何环节出现问题都可能引发食品安全事故。一旦发生食品安全问题，不仅会对涉事企业造成巨大损失，还可能引发消费者对整个行业的信任危机，造成长期的负面影响。

（一）原材料风险

水产品预制菜的原材料，如鱼类、虾类等，富含蛋白质，在捕捞、运输、储存等过程中容易受到霉菌、细菌等微生物的污染。这些微生物可能包括大肠杆菌、沙门氏菌、金黄色葡萄球菌等致病菌，它们会在不适当的条件下迅速生长繁殖，导致食品变质，甚至可能引发食物中毒。此外，水环境中的重金属（如铅、汞、镉等）可能通过食物链进入水产品体内，长期摄入含有重金属污染的水产品将会对人体健康造成危害。

（二）生产加工环节风险

水产预制菜生产企业众多，部分生产企业仍采用传统小作坊生产方式。为追求口感和延长保质期，在生产预制菜时会加大油盐及其他调味料的使用量，使得市面上的预制菜产品营养失衡，且含有过多的脂肪和氯化钠，长期食用不利于身体健康[①]。水产品预制菜中不乏腌制水产品，腌制工艺能有效降低水产品体内水分活度，去除鱼腥和泥腥味，但在生产过程中亚硝酸盐与蛋白质、碳水化合物在高温加工条件下可能产生丙烯酰胺等有害物质，需要通过

---

① 姚煊，2024. 我国预制菜的食品安全保障及其法律回应 ［J］. 保鲜与加工，24（4）：65-70.

工艺技术手段使之减少甚至是消除[1]。

（三）贮存与运输环节的食品安全风险

水产品预制菜相比其他畜禽、果蔬产品更容易腐败变质。预制菜产业面临的最大挑战就是保鲜问题，保鲜是预制菜贮存、运输的关键，贮存、运输方式不当会在一定程度上影响预制菜的食品安全。为了最大限度地保证产品新鲜度，减少营养成分流失，不同种类的食材在预制菜加工运输阶段需要不同的贮存条件，这就对预制菜的仓储与运输提出了很高的要求。贮存、运输和装卸，任何一个环节出错都可能会带来食品安全隐患。冷链物流在预制菜贮存、运输方面扮演着相当重要的角色，但我国冷链物流起步较晚，冷链体系不够健全，产业渗透率偏低，导致预制菜企业启用冷链的成本偏高。因此，大部分预制菜企业都是采用普通设备进行存储运输，就很容易破坏预制菜的新鲜度，产生食品安全风险。

第五节　水产品加工环节质量安全监管建议

一、着力推动水产品加工企业安全主体责任落实

持续压实企业主体责任，落实属地管理责任。督促水产品加工企业建立健全食品安全管理制度，加强食品生产经营风险管控，严把原料质量关，配备与其生产规模、类别等相适应的食品安全总监和食品安全员，制定适合本企业的风险防控清单、措施清单和责任清单。依法查验食用农产品原料的承诺达标合格证等产品质量合格证明，严格管控食品添加剂使用，切实保障水产制品安全。加大对加工场所环境卫生、产品标签标识、食品储存等方面风险防控，实现生产全过程有效监管。推动水产品加工企业采取措施，改善食品储存、运输、加工条件，防止食品变质。建立企业诚信档案监管系统，明确企业的市场退出机制，定期公布"红黑榜"。

二、深入开展水产制品质量提升行动

研究制订质量提升行动实施方案，重点督促水产品加工企业提升自主研发能力、严格生产过程控制、加强冷链储运管控、严格产品出厂检验、建立完善产品追溯体系。鼓励水产品加工企业实施 HACCP、ISO 22000 等质量体系建设和认证管理。推进水产品生产加工小作坊"出城入园"和集中加工区建设。加强对食品小作坊规范生产的监督检查和监督抽检，通过实施食品小作坊示范引领、现场观摩、经验交流、制定标准等方式，持续推进食品生产加工小作坊园区建设，推动小作坊提档升级。修订完善相关食品生产许可审查细则，提高预制菜行业准入门槛，建立考核评估制度，防范行业无序竞争和恶性竞争。各地市场监管部门要结合食品原料、工艺等因素对预制菜实施分类许可，严格许可审查和现场核查，严把预制菜生产许可关口。积极开展调查研究，促进预制菜规范管理和良性发展，进一步完善预制菜生产许可和质量安全监管要求。严厉打击超范围、超限量使用食品添加剂和在水产制品中非法添加药品、非食用物质等违法行为，切实维护人民群众"舌尖上的安全"。

---

① 黄燕燕，梁艳彤，陆云慧，等，2023. 水产品预制菜行业发展现状［J］. 现代食品科技，39（2）：81-87.

三、提升水产品加工行业监管手段与科技支撑

利用大数据、人工智能等技术手段，建立水产品加工环节的追溯体系，实现从原料到成品的全程监控。强化全过程监管，推行溯源管理，建立从原料采购、生产加工、储存运输、市场销售等全过程可追溯系统，从源头上保证预制菜质量安全。加大抽检频次与范围，增加对水产品加工环节的抽检频次和范围，确保监管的全面性和及时性。

四、加强水产品加工企业自律与监管

通过宣传教育、政策引导等方式，增强水产品加工企业的质量安全意识和社会责任感，引导企业自觉遵守法律法规和标准要求。加强对水产品加工企业的日常监管，包括生产环境、设备设施、加工过程等方面的监督检查，确保加工过程符合规范。

五、加强信息公开与公众参与

及时公开水产品加工环节的监管信息，包括抽检结果、违法违规行为处理情况等，接受社会监督；加强食品安全知识的宣传教育，提高公众的食品安全意识和自我保护能力。同时，鼓励公众积极参与水产品质量安全的监督工作，形成全社会共治的良好氛围。支持鼓励行业协会制定行规行约，发挥行业协会监督、协调和引导作用，及时反映企业和消费者诉求，促进水产品加工行业规范发展；加强水产品生产加工环节宣传报道，利用"透明车间"、有奖举报、"吹哨人"等制度措施，推动社会共治共管。

第四章　水产品流通与消费环节质量安全

流通与消费环节是水产品供应链的末端，直接决定了消费者餐桌上的质量安全。本章首先介绍我国水产流通业概况；接着分析流通消费环节水产品质量安全检查情况，发现水产品不合格主要原因；在此基础上，着重介绍流通消费环节常见的水产品质量安全问题；最后提出流通消费环节水产品质量安全提示与预警。

第一节　水产流通业概况

本节主要依据《中国渔业统计年鉴》对我国水产流通业的基本情况进行概述。首先介绍我国水产流通业的结构、总产值情况，接着分别介绍水产流通、水产（仓储）运输两个组成的产值状况。

一、水产流通业结构组成

我国的水产流通业主要由水产流通和水产（仓储）运输组成。表 4-1 显示，2022—2023 年，我国水产流通产值分别为 7 247.44 亿元和 7 724.93 亿元，占水产流通业总产值的比重分别为 93.01% 和 93.16%；水产（仓储）运输的产值分别为 544.91 亿元和 567.10 亿元，占水产流通业总产值的比重分别为 6.99% 和 6.84%。可见，我国水产流通产值的占比约为 93%，水产（仓储）运输产值的占比约为 7%，水产流通在水产流通业中占绝对主导地位。

表 4-1　2022—2023 年我国水产流通业结构组成

水产流通业组成	2023 年		2022 年	
	产值（亿元）	所占比例（%）	产值（亿元）	所占比例（%）
水产流通	7 724.93	93.16	7 247.44	93.01
水产（仓储）运输	567.10	6.84	544.91	6.99
总计	8 292.03	100.00	7 792.35	100.00

资料来源：《中国渔业统计年鉴》（2023—2024），并由作者整理计算所得。

二、水产流通业总产值

2008—2023 年我国水产流通业产值如图 4-1 所示。2008 年，我国水产流通业总产值为 1 986.85 亿元。2009 年、2011 年、2013 年、2016 年、2018 年以及 2020 年分别突破 2 000 亿美元、3 000 亿美元、4 000 亿美元、5 000 亿美元、6 000 亿元以及 7 000 亿美元大关，分别达到 2 457.79 亿元、3 132.47 亿元、4 190.62 亿元、5 395.76 亿元、6 252.10 亿元以及 7 029.97 亿元。2023 年，我国水产流通业总产值首次突破 8 000 亿元大关，达到 8 292.03 亿元，较 2022 年增长 6.41%。2008—2023 年，我国水产流通业总产值累计增长 317.35%，年均增长 9.99%，保持了较高增长速度。

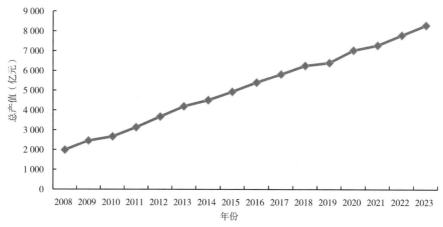

图 4-1　2008—2023 年我国水产流通业总产值
资料来源：《中国渔业统计年鉴》（2009—2024）。

三、水产流通产值

水产流通产值占我国水产流通业总产值的比重超过九成，且近年来我国水产流通产值保持了稳定的增长。图 4-2 是 2008—2023 年我国水产流通产值。2008 年，水产流通产值为 1 862.09 亿元。2009 年、2012 年、2014 年、2016 年、2020 年和 2022 年分别突破 2 000 亿元、3 000 亿元、4 000 亿元、5 000 亿元、6 000 亿元和 7 000 亿大关，分别达到 2 291.84 亿元、3 453.16 亿元、4 238.64 亿元、5 063.43 亿元、6 558.90 亿元和 7 247.44 亿元。2023 年，我国水产流通产值高达 7 724.93 亿元，较 2022 年增长 6.59%。2008—2023 年，我国水产流通产值累计增长 314.85%，年均增长 9.95%。

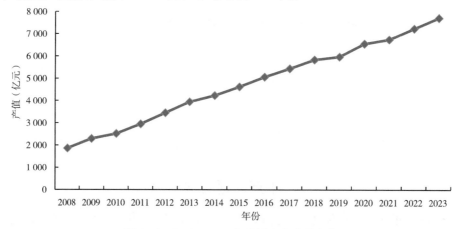

图 4-2　2008—2023 年我国水产流通产值
资料来源：《中国渔业统计年鉴》（2009—2024）。

2022 年，我国水产流通产值前十位的省份分别是广东（1 735.62 亿元，23.95%）、江苏（1 158.07 亿元，15.98%）、山东（826.86 亿元，11.41%）、湖北（818.61 亿元，11.30%）、浙江（532.42 亿元，7.35%）、广西（451.40 亿元，6.23%）、福建（400.20 亿元，5.52%）、湖南（227.44 亿元，3.14%）、辽宁（224.42 亿元，3.10%）、四川（224.04 亿元，3.09%），上述十个省份的水产流通产值合计为 6 599.08 亿元，占我国水产流通产值的 91.07%。2023 年，我国水产流通产值前十位的省份分别是广东（1 756.54 亿元，22.74%）、江苏（1 206.07 亿元，15.61%）、湖北（918.21 亿元，11.89%）、山东（906.90 亿元，11.74%）、浙江（603.10 亿元，7.81%）、广西（463.64 亿元，6.00%）、福建（412.14 亿元，5.34%）、湖南（263.23 亿元，3.41%）、四川（255.47 亿元，3.31%）、江西（239.82 亿元，3.10%），上述十个省份的水产流通产值合计为 7 025.12 亿元，占我国水产流通产值的 90.95%。因此，广东、江苏、湖北、山东、浙江、广西、福建、湖南、四川以及江西是我国水产流通的主要省份（表 4-2）。

表 4-2　2022—2023 年我国水产流通产值的省份分布

省份	2023 年		省份	2022 年	
	产值（亿元）	所占比例（%）		产值（亿元）	所占比例（%）
广东	1 756.54	22.74	广东	1 735.62	23.95
江苏	1 206.07	15.61	江苏	1 158.07	15.98
湖北	918.21	11.89	山东	826.86	11.41
山东	906.90	11.74	湖北	818.61	11.30
浙江	603.10	7.81	浙江	532.42	7.35
广西	463.64	6.00	广西	451.40	6.23
福建	412.14	5.34	福建	400.20	5.52
湖南	263.23	3.41	湖南	227.44	3.14
四川	255.47	3.31	辽宁	224.42	3.10
江西	239.82	3.10	四川	224.04	3.09
辽宁	238.66	3.09	江西	218.16	3.01
安徽	200.72	2.60	安徽	185.31	2.56
云南	46.04	0.60	云南	43.49	0.60
河南	41.36	0.54	河南	36.92	0.51
重庆	34.52	0.45	重庆	32.64	0.45
黑龙江	30.36	0.39	北京	29.29	0.40
北京	28.30	0.37	黑龙江	26.94	0.37
海南	27.51	0.36	海南	21.83	0.30
吉林	20.10	0.26	吉林	18.51	0.26
宁夏	13.97	0.18	宁夏	13.59	0.19
陕西	9.09	0.12	陕西	11.93	0.16
河北	2.70	0.03	河北	3.86	0.05

省份	2023 年		省份	2022 年	
	产值（亿元）	所占比例（%）		产值（亿元）	所占比例（%）
内蒙古	2.54	0.03	内蒙古	2.26	0.03
上海	1.84	0.02	上海	1.46	0.02
贵州	1.02	0.01	贵州	1.01	0.01
山西	0.60	0.01	山西	0.80	0.01
新疆	0.46	0.01	新疆	0.37	0.01
甘肃	0.01	0	甘肃	0.01	0
天津	0	0	天津	0	0
西藏	0	0	西藏	0	0
青海	0	0	青海	0	0
总计	7 724.92	100	总计	7 247.46	100

资料来源：《中国渔业统计年鉴》（2023—2024），并由作者整理计算所得。

四、水产（仓储）运输产值

　　虽然水产（仓储）运输产值在我国水产流通业产值中的比重不大，但却是我国水产流通产业的重要环节。2008 年，我国水产（仓储）运输产值为 124.76 亿元。2012 年增长到 220.25 亿元，突破 200 亿元。2015 年突破 300 亿元，达到 302.79 亿元。2018 年突破 400 亿元大关，达到 412.80 亿元。2021 年突破 500 亿元大关，达到 530.91 亿元。2023 年我国水产（仓储）运输产值达到 567.10 亿元，较 2022 年增长 4.07%。2008—2023 年，我国水产（仓储）运输产值累计增长 354.55%，年均增长 10.62%（图 4 - 3）。

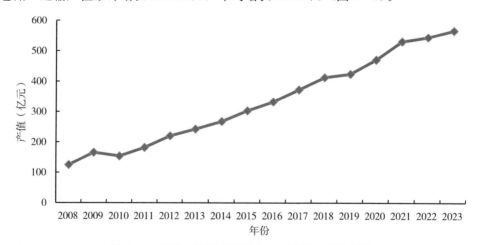

图 4 - 3　2008—2023 年我国水产（仓储）运输产值
资料来源：《中国渔业统计年鉴》（2009—2024）。

　　2022 年，我国水产（仓储）运输产值前十位的省份分别是山东（203.84 亿元，37.41%）、湖北（60.70 亿元，11.14%）、江苏（57.67 亿元，10.58%）、辽宁（49.92 亿元，9.16%）、福建（29.11亿元，5.34%）、浙江（26.03亿元，4.78%）、湖南（22.75亿元，4.18%）、四川（20.17亿元，3.70%）、安徽（17.58亿元，3.23%）、广西（16.73亿元，3.07%），上述十个省份的水产（仓储）运输产值合计为504.5亿元，占我国水产（仓储）运输产值的92.59%。2023年，我国水产（仓储）运输产值前十位的省份分别是山东（200.57亿元，35.37%）、湖北（75.38亿元，13.29%）、江苏（61.25亿元，10.80%）、辽宁（45.85亿元，8.08%）、福建（29.76亿元，5.25%）、浙江（25.86亿元，4.56%）、湖南（25.05亿元，4.42%）、安徽（21.41亿元，3.78%）、四川（20.98亿元，3.70%）、广西（17.29亿元，3.05%），上述十个省份的水产（仓储）运输产值合计为523.40亿元，占我国水产（仓储）运输产值的92.30%。可见，山东、湖北、江苏、辽宁、福建、浙江、湖南、安徽、四川、广西是我国水产（仓储）运输的主要省份，其中山东是我国水产（仓储）运输最重要的省份，所占比重超过三分之一（表4-3）。

表4-3 2022—2023年我国水产（仓储）运输产值的省份分布

省份	2023年		省份	2022年	
	产值（亿元）	所占比例（%）		产值（亿元）	所占比例（%）
山东	200.57	35.37	山东	203.84	37.41
湖北	75.38	13.29	湖北	60.70	11.14
江苏	61.25	10.80	江苏	57.67	10.58
辽宁	45.85	8.08	辽宁	49.92	9.16
福建	29.76	5.25	福建	29.11	5.34
浙江	25.86	4.56	浙江	26.03	4.78
湖南	25.05	4.42	湖南	22.75	4.18
安徽	21.41	3.78	四川	20.17	3.70
四川	20.98	3.70	安徽	17.58	3.23
广西	17.29	3.05	广西	16.73	3.07
江西	13.39	2.36	江西	12.52	2.30
广东	7.25	1.28	广东	7.14	1.31
重庆	5.36	0.95	重庆	5.19	0.95
云南	3.68	0.65	云南	3.91	0.72
河南	3.12	0.55	河南	2.80	0.51
海南	2.46	0.43	海南	2.08	0.38
黑龙江	2.05	0.36	河北	1.54	0.28
陕西	1.67	0.29	宁夏	1.47	0.27
河北	1.61	0.28	黑龙江	1.07	0.20
宁夏	1.51	0.27	陕西	0.93	0.17
吉林	0.62	0.11	吉林	0.63	0.12
内蒙古	0.49	0.09	内蒙古	0.45	0.08
北京	0.23	0.04	北京	0.42	0.08

省份	2023 年		省份	2022 年	
	产值（亿元）	所占比例（%）		产值（亿元）	所占比例（%）
新疆	0.17	0.03	新疆	0.15	0.03
贵州	0.06	0.01	贵州	0.06	0.01
山西	0.03	0.01	山西	0.04	0.01
甘肃	0.01	0	甘肃	0.01	0
天津	0	0	天津	0	0
上海	0	0	青海	0	0
西藏	0	0	上海	0	0
青海	0	0	西藏	0	0
总计	567.11	100	总计	544.91	100

资料来源：《中国渔业统计年鉴》（2023—2024），并由作者整理计算所得。

第二节　流通消费环节水产品质量安全检查

本节重点对流通消费环节水产品质量安全检查进行分析，以期了解当前我国水产品在流通消费环节存在的主要质量安全问题。首先对水产品质量安全检查总体情况进行回顾，接着分别对代表省份水产品以及水产品不合格原因进行详细研究。

一、总体概况

2018 年，国务院机构改革方案提出组建国家市场监督管理总局，不再保留国家食品药品监督管理总局。国家市场监督管理总局食品安全抽检监测司负责开展食品安全监督抽检工作。据统计显示，2018 年共抽检鲜活水产品 1 249 批次，其中合格批次为 1 190，不合格批次为 59，合格率为 95.28%。2019 年，国家市场监督管理总局关于 8 批次食品不合格情况的通告（2019 年第 12 号）后，只发布不合格批次数据；2019—2021 年抽检的鲜活水产品不合格批次分别为 85、37、33 批次。2022—2023 年国家市场监督管理总局统一通过食用农产品（大类）发布不合格批次，不单独列出鲜活水产品不合格批次，具体信息可通过食品安全抽检公布结果查询系统（https://spcjsac.gsxt.gov.cn/）进行查询，但系统只显示前 20 页共 100 条数据，数据信息不全。为此，本节以沿海水产品消费大省广东省和福建省、内陆水产品消费较多的安徽省和江西省为代表，通过各省市场监督管理局发布的食品抽检信息，对比分析 2022—2023 年代表省份水产品质量安全检查情况。

二、代表省份水产品质量安全情况

2018 年，国家市场监督管理总局在流通消费环节抽检了 1 249 批次水产品，抽样地覆盖全国除福建、西藏之外的 29 个省（自治区、直辖市），其中广东省、安徽省和江西省的抽检合格率分别为 97.10%、96.92% 和 87.69%。2019—2021 年国家市场监督管理总局抽检广东省、福建省、安徽省和江西省鲜活水产品不合格批次比例由高到低依次为广东省、安徽省、江西省和福建省，三年不合格批次占比分别为 3.23%、2.58%、1.29% 和 1.29%。

2022—2023 年四个代表省份市场监督管理局分别抽检了 1 413 和 1 369 批次、1 920 和 1 592 批次、638 和 1 092 批次、373 和 620 次批次的鲜活水产品，合格率分别为 96.11% 和 94.52%、92.19% 和 94.97%、94.20% 和 92.03%、86.33% 和 92.42%，详见表 4 - 4。可见，广东省的合格率相对较高，但近两年合格率出现下降趋势，但仍高于四省总体合格率；江西省的合格率相对较低，但 2023 年出现明显涨幅，但仍低于四省总体合格率；福建省和安徽省的合格率居中，2022—2023 年福建省合格率稳步提升，而安徽省则有下滑态势。

表 4 - 4　2022—2023 年代表省份流通消费环节水产品质量安全抽检情况

省份	2022 年			2023 年		
	合格（批次）	不合格（批次）	合格率（%）	合格（批次）	不合格（批次）	合格率（%）
广东	1 358	55	96.11	1 294	75	94.52
福建	1 770	150	92.19	1 512	80	94.97
安徽	601	37	94.20	1 005	87	92.03
江西	322	51	86.33	573	47	92.42
合计	4 051	293	93.26	4 384	289	93.82

资料来源：代表省份市场监督管理局官方网站，并由作者整理所得。

三、重点水产品质量安全

由于鲜活水产品种类较多，故按照大类进行统计分析。2018 年，国家市场监督管理总局抽检的鲜活水产品质量安全情况：软体类等其他水产品的合格率最高，达到 98.41%；鱼类的合格率次之，达到 96.63%；虾类、贝类、蟹类的合格率均低于总体合格率 95.28%，且蟹类合格率最低；仅为 81.25%，虾类和贝类合格率分别为 93.75% 和 91.10%。2019—2021 年只公布了不合格批次信息，其中鱼类、虾类、贝类、蟹类以及其他水产品的不合格批次占比依次为 48.39%、15.48%、7.1%、10.32% 以及 18.71%。不合格批次占比不同于合格率，其比例较大不一定合格率就低，还取决于抽检数量，而鱼类往往抽检数量较多。2022—2023 年代表省份大类水产品质量安全抽检情况，详见表 4 - 5。鱼类四省总体合格率在近两年不断下降，尤其是安徽省和江西省的合格率相对较低。虾类四省总体合格率则呈现上升态势，尤其是福建省合格率较高。蟹类四省总体合格率相比于 2018 年有一定幅度提升，特别是 2023 年合格率较高；相较于 2022 年，江西省和福建省涨幅较大，其他两省则有一定降幅。贝类四省总体合格率近两年呈现稳步上升趋势，尤其是安徽省和江西省近两年合格率为 100%。软体类等其他水产品四省总体合格率近两年则有一定水平下降，其中福建省的合格率最低。

表 4 - 5　2022—2023 年代表省份流通消费环节大类水产品质量安全抽检情况

大类水产品	省份	2022 年			2023 年		
		合格（批次）	不合格（批次）	合格率（%）	合格（批次）	不合格（批次）	合格率（%）
鱼类	广东	586	17	97.18	623	37	94.39
	福建	776	47	94.29	579	41	93.39
	安徽	392	29	93.11	661	73	90.05
	江西	211	30	87.55	384	38	91.00
	合计	1 965	123	94.11	2 247	189	92.24

大类水产品	省份	2022 年			2023 年		
		合格（批次）	不合格（批次）	合格率（%）	合格（批次）	不合格（批次）	合格率（%）
虾类	广东	292	8	97.33	248	13	95.02
	福建	384	10	97.46	314	1	99.68
	安徽	100	4	96.15	146	2	98.65
	江西	14	8	63.64	38	1	97.44
	合计	790	30	96.34	746	17	97.77
蟹类	广东	154	17	90.06	170	19	89.95
	福建	225	68	76.79	123	1	99.19
	安徽	49	2	96.08	60	11	84.51
	江西	5	2	71.43	12	0	100.00
	合计	433	89	82.95	365	31	92.17
贝类	广东	215	12	94.71	212	5	97.70
	福建	266	6	97.79	340	6	98.27
	安徽	40	0	100.00	89	0	100.00
	江西	23	0	100.00	13	0	100.00
	合计	544	18	96.80	654	11	98.35
其他水产品	广东	111	1	99.11	41	1	97.62
	福建	119	19	86.23	156	31	83.42
	安徽	20	2	90.91	49	1	98.00
	江西	69	11	86.25	126	8	94.03
	合计	319	33	90.63	372	41	90.07

资料来源：代表省份市场监督管理局官方网站，并由作者整理所得。

2016—2017 年国家市场监督管理总局对经营环节重点水产品开展专项检查，其中，重点水产品的合格率分别为鳜（83.33%，80.00%）、草鱼（91.11%，93.55%）、鲫（85.71%，97.56%）、鲈（95.24%，93.33%）、多宝鱼（大菱鲆）（97.56%，97.04%）、乌鳢（黑鱼）（88.39%，86.19%）。2018 年，这些重点水产品的抽检结果：鳜、草鱼、鲫、鲈、多宝鱼（大菱鲆）以及乌鳢（黑鱼）的合格率依次 100%、99.33%、96.72%、96.55%、89.74% 以及 88.89%。2019—2021 年国家市场监督管理总局只发布不合格批次数据，不能计算合格率，不具比较意义。2022—2023 年代表省份重点水产品的抽检情况如表 4-6 所示：鳜四省总体合格率分别为 100%，93.55%，相较 2016—2017 年升幅较大，可能受到抽检数量的影响，其中 2023 年安徽省和江西省的合格率出现较大降幅。草鱼四省总体合格率近两年升幅明显，尤其是广东省、福建省和江西省 2022—2023 年合格率为 100%。鲫四省总体合格率分别为 96.81%、94.55%，相较 2016 年有一定涨幅，但 2023 年出现下降趋势，其中广东省的合格率相对最高。鲈的合格率呈现一定波动趋势；但 2023 年四省总体合格率达到最低 94.98%，其中福建省的合格率最高。多宝鱼（大菱鲆）四省总体合格率相较 2016—2017 年近两年呈持续下降态势，可能受到抽检数量的影响。乌鳢（黑鱼）四省总体合格率尽管 2023 年出现一定水平下降，但相比于 2016—2017 年，近两年合格率提升明显，其中江西省的合格率较高，福建省的合格率最低。

表 4-6　2022—2023 年代表省份流通消费环节重点水产品质量安全抽检情况

重点水产品	省份	2022 年			2023 年		
		合格（批次）	不合格（批次）	合格率（%）	合格（批次）	不合格（批次）	合格率（%）
鳜	广东	2	0	100.00	23	0	100.00
	福建	2	0	100.00	1	0	100.00
	安徽	3	0	100.00	3	1	75.00
	江西	7	0	100.00	2	1	66.67
	合计	14	0	100.00	29	2	93.55
草鱼	广东	62	0	100.00	35	0	100.00
	福建	159	0	100.00	129	0	100.00
	安徽	16	1	94.12	27	1	96.43
	江西	30	0	100.00	89	0	100.00
	合计	267	1	99.63	280	1	99.64
鲫	广东	54	0	100.00	34	1	97.14
	福建	38	3	92.68	21	1	95.45
	安徽	72	3	96.00	113	7	94.17
	江西	18	0	100.00	23	2	92.00
	合计	182	6	96.81	191	11	94.55
鲈	广东	59	3	95.16	90	5	94.74
	福建	74	1	98.67	33	1	97.06
	安徽	32	1	96.97	61	4	93.85
	江西	29	1	96.67	24	1	96.00
	合计	194	6	97.00	208	11	94.98
多宝鱼（大菱鲆）	广东	10	0	100.00	16	0	100.00
	福建	3	1	75.00	3	2	60.00
	安徽	3	0	100.00	11	2	84.62
	江西	3	0	100.00	6	0	100.00
	合计	19	1	95.00	36	4	90.00
乌鳢（黑鱼）	广东	27	0	100.00	11	1	91.67
	福建	22	0	100.00	14	2	87.50
	安徽	21	0	100.00	41	2	95.35
	江西	4	0	100.00	9	0	100.00
	合计	74	0	100.00	75	5	93.75

资料来源：代表省份市场监督管理局官方网站，并由作者整理所得。

四、水产品不合格原因

2018 年，国家市场监督管理总局抽检的鲜活水产品不合格原因占比由大到小依次为恩诺沙星（以恩诺沙星与环丙沙星之和计）、氯霉素、镉、硝基呋喃类代谢物、孔雀石绿、地西泮以及挥发性盐基氮超标或检出。2019—2021 年，抽检的鲜活水产品三年总体不合格原因占比由大到小依次包括恩诺沙星（以恩诺沙星与环丙沙星之和计）、镉、孔雀石绿、氧氟沙星、地西泮、呋喃西林代谢物、氯霉素、硝基呋喃代谢物、挥发性盐基氮、磺胺类等超标或检出；其中恩诺沙星（以恩诺沙星与环丙沙星之和计）、镉超标连续三年均占比较大，名列不合格原因第一、第二。2022—2023 年，代表省份鲜活水产品两年总体不合格原因占比由大到小依次为恩诺沙星（以恩诺沙星与环丙沙星之和计）、镉、氯霉素、呋喃西林代谢物、孔雀石绿、呋喃西林代谢物、地西泮、磺胺类、氧氟沙星、五氯酚酸钠（以五氯酚计）等超标或检出，如图 4-4 所示。其中，恩诺沙星（以恩诺沙星或环丙沙星之和计）、镉、硝基呋喃代谢物超标连续两年名列不合格原因前三。相比 2016—2021 年，抽检结果存在一定差异，主要原因在于不同年度、不同省份抽检的水产品种类不同，不同种类水产品不合格原因也不同。

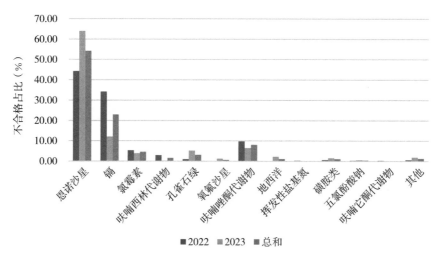

图 4-4　2022—2023 年代表省份流通消费环节水产品抽检不合格的主要原因占比

资料来源：代表省份市场监督管理局官方网站，并由作者整理计算所得。

不同大类水产品不合格原因存在差异，详见图 4-5。2018 年，鱼类不合格原因以恩诺沙星（以恩诺沙星与环丙沙星之和计）超标为主，28 批次不合格鱼类中有 15 批次恩诺沙星（以恩诺沙星与环丙沙星之和计）超标（占比 53.57%），4 批次呋喃西林代谢物和呋喃唑酮代谢物检出，3 批次孔雀石绿检出，2 批次地西泮检出以及 1 批次氯霉素和挥发性盐基氮超标，其中有 2 批次鱼类恩诺沙星和呋喃西林代谢物均超标。2019—2021 年，鱼类不合格原因按照三年总数依次为恩诺沙星（以恩诺沙星与环丙沙星之和计）（34.67%）、地西泮（21.33%）、孔雀石绿（16.00%）、氧氟沙星（14.67%）、磺胺类（5.33%）、呋喃西林代谢物（4%）、呋喃唑酮代谢物（4%）、挥发性盐基氮（4%）等超标或检出。2022—2023 年，代表省份鱼类两年总体不合格原因包括恩诺沙星（以恩诺沙星与环丙沙星之和计）（79.19%）、呋喃唑酮代谢物（6.21%）、孔雀石绿（5.28%）、地西泮（2.17%）、磺胺类

（1.86％）、氧氟沙星（0.93％）、氯霉素（0.93％）、挥发性盐基氮（0.93％）等超标或检出。可见，恩诺沙星（以恩诺沙星与环丙沙星之和计）超标为鱼类不合格的主要原因。

2018年，虾类不合格原因以镉、硝基呋喃类代谢物超标为主，11批次不合格虾类中有3批次镉、呋喃妥因代谢物以及呋喃西林代谢物超标、2批次呋喃唑酮代谢物超标。2019—2021年，虾类不合格原因按照三年总数依次为镉（75.00％）、呋喃西林代谢物（12.50％）、呋喃唑酮代谢物（8.33％）及少量氯霉素（4.17％）等超标或检出。2022—2023年，代表省份虾类两年总体不合格原因包括镉（34.04％）、恩诺沙星（以恩诺沙星与环丙沙星之和计）（31.91％）、呋喃唑酮代谢物（27.66％）、呋喃西林代谢物（2.13％）及呋喃它酮代谢物（2.13％）等超标。可见镉和硝基呋喃类代谢物超标为虾类不合格的主要原因。

2018年，蟹类不合格原因以镉超标为主，6批次不合格蟹类中有5批次镉超标（83.33％），1批次呋喃它酮代谢物和呋喃妥因代谢物均超标。2019—2021年，蟹类不合格原因按照三年总数计算以镉超标为主，所占比例高达87.50％；另外还有呋喃西林代谢物超标（12.50％）。2022—2023年，代表省份蟹类两年总体不合格原因以镉超标为主，占比98.33％；呋喃西林代谢物和呋喃唑酮代谢物超标各占0.83％。可见镉超标为蟹类不合格的主要原因。

2018年，贝类不合格原因以氯霉素检出为主，13批次不合格贝类中氯霉素全部检出，其中有1批次为氯霉素和恩诺沙星（以恩诺沙星与环丙沙星之和计）两项均超标或检出。2019—2021年，贝类不合格原因依次为氯霉素（45.45％）、孔雀石绿（27.27％）、恩诺沙星（27.27％）和呋喃西林代谢物（9.09％）超标或检出。2022—2023年，代表省份贝类两年总体不合格原因以氯霉素检出为主，占比80.65％；恩诺沙星（以恩诺沙星与环丙沙星之和计）和呋喃唑酮代谢物等超标各占6.45％。可见氯霉素检出是贝类不合格的主要原因。

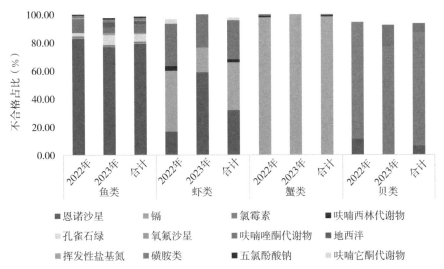

图4-5 2022—2023年代表省份流通消费环节不同大类水产品抽检不合格的主要原因占比
资料来源：代表省份市场监督管理局官方网站，并由作者整理计算所得。

最后对重点水产品不合格原因进行分析，如图4-6所示。2016—2017年经营环节重点水产品专项检查显示，鳜不合格的主要原因是孔雀石绿检出，占比在90％以上；草鱼不合格原因包括孔雀石绿、硝基呋喃类代谢物以及氯霉素超标或检出；鲫不合格原因主要为孔雀石绿和硝基呋喃类代谢物超标或检出；鲈不合格原因主要是孔雀石绿和氯霉素超标或检出；多宝鱼（大菱鲆）不合格原因有硝基呋喃类代谢物、氯霉素以及孔雀石绿超标或检出，硝基呋喃类代谢物超标占比在70%以上。乌鳢（黑鱼）不合格原因包括孔雀石绿与硝基呋喃类代谢物超标或检出，分别占比70%、30%左右。对比2016—2017年重点水产品不合格原因，2018年除了乌鳢（黑鱼）不合格的原因是孔雀石绿与硝基呋喃类代谢物超标或检出，与2016—2017年结论一致，草鱼、鲫、鲈以及多宝鱼（大菱鲆）的不合格原因还可能是恩诺沙星（以恩诺沙星与环丙沙星之和计）超标（鳜未抽检）。2019—2021年重点水产品不合格原因与2016—2018年结果类似，但乌鳢（黑鱼）不合格原因除了孔雀石绿与呋喃唑酮代谢物超标或检出，还包括氧氟沙星、地西泮以及磺胺类超标或检出。

对比2016—2021年结果，2022—2023年代表省份重点水产品两年总体不合格原因存在一定差异。鳜2022年不合格的主要原因是恩诺沙星（以恩诺沙星与环丙沙星之和计）超标，占比100%；2023年地西泮和五氯酚酸钠（以五氯酚计）检出各占50%。草鱼2022年不合格的主要原因以恩诺沙星（以恩诺沙星与环丙沙星之和计）超标为主占比83.33%，五氯酚酸钠检出占比16.67%；2023年孔雀石绿检出占比100%。鲫2022年不合格的主要原因也以恩诺沙星（以恩诺沙星与环丙沙星之和计）超标为主占比66.67%，呋喃唑酮代谢物和磺胺类超标各占16.67%；2023年恩诺沙星（以恩诺沙星与环丙沙星之和计）、地西泮、孔雀石绿和氧氟沙星超标或检出各占50%、25%、16.67%和8.33%。鲈2022年不合格的主要原因为恩诺沙星（以恩诺沙星与环丙沙星之和计）超标，占比100%；2023年以恩诺沙星（以恩诺沙星与环丙沙星之和计）和磺胺类超标为主，各占75.00%和16.67%。多宝鱼（大菱鲆）和乌鳢（黑鱼）2022年抽检均合格；2023年多宝鱼（大菱鲆）不合格的主要原因为恩诺沙星（以恩诺沙星与环丙沙星之和计）超标占比100%，乌鳢（黑鱼）恩诺沙星（以恩诺沙

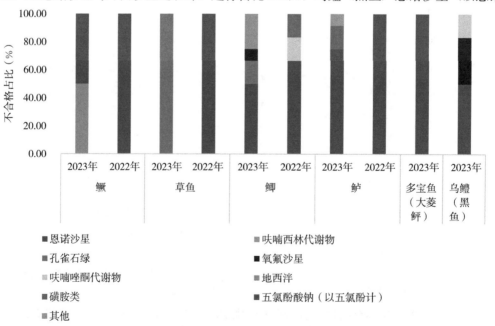

图4-6 2022—2023年代表省份流通消费环节重点水产品质量安全抽检不合格原因占比

资料来源：代表省份市场监督管理局官方网站，并由作者整理所得。

星与环丙沙星之和计）、氧氟沙星和呋喃唑酮代谢物超标各占 50％、33.33％以及 16.67％。进一步验证了恩诺沙星（以恩诺沙星与环丙沙星之和计）超标为鱼类不合格的主要原因。

第三节　流通消费环节水产品质量安全问题

第二节通过流通消费环节水产品质量安全检查，发现水产品不合格的主要原因，尽管这些检查是在批发销售环节进行的，但造成不合格的原因可能产生在生产或加工、流通与消费等环节。为探讨这些原因产生的根源，本节对比第二、三章生产与加工环节水产品质量安全存在的主要问题，重点介绍发生在流通与消费环节的水产品质量安全问题。

一、农兽药残留

农兽药残留超标是影响我国水产品质量安全的一大传统问题，同时也是农业农村部和国家市场监督管理总局对水产品和水产制品检测的重点项目。水产品中常见的农兽药主要包括孔雀石绿、地西泮、氯霉素、硝基呋喃类、恩诺沙星等。孔雀石绿是一种工业染料，因具有杀菌和抗寄生虫的作用，曾用于水产养殖。孔雀石绿及隐色孔雀石绿均对人体肝脏具有潜在致癌性。长期食用检出孔雀石绿的食品，将会危害人体健康。地西泮又名安定，为镇静剂类药物，主要用于焦虑、镇静催眠，还可用于抗癫痫和抗惊厥。长期食用检出地西泮的食品，可能引起嗜睡、乏力、记忆力下降等。氯霉素是一种杀菌剂，也是高效广谱的抗生素，适用范围非常广泛，对革兰氏阳性菌和革兰氏阴性菌均有较好的抑制作用。但是长期微量摄入氯霉素，会导致人体对一些细菌产生耐药性，还会引起体内正常菌群失调，对造血系统造成影响，甚至容易导致血液疾病，如贫血、白血病等。硝基呋喃类药物主要包括呋喃唑酮、呋喃它酮、呋喃西林和呋喃妥因，是一种化学合成的广谱抗菌药，主要作用于微生物酶系统，起到抑菌、杀菌的作用，被滥用于水产养殖业中。长时间或大剂量应用硝基呋喃类药物均能对动物体产生毒性作用，含有此类药物残留的水产品被人所食用后，对人体有致癌、致畸胎等副作用[①]。恩诺沙星是一种喹诺酮类抗菌药，因其高效广谱、耐药菌少、与其他抗菌药无交叉耐药性而被广泛应用于畜禽和水产养殖中感染性疾病的防治。人若长期食用恩诺沙星超标的食品，可能导致恩诺沙星在体内蓄积，进而对人体机能产生危害，还有可能使人体产生耐药性，影响软骨发育，导致畸形。

案例 1：安徽省市场监督管理局食品安全抽检信息通告（2023 年第 48 期）显示，芜湖市某鱼行销售的小草鱼，孔雀石绿检出不符合食品安全国家标准规定。孔雀石绿检出的原因，可能是养殖过程中为了提高鱼、虾、蟹卵孵化率和幼苗成活率，预防寄生虫病和水霉病等而违规使用；也可能是鱼贩在运输前用孔雀石绿溶液对运输车厢进行消毒或采用孔雀石绿对储放鲜活水产的池子进行消毒；也可能是饭店、酒楼等提供餐饮服务的单位以及水产零售摊位为了延长水产的存活时间而投放。

案例分析与启示：《食品动物中禁止使用的药品及其他化合物清单》（农业农村部公告第 250 号）中规定，孔雀石绿为食品动物中禁止使用的药品（在动物性食品中不得检出）。由于孔雀石绿检出涉及生产、流通销售等多个环节，监管难度较大，因此需要加强水产品流

---

① 戴欣，李改娟，2011. 水产品中硝基呋喃类药物残留的危害、影响以及控制措施［J］. 吉林水利（9）：61-62.

通部门与生产、加工、流通等部门的协调与合作①，同时健全水产品质量安全可追溯体系，将各环节的追溯体系连接起来，实现水产品"从池塘到餐桌"的全程追溯②。

案例2：四川省市场监督管理局关于食品安全监督抽检情况的通告（2023年第32号）显示，检出3批次水产品不合格，分别为康定市某水产店销售的鲤（购进日期：2023/10/20）、宜宾市某经营部销售的鲤（购进日期：2023/10/23）和广安市某中心销售的鲫（购进日期：2023/10/15），以上不合格项目均为地西泮检出。淡水鱼中检出地西泮，可能是经营者运输过程中为降低新鲜活鱼对外界的感知能力，降低新陈代谢，保证其经过运输后仍然鲜活而违规使用。

案例分析与启示：《食品安全国家标准 食品中兽药最大残留限量》（GB 31650—2019）中规定，地西泮药物允许作食用动物的治疗用，但不得在动物性食品中检出。在水产养殖中使用地西泮，能让新鲜活鱼感知能力减弱、新陈代谢降低，从而加快鱼的生长速度；而在水产运输中，地西泮能让鱼类镇静，减少它们对外部影响的应激反应，以确保鱼类在运输过程中的鲜活度。然而地西泮会在鱼体内永久性残留，并可通过食物链传递给人类。因此，消费者在烹饪水产品前，应先用水冲洗干净，避免将残留的地西泮带入人体。此外，烹饪过程中要注意卫生和安全，避免交叉污染和食品中毒等问题的发生。

案例3：福建省市场监督管理局2023年第14期食品安全监督抽检信息通告，福建泉州某公司销售的象拔蚌（购进日期：2022/11/18），氯霉素不符合食品安全国家标准规定。该公司对检验结果提出异议并申请复检，经复检后维持初检结论。

案例分析与启示：《食品动物中禁止使用的药品及其他化合物清单》（农业农村部公告第250号）中规定，氯霉素为食品动物中禁止使用的药品（食品动物中不得检出）。水产品中检出氯霉素的原因主要有三种：一是为了防止鱼虾生病，同时缩短养殖周期；二是为了让水产品在运输过程中保持活力，商户在海鲜装运过程中用添加了氯霉素的药水对水产品进行浸泡；三是饲养水产品的水质出现外源性污染。氯霉素无色无味，消费者在购买的过程中，肉眼是无法对其进行鉴别的。经营水产品的商贩都是从经销商渠道进货的，并不具备对购入水产品的检测条件，所以消费者在购买水产品的时候尽量选择可信度比较高、相关证件齐全的场所③。

二、重金属超标

水生动物易受到有毒金属的污染，来源包括饲料带来的污染、水质带来的污染、底泥带来的污染、空气带来的污染及药物带来的污染等。因此，水产品重金属超标原因主要来自生产环节，流通消费环节较少，但批发经营部门更应把好进货关、检测关，如遇到检测不合格，应立即停止销售，召回已销售的不合格水产品，并加强进货查验④。常见的重金属包括

---

① 沈媛，2014. 我国水产品流通过程中的质量安全影响因素分析［D］. 上海：上海海洋大学.

② 吕煜昕，2022. 我国可追溯水产品消费政策研究［J］. 中国市场（13）：157-160.

③ 中国食品安全网. 海鲜频繁检出违禁氯霉素，长期食用易致血液疾病［EB/OL］. 2019-06-05. https：//mp. weixin. qq. com/s？_biz=MzA4ODgyMzY5Nw==&mid=2650100849&idx=1&sn=4908a5fb57c6b375e739eb4bba0276cc&chksm=8825b68fbf523f999b4d1909bd27d037ba2a995071452ca57d05b5073975d408f7f68b3741b3&scene=27.

④ 徐连伟，曲婷婷，赵彦涛，2018. 水产品中重金属污染的来源危害及防治措施［J］. 农业与技术，38（1）：30-32.

镉、铅、汞（水银）等。长期食用镉污染的水产品会导致慢性蓄积性中毒，对人的肾功能造成损伤，破坏骨骼，导致骨质软化甚至瘫痪；而过量的铅容易引起智力低下，反应迟钝、贫血等；超标的汞首先对肾功能影响很大，其次是引起大脑神经受损，引起语言和听觉障碍，严重者肌肉丧失协调性。

案例1：辽宁省市场监督管理局发布了关于食品安全抽检信息的通告（2023年第12期），葫芦岛市2批次海鲜镉超标，分别为：某超市经销的中华绒螯蟹，镉含量为11毫克/千克；某超市经销的口虾蛄，镉含量为5.6毫克/千克。

案例2：宁波市鄞州区市场监督管理局发布的食品安全监督抽检信息公告（2022年第4期）显示，宁波市某水产摊销售的虾蛄，抽检项目中镉（以Cd计）项目不符合《食品安全国家标准　食品中污染物限量》（GB 2762—2017）要求。

案例分析与启示：《食品安全国家标准　食品中污染物限量》（GB 2762—2017）规定，鲜、冻水产动物（甲壳类）的镉含量最大限量为0.5毫克/千克；《食品安全国家标准　食品中污染物限量》（GB 2762—2022）中规定，镉在鲜、冻水产甲壳类动物中的限量值为2.0毫克/千克（其中，海蟹和虾蛄单列限量标准为3.0毫克/千克），2022版修改了水产动物及其制品中镉的限量标准。镉是最常见的重金属元素污染物之一，主要用来制造充电电池、合金材料、颜料、塑料稳定剂和电镀等。水产品受到镉污染，可能是由水产品养殖环境中镉元素的富集导致，而海水中镉污染主要来自工业废水，工业废水的排放使近海海水和浮游生物体内的镉含量较高。贝类、甲壳类水产品对镉的富集能力强于鱼类，因此食用这些水产品时建议去除内脏，清水冲洗干净后烹制。

三、含有致病菌

随着水产品消费的持续增长，目前水产品中因食源性致病菌污染造成的食品安全问题备受关注。总结发现，水产品中的致病菌主要包括副溶血性弧菌、创伤弧菌、沙门氏菌等。副溶血性弧菌是我国沿海及部分内地地区食物中毒的主要致病菌，主要污染水产品或者交叉污染肉制品等。创伤弧菌是"人鱼共患病"的重要致病菌，在医学和鱼病学界都广为重视，人通过进食生的海产品，经胃肠道黏膜或破损的皮肤接触海水而感染创伤弧菌。沙门氏菌是引起人类食源性疾病的常见致病菌之一，虽然蛋、家禽和肉类产品是沙门氏菌致病的主要传播媒介，但近年来，被沙门氏菌污染的即食食品特别是海产品引起的食源性疾病也多次发生[①]。

案例1：2022年9月，湖州市南浔区报告了一起疑似食源性疾病暴发事件。一场婚礼连摆3场宴席，40余人出现身体不适。经过对照分析，嫌疑锁定在蒜蓉粉丝蒸澳洲龙虾、酒香蒸长角蟹、白灼深水虾这三种食物上。实验室检测结果提示，本次事件的致病因素是副溶血性弧菌污染。

案例分析与启示：副溶血性弧菌一般存在于近岸海水、海底沉积物、鱼和贝壳类海鲜食物中，多附着于海产品的表面和体内。自1959年在日本被发现以来，副溶血性弧菌在世界各地如中国、美国、加拿大、新西兰、挪威、法国、西班牙和意大利等国家沿岸的海域均曾

---

① 中国食品安全报.解读沙门氏菌食物中毒［N］.2015-09-15.（A02）.

被检出[①]。副溶血性弧菌感染表现为急性胃肠炎，以发热、腹痛腹泻、恶心呕吐等为主要症状[②]。为降低此类感染风险，海产品一定要烧熟煮透确保不生食，在烹调和调制海产品时可加适量食醋，食品烧熟至食用的放置时间不要超过 4 个小时。加工海产品的案板和刀具等器具也必须严格清洗、消毒，并且加工过程中注意生熟用具要分开。

案例 2：2023 年某天，浙江杭州 73 岁李女士早上买来鲳，处理、烹饪后食用。午饭后，她感觉喉咙痛，第二天早上加重，伴吞咽困难，被送至医院急诊没多久就呼吸困难、失去意识。经抢救情况暂时稳定，医生诊断为喉头严重水肿引发呼吸困难、脓毒血症、脓毒症休克等，检测结果显示感染海洋创伤弧菌。

案例分析与启示：创伤弧菌属于弧菌科，是一种革兰阴性菌，与霍乱弧菌、副溶血弧菌称为危害人类健康的三大致病性弧菌，有"食肉菌"之称，是致死率最高的致病弧菌，广泛分布于水温较高的世界各河海交界水域、近海、海湾及海底沉积物中，并常寄生于贝壳类的海洋生物（如牡蛎和蚌类等）中。当我们的皮肤有破损并直接接触含有创伤弧菌的海水或海产品，或者生食了被创伤弧菌污染的海鲜时，可能会被感染。当然，身体健康的人群一般不会轻易感染；而免疫力低下的人群易感染，如患有慢性肝病（肝硬化、酒精性肝病等）、长期嗜酒、血色病、糖尿病、风湿性关节炎、地中海型贫血、慢性肾衰竭、淋巴瘤等疾病的人群常导致免疫功能减弱，进而让创伤弧菌有可趁之机。因此，建议尽量不吃生海鲜，尤其是易感人群。处理生海鲜时可戴手套，以防扎伤。若不慎被刺伤，应立即挤出伤口处的血液，并用清水进行冲洗，使用酒精、碘附等消毒剂对伤口进行消毒，切勿使用生理盐水或将盐撒到伤口上[③]。

四、人为因素影响

农兽药残留、重金属超标、含有致病菌这些水产品质量安全问题有些是由于水体环境污染等客观因素导致的，还有一些是人为主观因素所为，如过量添加农兽药、故意使用有毒有害物质等。此外，因疏忽销售有毒水产品、消费者食用未煮熟或未规范处理水产品等导致的食品安全问题也属于流通消费环节人为因素影响范畴。

案例 1：2023 年 2 月，海南省三亚市一消费者称在海鲜市场购买鱿鱼，回家煮熟后发现里面有一只蓝环章鱼。消费者介绍，自己清洗过程中也没注意，煮熟后捞出时发现不对，和家人确认就是蓝环章鱼后，把锅里的东西都倒掉了。

案例分析与启示：蓝环章鱼，隶属于章鱼科，俗称蓝圈章鱼、豹纹章鱼，广泛分布在日本与澳大利亚之间的太平洋海域中，是一种很小的章鱼品种，臂跨不超过 15 厘米。蓝环章鱼是剧毒生物，它们体内含有河鲀毒素，这种毒素无法在烹饪时被高温灭活。尽管体型相当小，一只蓝环章鱼所携带的毒素却足以在数分钟内一次杀死 26 名成年人，而且还没有有效的抗毒素药物来预防它。蓝环章鱼和普通章鱼生存领域有重合，有被渔民误捕的可能从而流入市场。蓝环章鱼最大的特点是全身密布着蓝色的环状图案，而普通章鱼通常是棕色或灰

---

① 姚羚羚，2022. 食用海鲜当心副溶血性弧菌感染 [J]. 食品与健康，34（4）：16-17.

② 刘海霞，李雪，张铭琰，等，2022. 辽宁省食源性副溶血性弧菌毒力基因、血清分型及耐药性分析 [J]. 中国微生态学杂志，34（3）：284-288.

③ 北京协和医院. 春节海边度假警惕"海洋中的隐匿杀手"——创伤弧菌 [EB/OL]. 2024-02-11. https://new. qq. com/rain/a/20240211A02C6W00.

色。在蓝环章鱼鲜活的时候其身上蓝环或蓝斑颜色较为鲜艳，死后因胴体色发暗而不非常鲜亮。因此，消费者在选购、食用章鱼时需要仔细加以辨别，避免购买、误食蓝环章鱼，引发食品安全风险①。

案例2：2022年1月，上海市公安机关联合市场监督管理局开展生产、销售有毒有害食品清查整治专项行动，查获被告人陈某辉等28名经营小黄鱼的个体工商户，为提升小黄鱼外观鲜度、增加销量，明知"黄粉"被禁止在食品中添加，仍使用"黄粉"溶液将小黄鱼浸泡染色后对外销售。经检验机构检验，上述小黄鱼、"黄粉""黄粉"溶液中均检出国家禁止在食品中添加的碱性橙Ⅱ成分。

案例分析与启示：碱性橙Ⅱ是一种工业染料，而非食用色素，过量摄入或皮肤接触会导致急性、慢性中毒，已被列入国务院有关部门发布的《食品中可能违法添加的非食用物质名单》，属于国家禁止添加的"有毒有害的非食品原料"。从业人员应树立水产品质量安全的法律意识，守住食品安全底线；公众应增强食品安全知识，了解不同水产品的潜在风险及其预防措施，避免中毒风险；执法部门应加大抽检力度，严查从业人员不合格水产品及其经营行为，加强对违法违规行为的打击查处力度。

第四节　流通消费环节水产品质量安全提示与预警

2013年食品药品监督管理体制改革，国家食品药品监督管理总局成立，在经历了一年左右的整合调整后，国家食品药品监督管理总局于2014年开始逐步发布食品消费提示与预警，编制《食品安全风险解析》汇编（2014—2015年）、《如何吃得更安全——食品安全消费提示》（2015—2016年、2016—2017年），其中水产品的相关提示与预警占比较大。国家食品药品监督管理总局于2014—2017年共发布了16篇水产品质量安全相关的消费提示与预警，发布时间往往从当年6—7月开始，正值我国水产品消费旺季。从具体内容看，国家食品药品监督管理总局发布的水产品消费提示与预警主要可以分为三类：第一类是关于国内水产品质量安全事件的解读和提示，第二类是关于各类水产品的消费提示，第三类是关于境外发生的水产品质量安全事件的解读和风险解析。

2018年，国务院机构改革方案提出组建国家市场监督管理总局，不再保留国家食品药品监督管理总局。国家市场监督管理总局食品安全抽检监测司负责开展食品安全预警交流工作，自2018年以来完成《食品安全风险解析》汇编（2014—2018年）、《如何吃得更安全——食品安全消费提示》（2017—2018年、2018—2019年、2019—2020年、2021—2022年）、《如何吃的更安全——食品安全消费提示和风险解析》（2018—2019年、2020—2021年）。2018—2022年国家市场监督管理总局共发布11篇水产品质量安全相关的风险解析与消费提示，如表4-7所示。

从具体内容看，国家市场监督管理总局发布的水产品安全预警交流主要可以分为两类：第一类是关于国内水产品质量安全事件的解读和提示；第二类是各种水产品的消费提示，近几年关于此类提示的内容较多，2022年发布干制鱼虾产品的消费提示、常见即食藻类制品

---

① 海南省市场监督管理局．蓝环章鱼消费提示［EB/OL］．2024-03-09．https://amr.hainan.gov.cn/zw/xfts/202403/t20240309_3614024.html.

的消费提示。

一、干制鱼虾产品的消费提示

1. 品类多样有营养

干制鱼虾是指以新鲜或冷冻的鱼虾为原料，经干燥工艺，加工制成的产品。其富含油脂蛋白、脂肪酸、维生素与矿物质等营养成分。我国食用干制鱼虾产品历史悠久，《本草纲目》中有"凡虾之大者，蒸曝去壳，谓之虾米"的早期记载。按照制作工艺不同，可分为淡干品和咸干品。淡干品主要包括淡海水鱼干、淡鱿鱼干、淡墨鱼干、淡干虾皮；咸干品主要包括咸海鱼干、咸鱿鱼干、咸墨鱼干、烤鱼片、咸虾仁、咸虾皮等。

2. 应用广泛要适量

干制鱼虾产品食用方式多样，既可作为休闲食品，如香酥小黄鱼、烤鱼片、即食虾仁等；也可作为佐餐食品或作为配菜制作包子、饺子等，如虾皮鸡蛋羹、豆干炒小鱼干等菜肴。需要注意的是，鱼虾干制后，水分被去除，单位质量的蛋白质等营养物质含量更高，部分干制鱼虾产品为了便于保存，增加了盐的使用量，大量食用可能造成营养素和盐摄入过多。肾病、高血压患者应适量食用，避免导致身体代谢负担。

3. 正规渠道来选购

建议消费者从正规商超、电商平台等购买预包装的干制鱼虾类产品。确保产品外包装完整、密封完好。通过阅读产品标签标示信息选择符合自身需要的产品。尽量选择靠近生产日期的产品。

如需购买散装干制鱼虾类产品，可以通过"看""闻"来简单地判断产品品质。一看产品外观：品质较好的鱼干类一般呈黄白色，部分产品边缘略带焦黄色，鱼片平整，片型完好，组织纤维明显；品质较好的虾皮类一般为透明色、淡黄色或淡红色，头部两只黑色的虾眼完整不破碎，尾部通常是红色或部分红色；干虾仁肉质紧实，体呈自然弯曲状，个体完整，肉质与虾壳不粘连。尽量不要选择外观异常的干制鱼虾产品。二闻产品气味：品质较好的干制鱼虾产品应具有本身特有的风味，不应有刺鼻的氨味或混杂有其他气味。

4. 合理存放保安全

建议购买小包装干制鱼虾制品，未开封的产品应按标签建议的贮存方式存放，尽早食用。已打开包装或散装的干制鱼虾产品，放在10℃以下密封贮藏，防止吸潮。如果产品较大，可以先切成合适大小的块状再密封保存。贮存过程中，如发现鱼虾表面发霉、褪色或产生异味等，不建议食用。

二、常见即食藻类制品的消费提示

1. 营养丰富，品类多

即食藻类制品是以藻类为主要原料，按照一定工艺加工制成的可直接食用的藻类产品。常见的即食藻类制品包括即食海带、即食裙带菜、即食羊栖菜、即食紫菜、即食海白菜等。即食藻类制品营养丰富，富含糖类、脂类、蛋白质、维生素、矿物质、微量元素（如碘等）及多种生物活性物质。市售即食藻类制品应符合《食品安全国家标准 藻类及其制品》（GB 19643—2016）有关规定。

2. 适量食用，莫贪多

即食藻类制品鲜脆爽口，开胃下饭，食用方式多样。既可以开袋即食，直接食用；也可以用于凉拌，如凉拌裙带菜、凉拌海白菜等；炒制如辣炒海带丝、清炒羊栖菜等；炖汤如海带排骨汤、紫菜蛋花汤等；还可以包裹主食，制作紫菜饭团和紫菜包饭等。海带等即食藻类制品含有丰富的碘，根据《中国居民膳食指南（2022）》，成年人推荐碘适宜摄入量为100～120微克/天。哺乳期妇女对碘的推荐摄入量为240微克/天。建议消费者每周摄入1～2次富含碘的即食藻类制品。脾胃寒、甲亢人群等应少食用即食藻类制品。食用时尽量避免与柠檬、山楂、柿子等酸涩的水果一起食用，以免消化不良。

3. 科学选购，门道多

即食藻类制品通常为预包装产品，消费者应从正规商超、电商平台等购买。品质较好的即食藻类制品外观应为墨绿色、绿色、黄绿色、褐绿色或同时存在这几种颜色，无明显褪色，无明显花斑存在，无杂藻及其他外来杂质，口感软硬适中，具有藻类固有的香味或调制风味，无明显异味。调味裙带菜梗、调味海带丝、冷鲜小海带等部分即食藻类制品需在冷藏或冷冻条件下贮存，消费者购买此类产品时需要注意售卖环境是否满足要求。

购买即食藻类制品应尽快食用，未食用完的即食藻类制品应置于干燥阴凉处密封保存，防止发生受潮、日晒或虫害。需冷藏或冷冻贮存的即食藻类制品应按照标签标示的贮存条件要求，置于4℃左右冷藏或−18℃冷冻存放。

国家市场监督管理总局以保障公众水产品安全为出发点，以指导科学消费为落脚点，着眼于日常消费量大的水产品品种，针对可能的水产品安全盲点和消费误区，邀请行业协会和权威专家编制了系列消费提示，指出消费者在选购、存储和加工制作水产品时应该注意的方面，并针对不同品种的水产品提出了合理建议，以帮助广大消费者科学认识水产品质量安全问题（表4−7）。

表4−7　2018—2022年国家市场监督管理总局发布的水产品风险解析与消费提示

时间	序号	风险解析与消费提示
2018年	1	怎样选购新鲜的大闸蟹
	2	你了解海藻吗
2019年	3	鲜活动物性水产品的挑选与贮存
	4	生蚝食用的安全风险提示
	5	关于河鲀毒素中毒的风险解析
2020年	6	关于预防贝类毒素引发中毒的风险提示
	7	食用贝类的消费提示
	8	食用贝类的风险提示
2021年	9	食用小龙虾的消费提示
2022年	10	干制鱼虾产品的消费提示
	11	常见即食藻类制品的消费提示

资料来源：国家市场监督管理总局官方网站，并由作者整理所得。

第五章　水产品出口贸易与质量安全

水产品是我国农产品和食品对外贸易的重要组成部分，在我国农食产品出口贸易中占有重要地位。出口水产品的质量安全，对保障消费者健康、提升国家形象、促进经济发展以及应对国际贸易挑战等方面具有重要意义。本章在具体介绍水产品出口贸易基本特征的基础上，通过案例分析了我国出口水产品不合格的具体情况，并提出强化出口水产品质量安全、保障我国水产品出口的政策建议。

第一节　水产品出口贸易的基本特征

一、水产品出口贸易的总体规模

水产品是我国出口额最大的农产品，从 2000 年起，水产品出口创汇额在农产品出口贸易中一直居于首位[①]。2002 年，我国水产品出口量位居世界第一，且近年来我国一直保持世界第一大水产品出口国的地位。与此同时，在我国食用农产品和食品进口持续增加的背景下，水产品是我国农产品对外贸易中少有的可以实现贸易顺差的种类，在我国农食产品中具有极其重要的地位。为了全面分析近年来我国水产品出口贸易的主要特征，同时考虑到数据的可获得性和可分析性，本节主要从 2008 年起展开分析。

2008 年以来，我国水产品出口贸易总额变化见图 5-1。2008 年我国水产品出口贸易总额为 106.74 亿美元，之后水产品出口贸易总额稳步增长，2009—2012 年分别增长到 107.95 亿美元、138.28 亿美元、177.92 亿美元和 189.83 亿美元。2013 年，水产品出口贸易总额首次突破 200 亿美元大关，达到 202.63 亿美元。在此基础上，2014 年进一步增长到 216.98 亿美元。2015 年，水产品出口贸易总额首次出现下降，下降为 203.33 亿美元；但在随后的三年间（2016—2018 年）保持稳步增长，水产品出口贸易总额分别达到 207.38 亿美元、211.50 亿美元、223.26 亿美元。2019—2020 年，我国水产品出口贸易额持续下降，尤其是 2020 年，我国水产品出口贸易总额降至近年来最低值 190.41 亿美元。2021—2022 年恢复增长趋势，水产品出口贸易总额分别为 219.26 亿美元、230.31 亿美元，2022 年达到历史新高点。2023 年，我国水产品出口贸易总额再次下降至 204.63 亿美元，较 2022 年减少 11.15%。2008—2023 年，我国水产品出口贸易总额累计增长 91.71%，年均增长 4.43%。其中，2008—2014 年均增长高达 12.55%。由此可见，在 2008—2023 年间，我国水产品出口贸易总额整体呈现出先快速增长后持续波动的特征。

[①]　林洪，杜淑媛，2013. 我国水产品出口存在的主要质量安全问题与对策［J］. 食品科学技术学报，(2)：7-10.

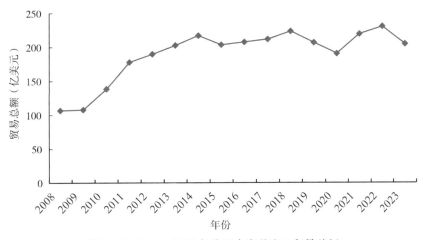

图 5-1 2008—2023 年我国水产品出口贸易总额
资料来源：农业农村部渔业渔政管理局，《中国渔业统计年鉴》(2009—2024)。

2008 年以来，我国水产品出口贸易数量变化见图 5-2。2008 年，我国水产品出口贸易数量为 298.56 万吨，2009 年稍有下降至 296.51 万吨，2010 年大幅增长至 333.88 万吨，2011 年继续保持良好增长势头增长至 391.24 万吨，2012 年稍有回落至 380.12 万吨，2013 年再次增长至 395.91 万吨。2014 年，我国水产品出口贸易数量突破 400 万吨大关，达到 416.33 万吨。2015 年，水产品出口贸易数量小幅下降至 406.03 万吨。2016—2017 年分别增长为 423.76 万吨和 433.94 万吨，其中 2017 年创历史新高。2018 年，水产品出口贸易数量再次出现小幅下降，降为 432.76 万吨，并在此后的数年间保持持续下降趋势。其中，2020 年出现较大幅度下降，水产品出口贸易数量降至 381.13 万吨，较 2019 年下降 10.7%。2021 年较 2020 年变化不大，水产品出口贸易数量为 380.07 万吨。2022 年和 2023 年水产品出口贸易数量分别为 376.30 万吨、379.82 万吨。2008—2023 年，我国水产品出口贸易数量累计增长 27.22%，年均增长 1.62%，显著低于水产品出口贸易总额的增长率。2008—2023 年，我国水产品出口贸易数量整体呈现出先稳步增长再明显回落并基本保持稳定的特征。

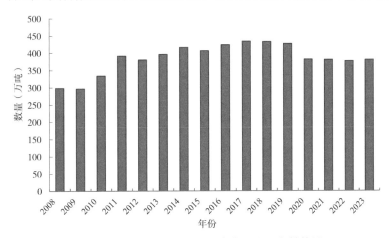

图 5-2 2008—2023 年我国水产品出口贸易数量
资料来源：农业农村部渔业渔政管理局，《中国渔业统计年鉴》(2009—2024)。

二、水产品出口的省份分布

表 5-1 是 2022—2023 年我国水产品出口的省份分布。从水产品出口总额的角度，2022 年我国水产品出口的主要省份是福建（85.53 亿美元，37.14%）、山东（52.08 亿美元，22.61%）、广东（29.54 亿美元，12.82%）、辽宁（23.30 亿美元，10.12%）、浙江（18.78 亿美元，8.15%）、海南（5.34 亿美元，2.32%）、江苏（3.72 亿美元，1.62%）、河北（2.54 亿美元，1.10%）、广西（2.07 亿美元，0.90%）、吉林（1.50 亿美元，0.66%）。上述 10 个省份的水产品出口贸易金额合计为 224.40 亿美元，占水产品出口贸易总额的 97.44%。2023 年我国水产品出口的主要省份是福建（74.10 亿美元，36.21%）、山东（45.31 亿美元，22.14%）、广东（24.05 亿美元，11.75%）、辽宁（22.35 亿美元，10.92%）、浙江（19.36 亿美元，9.46%）、海南（4.52 亿美元，2.21%）、江苏（3.88 亿美元，1.90%）、河北（2.30 亿美元，1.13%）、广西（1.81 亿美元，0.88%）、吉林（1.52 亿美元，0.74%）。上述 10 个省份的水产品出口贸易金额合计为 199.20 亿美元，占水产品出口贸易总额的 97.34%（图 5-3、表 5-1）。

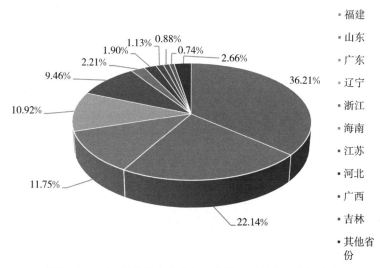

图 5-3 2023 年我国水产品出口贸易金额的主要省份分布

资料来源：农业农村部渔业渔政管理局，《中国渔业统计年鉴》（2024）。

从水产品出口贸易数量的角度，2022 年我国水产品出口的主要省份是福建（100.43 万吨，26.69%）、山东（97.15 万吨，25.82%）、广东（51.91 万吨，13.79%）、辽宁（48.71 万吨，12.95%）、浙江（44.15 万吨，11.73%）、海南（15.14 万吨，4.03%）、江苏（4.11 万吨，1.09%）、广西（3.54 万吨，0.94%）、吉林（3.28 万吨，0.87%）、河北（3.11 万吨，0.83%）。上述 10 个省份的水产品出口贸易数量合计为 371.53 万吨，占我国水产品出口贸易数量的 98.74%。2023 年我国水产品出口的主要省份是福建（102.83 万吨，27.07%）、山东（90.20 万吨，23.75%）、辽宁（57.29 万吨，15.08%）、浙江（48.72 万吨，12.83%）、广东（45.85 万吨，12.07%）、海南（16.35 万吨，4.31%）、江苏（4.35 万吨，1.15%）、广西（3.48 万吨，0.92%）、吉林（3.39 万吨，0.89%）、河北（2.99 万吨，0.79%）。上述 10 个省份的水产品出口贸易数量合计为 375.45 万吨，占我国水产品出口贸易数量的 98.86%（图 5-4、表 5-1）。

由以上分析可知，无论是从水产品出口贸易金额的角度，还是从水产品出口贸易数量的角度，福建、山东、广东、辽宁、浙江都是我国水产品出口最重要的省份，且以上 5 个省份的水产品出口贸易规模基本占我国水产品出口贸易规模的九成以上。

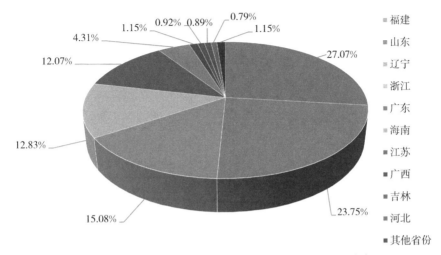

图 5-4　2023 年我国水产品出口贸易数量的主要省份分布
资料来源：农业农村部渔业渔政管理局，《中国渔业统计年鉴》(2024)。

表 5-1　2022—2023 年我国水产品出口的省份分布

地区	2023 年出口金额（亿美元）	2022 年出口金额（亿美元）	2023 年比2022 年增减（%）	2023 年出口数量（万吨）	2022 年出口数量（万吨）	2023 年比2022 年增减（%）
北京	0.21	0.26	−19.23	0.24	0.26	−7.69
天津	0.32	0.32	0.00	0.65	0.54	20.37
河北	2.30	2.54	−9.45	2.99	3.11	−3.86
辽宁	22.35	23.30	−4.08	57.29	48.71	17.61
吉林	1.52	1.50	1.33	3.39	3.28	3.35
上海	1.44	1.41	2.13	1.03	0.94	9.57
江苏	3.88	3.72	4.30	4.35	4.11	5.84
浙江	19.36	18.78	3.09	48.72	44.15	10.35
安徽	0.60	0.68	−11.76	0.55	0.58	−5.17
福建	74.10	85.53	−13.36	102.83	100.43	2.39
江西	0.54	0.64	−15.63	0.38	0.34	11.76
山东	45.31	52.08	−13.00	90.20	97.15	−7.15
河南	0.01	0.01	0.00	0.04	0.03	33.33
湖北	0.40	0.42	−4.76	0.47	0.48	−2.08
湖南	0.23	0.71	−67.61	0.15	0.67	−77.61
广东	24.05	29.54	−18.58	45.85	51.91	−11.67
广西	1.81	2.07	−12.56	3.48	3.54	−1.69

地区	2023 年出口金额（亿美元）	2022 年出口金额（亿美元）	2023 年比2022 年增减（%）	2023 年出口数量（万吨）	2022 年出口数量（万吨）	2023 年比2022 年增减（%）
海南	4.52	5.34	−15.36	16.35	15.14	7.99
四川	1.26	1.04	21.15	0.40	0.40	0.00
贵州	0.16	0.08	100.00	0.18	0.17	5.88
云南	0.11	0.17	−35.29	0.09	0.17	−47.06
陕西	0.04	0.04	0.00	0.06	0.03	100.00
青海	0.04	0.08	−50.00	0.04	0.08	−50.00
新疆	0.02	0.03	−33.33	0.03	0.04	−25.00
全国	204.63	230.31	−11.15	379.82	376.30	0.94

资料来源：农业农村部渔业渔政管理局，《中国渔业统计年鉴》（2023—2024）。

注：出口金额小于 0.01 亿美元或出口数量小于 0.01 万吨的省份在此不再列入。

三、出口水产品的案例分析：虾产品

（一）虾产品出口贸易的总体规模

2008 年以来，我国虾产品出口贸易总额变化见图 5－5。2008 年我国虾产品出口贸易总额为 2.48 亿美元，之后出口贸易总额迅速增长。2011 年，我国虾产品出口贸易总额突破 10 亿美元大关，达到 11.43 亿美元。2012 年，虾产品出口贸易总额突破 20 亿美元大关，达到 25.43 亿美元，较 2011 年增长 122.48%。2014 年，虾产品出口贸易总额达到 29.50 亿美元的历史最高水平。2015 年，虾产品出口贸易总额首次出现下降，为 22.00 亿美元，较 2014 年下降 25.42%。2016 年，我国虾产品出口贸易总额为 24.28 亿美元，较 2015 年大幅增长 10.36%，但距离 2014 年的最高值还有较大差距。2017—2018 年，虾产品出口贸易总额进一步小幅增长，分别达到 25.13 亿美元和 26.16 亿美元。2019 年，我国虾产品出口贸易总额再次出现较大幅度下降，为 20.05 亿美元，较前一年下降 23.36%。2020 年我国虾产品贸易总额进一步下降至 17.40 亿美元。2021 年虾产品出口贸易总额大幅度回升至 22.30 亿美元，较 2020 年增长 28.16%。2022 年和 2023 年，虾产品出口贸易总额变化不大，分别为 20.36 亿美元、20.47 亿美元。2008—2023 年间，我国虾产品出口贸易总额累计增长了 7.27 倍，年均增长率高达 15.11%。可见，近年来我国虾产品出口贸易总额增长较快，并呈现出先高速增长后持续波动的特征。

（二）出口虾产品的主要种类

表 5－2 是 2022—2023 年我国出口虾产品的主要种类。表 5－2 显示，小虾、对虾及虾仁是我国出口虾产品的主要种类，2022 年和 2023 年的出口贸易额分别为 18.86 亿美元和 19.32 亿美元，分别占虾产品出口贸易总额的 92.63% 和 94.38%，占绝大多数。淡水小龙虾及虾仁是我国出口虾产品的第二大种类，2022 年和 2023 年的出口贸易额分别为 1.30 亿美元和 1.03 亿美元，分别占虾产品出口贸易总额的 6.39% 和 5.03%。其他虾产品的出口贸易额均较小，占比均不足 1%。

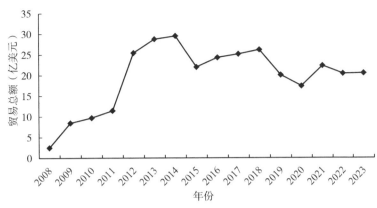

图 5-5　2008—2023 年我国虾产品出口贸易总额变化

资料来源：商务部对外贸易司，《中国出口月度统计报告：虾产品》（2008—2023 年）。

表 5-2　2022—2023 年我国出口虾产品的主要种类

出口虾产品种类	2023 年		2022 年	
	出口金额（亿美元）	所占比例（%）	出口金额（亿美元）	所占比例（%）
小虾、对虾及虾仁	19.32	94.38	18.86	92.63
淡水小龙虾及虾仁	1.03	5.03	1.30	6.39
螯虾	0.02	0.10	0.02	0.10
北方长额虾	0.09	0.44	0.18	0.88
龙虾	0.000 2	0.001	0.002	0.01
其他类	0.01	0.05	0.002	0.01
总计	20.47	100.00	20.36	100.00

资料来源：商务部对外贸易司，《中国出口月度统计报告：虾产品》（2022—2023 年）。

（三）虾产品的主要出口地

1. 虾产品的主要出口大洲

2008 年，我国虾产品出口贸易的各大洲分布：欧洲（1.33 亿美元，53.63%）、亚洲（0.98 亿美元，39.52%）、北美洲（0.13 亿美元，5.24%）、非洲（0.02 亿美元，0.81%）、大洋洲（0.01 亿美元，0.40%）、南美洲（0.006 亿美元，0.40%）。2023 年，我国虾产品出口贸易的各大洲分布：亚洲（12.53 亿美元，61.25%）、南美洲（3.16 亿美元，15.43%）、北美洲（2.55 亿美元，12.47%）、欧洲（1.87 亿美元，9.15%）、大洋洲（0.32 亿美元，1.56%）、非洲（0.03 亿美元，0.15%）。

2008—2023 年我国虾产品出口贸易额的各大洲分布见图 5-6。亚洲于 2009 年超越欧洲成为我国虾产品的第一大出口地，之后稳居我国虾产品第一大出口地，占虾产品出口贸易总额的比重显著增加，但对其出口贸易额近年来呈现持续波动缓慢增长的特征；北美洲于2012 年超越欧洲后成为我国虾产品第二大出口地，随后的几年内对其虾产品出口贸易总额的比重稳定增长，但在 2018 年后所占比重逐年递减，并于 2021 年被南美洲超越，2022 年比重略上升位居第二，但 2023 年再次被南美洲超越，目前位居第三位；原为占比第一的欧洲，分别在 2009 年、2012 年、2020 年被亚洲、北美洲、南美洲超越后，目前位列第四位，所占比重出现大幅下降，仅较非洲和大洋洲有明显优势；南美洲于 2013 年超越大洋洲位列第四位，2014 年又被大洋洲超越位列第五位，2015 年再次超越大洋洲的南美洲占我国虾产品出口贸易总额的比重不断增长，并分别于 2020 年超越欧洲、2021 年超越北美洲，2022 年略低于北美洲、2023 年再次超越北美洲，目前暂居第二位；非洲于 2009 年被大洋洲和南美洲超越，我国对其虾产品出口贸易额一直很小，几乎可以忽略不计。

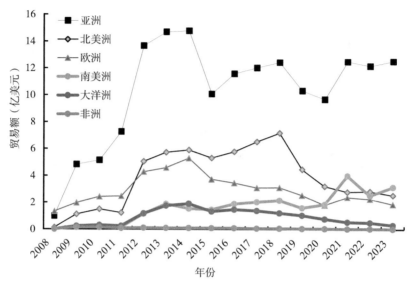

图 5-6　2008—2023 年我国虾产品出口贸易额的各大洲分布

资料来源：商务部对外贸易司，《中国出口月度统计报告：虾产品》（2008—2023 年）。

2. 虾产品的主要出口地区

表 5-3 是 2022 年与 2023 年我国虾产品出口贸易额的地区分布。2023 年，我国虾产品的主要出口地区是 RCEP 国家、共建"一带一路"国家、东盟、拉美地区和欧盟 27 国，对上述五个地区的虾产品出口贸易额均超过 1 亿美元，占比分别为 41.32%、40.59%、25.22%、15.41% 和 7.56%。相比之下，我国虾产品对中东、海合会、中东欧国家、加勒比地区的市场份额则相对较小，出口贸易额均小于 0.1 亿美元，所占比例均低于 0.4%。与 2022 年相比，2023 年我国虾产品对共建"一带一路"国家、拉美地区、东盟这三大主要市场的出口贸易额及各市场占比均显著增加，市场集中度有所提升。

表 5-3　2022—2023 年我国虾产品出口贸易额的地区分布

地区	2023 年		2022 年	
	出口金额（亿美元）	所占比例（%）	出口金额（亿美元）	所占比例（%）
RCEP 国家	8.47	41.32	8.18	40.10
共建"一带一路"国家	8.32	40.59	7.82	38.33
东盟	5.17	25.22	4.43	21.72
拉美地区	3.16	15.41	2.54	12.45
欧盟 27 国	1.55	7.56	1.51	7.40
独联体	0.26	1.27	0.80	3.92

地区	2023 年		2022 年	
	出口金额（亿美元）	所占比例（%）	出口金额（亿美元）	所占比例（%）
中东	0.06	0.29	0.10	0.49
海合会	0.04	0.20	0.05	0.25
中东欧国家	0.03	0.15	0.04	0.20

资料来源：商务部对外贸易司，《中国出口月度统计报告：虾产品》（2022—2023 年）。

3. 虾产品的主要出口国家和地区

2022 年我国虾产品的主要出口国家和地区：马来西亚（2.73 亿美元，13.38%）、中国香港（2.26 亿美元，11.08%）、日本（2.08 亿美元，10.20%）、中国台湾（2.01 亿美元，9.85%）、美国（1.90 亿美元，9.31%）、墨西哥（1.49 亿美元，7.30%）、韩国（1.17 亿美元，5.74%）、新加坡（1.11 亿美元，5.44%）、智利（0.98 亿美元，4.80%）、加拿大（0.94 亿美元，4.61%），对上述十个国家和地区的虾产品出口贸易额达到 16.67 亿美元，占当年虾产品出口贸易总额的 81.71%。

2023 年我国虾产品的主要出口国家和地区：马来西亚（3.72 亿美元，18.15%）、中国台湾（2.15 亿美元，10.49%）、中国香港（2.09 亿美元，10.20%）、墨西哥（1.97 亿美元，9.61%）、美国（1.73 亿美元，8.44%）、日本（1.67 亿美元，8.15%）、韩国（1.31 亿美元，6.39%）、智利（1.13 亿美元，5.51%）、新加坡（1.09 亿美元，5.32%）、西班牙（0.86 亿美元，4.20%），对上述十个国家和地区的虾产品出口贸易额达到 17.72 亿美元，占当年虾产品出口贸易总额的 86.46%。由此可见，近年来我国虾产品的主要出口国家和地区基本稳定，但各出口国家和地区虾产品出口贸易额所占比重有较为明显的波动，且十大市场总体集中度有所上升（表 5 - 4、图 5 - 7）。

表 5 - 4　2022—2023 年我国虾产品出口贸易额的国家和地区分布

2023 年虾产品主要出口国家和地区	出口金额（亿美元）	所占比例（%）	2022 年虾产品主要出口国家和地区	出口金额（亿美元）	所占比例（%）
马来西亚	3.72	18.15	马来西亚	2.73	13.38
中国台湾	2.15	10.49	中国香港	2.26	11.08
中国香港	2.09	10.20	日本	2.08	10.20
墨西哥	1.97	9.61	中国台湾	2.01	9.85
美国	1.73	8.44	美国	1.90	9.31
日本	1.67	8.15	墨西哥	1.49	7.30
韩国	1.31	6.39	韩国	1.17	5.74
智利	1.13	5.51	新加坡	1.11	5.44
新加坡	1.09	5.32	智利	0.98	4.80
西班牙	0.86	4.20	加拿大	0.94	4.61

资料来源：商务部对外贸易司，《中国出口月度统计报告：虾产品》（2022—2023 年）。

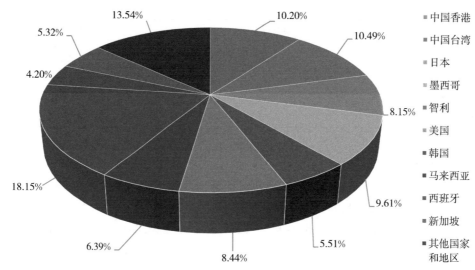

图 5－7　2023 年我国虾产品的主要出口国家和地区

资料来源：商务部对外贸易司，《中国出口月度统计报告：虾产品》（2023 年）。

（四）虾产品出口的主要省份

2022 年我国虾产品出口的主要省份：福建（8.87 亿美元，43.48%）、广东（5.17 亿美元，25.34%）、浙江（2.35 亿美元，11.52%）、山东（1.85 亿美元，9.07%）、安徽（0.59 亿美元，2.89%），上述 5 个省份的虾产品出口贸易额达到 18.84 亿美元，占当年虾产品出口贸易总额的 92.30%。2023 年我国虾产品出口的主要省份：福建（10.57 亿美元，51.61%）、广东（4.53 亿美元，22.15%）、浙江（2.36 亿美元，11.56%）、山东（1.35 亿美元，6.63%）、辽宁（0.49 亿美元，2.44%），上述 5 个省份的虾产品出口贸易额达到 19.30 亿美元，占当年虾产品出口贸易总额的 94.39%。可见，福建、广东、浙江、山东、辽宁是我国虾产品出口的主要省份，占我国虾产品出口总额的比重呈上升的趋势，福建和浙江所占比重有所上升，广东、山东所占比重有所下降（表 5－5、图 5－8）。

表 5－5　2022—2023 年我国虾产品出口的省份分布

2023 年虾产品出口的主要省份	出口金额（亿美元）	比重（%）	2022 年虾产品出口的主要省份	出口金额（亿美元）	比重（%）
福建	10.57	51.61	福建	8.87	43.48
广东	4.53	22.15	广东	5.17	25.34
浙江	2.36	11.56	浙江	2.35	11.52
山东	1.35	6.63	山东	1.85	9.07
辽宁	0.49	2.44	安徽	0.59	2.89
安徽	0.48	2.34	辽宁	0.55	2.70
湖北	0.22	1.07	湖南	0.32	1.57
江苏	0.18	0.88	江苏	0.25	1.23
海南	0.08	0.39	湖北	0.24	1.18
湖南	0.07	0.34	广西	0.08	0.39

资料来源：商务部对外贸易司，《中国出口月度统计报告：虾产品》（2022—2023 年）。

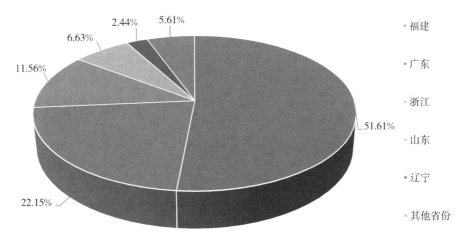

图 5 - 8　2023 年我国虾产品出口的主要省份分布

资料来源：商务部对外贸易司，《中国出口月度统计报告：虾产品》(2023 年)。

四、出口水产品的案例分析：烤鳗

（一）烤鳗出口贸易的总体规模

2008 年以来，我国烤鳗的出口贸易总额变化见图 5 - 9。2008 年，我国烤鳗的出口贸易总额为 3.61 亿美元，之后出口贸易总额迅速增长，2009—2011 年间分别增长到 4.09 亿美元、6.57 亿美元和 9.01 亿美元。2012 年，我国烤鳗出口贸易总额首次突破 10 亿美元大关，达到 10.40 亿美元，较 2008 年增长 188.09%。然而，2012 年之后的烤鳗出口贸易总额整体呈下降趋势，2013—2017 年分别为 8.36 亿美元、7.87 亿美元、8.27 亿美元、7.50 亿美元和 7.50 亿美元。2018 年，我国烤鳗的出口贸易总额显著回升，为 9.19 亿美元。2019 年，我国烤鳗出口贸易总额再次出现回落，为 8.33 亿美元，较 2018 年下降 9.36%。2020 年烤鳗出口贸易总额保持下降趋势，为 7.80 亿美元，较 2019 年下降 6.36%。2021 年我国烤鳗出口贸易总额大幅增长至 11.80 亿美元，创历史新高。2022 年和 2023 年我国烤鳗出口贸易总额持续下降，分别为 9.90 亿美元和 8.60 亿美元。由此可见，近年来我国烤鳗的出口贸易总额呈现大幅度增长波动式回落的特征。

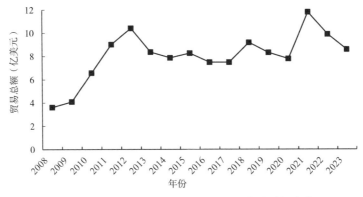

图 5 - 9　2008—2023 年我国烤鳗出口贸易总额变化

资料来源：商务部对外贸易司，《中国出口月度统计报告：烤鳗》(2008—2023 年)。

（二）烤鳗的主要出口地

1. 烤鳗的主要出口大洲

2008 年我国烤鳗出口贸易的各大洲分布：亚洲（2.73 亿美元，75.62%）、北美洲（0.44 亿美元，12.19%）、欧洲（0.41 亿美元，11.36%）、大洋洲（0.02 亿美元，0.55%），对南美洲和非洲的出口贸易额较低，未统计在内。2023 年我国烤鳗出口贸易的各大洲分布：亚洲（6.81 亿美元，79.19%）、北美洲（0.96 亿美元，11.16%）、欧洲（0.71 亿美元，8.26%）、大洋洲（0.08 亿美元，0.93%），对南美洲和非洲的出口贸易额较低，未统计在内。

2008—2023 年我国烤鳗出口贸易额的各大洲分布见图 5-10。亚洲一直是我国烤鳗的第一大出口地，且与其他大洲拉开较大差距，占我国烤鳗出口贸易总额的比重先上升后下降，近五年呈先增长后波动式回落。我国烤鳗对北美洲与欧洲的出口贸易额相差不大；2008 年北美洲是我国烤鳗的第二大出口地，于 2012 年被欧洲超越，2015 年北美洲超越欧洲位居第二位，又于 2020 年再次被欧洲超越；2021 年北美洲再次超越欧洲，目前位居第二位。我国烤鳗对大洋洲的出口贸易额相对较小，近年来一直低于 0.1 亿美元；对南美洲和非洲的烤鳗出口贸易额则几乎可以忽略不计。

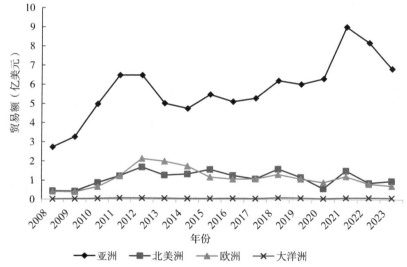

图 5-10　2008—2023 年我国烤鳗出口贸易额的各大洲分布
资料来源：商务部对外贸易司，《中国出口月度统计报告：烤鳗》（2008—2023 年）。

2. 烤鳗的主要出口地区

2023 年，我国烤鳗的主要出口地区是 RCEP 国家、共建"一带一路"国家、东盟、独联体、金砖国家和欧盟。其中，我国烤鳗对 RCEP 国家的出口贸易额最高，高达 6.20 亿美元，但较 2022 年下降了 15.65%。共建"一带一路"国家位居第二，我国烤鳗对其出口额为 2.62 亿美元，较 2022 年下降了 5.07%，但占我国烤鳗出口贸易总额的比例却小幅度增长。东盟位居第三，2023 年我国烤鳗对东盟的出口额为 1.63 亿美元，较 2022 年下降了 19.70%。2023 年我国烤鳗对独联体和金砖国家出口额分别为 0.64 亿美元、0.35 亿美元，分别为我国第四大、第五大烤鳗出口地区。我国烤鳗对欧盟 27 国的出口贸易额相对较低，仅为 0.18 亿美元（表 5-6）。

表5-6   2022—2023年我国烤鳗出口贸易额的地区分布

地区	2023年		2022年	
	出口金额（亿美元）	所占比例（%）	出口金额（亿美元）	所占比例（%）
RCEP国家	6.20	72.09	7.35	74.24
共建"一带一路"国家	2.62	30.47	2.76	27.88
东盟	1.63	18.95	2.03	20.51
独联体	0.64	7.44	0.67	6.77
金砖国家	0.35	4.07	0.43	4.34
欧盟27国	0.18	2.09	0.19	1.92

资料来源：商务部对外贸易司，《中国出口月度统计报告：烤鳗》（2022—2023年）。

3. 烤鳗的主要出口国家和地区

2022年我国烤鳗的主要出口国家和地区：日本（4.92亿美元，49.70%）、马来西亚（1.55亿美元，15.66%）、美国（0.72亿美元，7.27%）、中国香港（0.45亿美元，4.55%）、俄罗斯联邦（0.43亿美元，4.34%）、中国台湾（0.35亿美元，3.54%）、韩国（0.31亿美元，3.13%）、泰国（0.27亿美元，2.73%）、加拿大（0.13亿美元，1.31%）、乌克兰（0.13亿美元，1.31%），对上述十个国家和地区的烤鳗出口贸易额达到9.26亿美元，占当年烤鳗出口贸易总额的93.54%。

2023年我国烤鳗的主要出口国家和地区：日本（4.22亿美元，49.07%）、马来西亚（1.29亿美元，15.00%）、美国（0.87亿美元，10.12%）、俄罗斯联邦（0.35亿美元，4.07%）、中国香港（0.33亿美元，3.84%）、韩国（0.28亿美元，3.26%）、中国台湾（0.18亿美元，2.09%）、泰国（0.17亿美元，1.98%）、乌克兰（0.15亿美元，1.74%）、哈萨克斯坦（0.14亿美元，1.63%），对上述十个国家和地区烤鳗出口贸易额达到7.98亿美元，占当年烤鳗出口贸易总额的92.80%。由此可见，近年来我国烤鳗的主要出口国家和地区基本稳定；其中日本是我国烤鳗最主要的出口国家，占我国烤鳗出口贸易总额的比重接近一半（图5-11、表5-7）。

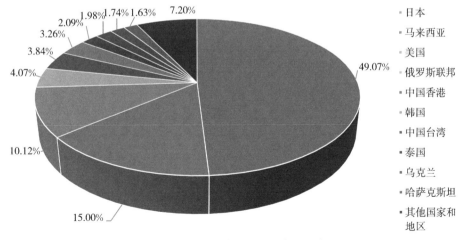

图5-11   2023年我国烤鳗的主要出口国家和地区
资料来源：商务部对外贸易司，《中国出口月度统计报告：烤鳗》（2023年）。

表5-7　2022—2023年我国烤鳗出口贸易额的国家和地区分布

2023年烤鳗的主要出口国家和地区	出口金额（亿美元）	所占比例（％）	2022年烤鳗的主要出口国家和地区	出口金额（亿美元）	所占比例（％）
日本	4.22	49.07	日本	4.92	49.70
马来西亚	1.29	15.00	马来西亚	1.55	15.66
美国	0.87	10.12	美国	0.72	7.27
俄罗斯联邦	0.35	4.07	中国香港	0.45	4.55
中国香港	0.33	3.84	俄罗斯联邦	0.43	4.34
韩国	0.28	3.26	中国台湾	0.35	3.54
中国台湾	0.18	2.09	韩国	0.31	3.13
泰国	0.17	1.98	泰国	0.27	2.73
乌克兰	0.15	1.74	加拿大	0.13	1.31
哈萨克斯坦	0.14	1.63	乌克兰	0.13	1.31

资料来源：商务部对外贸易司，《中国出口月度统计报告：烤鳗》（2022—2023年）。

（三）烤鳗出口的主要省份

2022年我国烤鳗出口的主要省份：福建（5.97亿美元，60.30％）、广东（1.41亿美元，14.24％）、山东（0.91亿美元，9.19％）、浙江（0.83亿美元，8.38％）、江西（0.62亿美元，6.26％），上述五个省份的烤鳗出口贸易额达到9.74亿美元，占当年烤鳗出口贸易总额的98.37％。2023年我国烤鳗出口的主要省份：福建（5.28亿美元，61.45％）、广东（1.13亿美元，13.13％）、山东（0.78亿美元，9.12％）、浙江（0.69亿美元，7.99％）、江西（0.51亿美元，5.98％），上述五个省份的烤鳗出口贸易额达到8.39亿美元，占当年烤鳗出口贸易总额的97.67％。可见，福建、广东、山东、浙江、江西是我国烤鳗出口的主要省份；其中福建的出口贸易额最高，占我国烤鳗出口贸易总额的比重超过60％（图5-12、表5-8）。

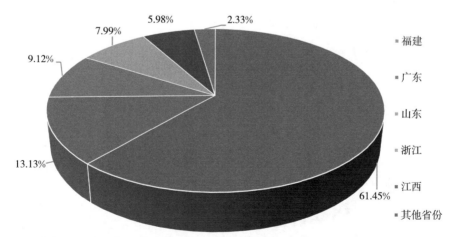

图5-12　2023年我国烤鳗出口的主要省份分布
资料来源：商务部对外贸易司，《中国出口月度统计报告：烤鳗》（2023年）。

表 5-8 2022—2023 年我国烤鳗出口的省份分布

2023 年烤鳗出口的主要省份	出口金额（亿美元）	所占比例（%）	2022 年烤鳗出口的主要省份	出口金额（亿美元）	所占比例（%）
福建	5.28	61.45	福建	5.97	60.30
广东	1.13	13.13	广东	1.41	14.24
山东	0.78	9.12	山东	0.91	9.19
浙江	0.69	7.99	浙江	0.83	8.38
江西	0.51	5.98	江西	0.62	6.26
江苏	0.13	1.54	江苏	0.16	1.62
天津	0.01	0.16	北京	0.03	0.30

资料来源：商务部对外贸易司，《中国出口月度统计报告：烤鳗》（2022—2023 年）。

第二节 不合格出口水产品典型案例

改革开放以来，尤其是 2001 年我国加入世界贸易组织（WTO）之后，水产品成为我国最重要的出口食品种类之一。随着我国水产品出口量的增加、国外水产品质量安全法规不断调整，我国水产品出口受阻的情况时有发生。食品安全问题成为我国水产品出口受阻的最重要的技术性贸易壁垒。例如，2001 年爆发的出口欧盟虾仁氯霉素超标事件，导致欧盟于 2002 年 1 月 25 日通过了第 2001/699/EC 号决议，对从中国进口的虾采取自动扣留并进行批检的保护性措施；2002 年 1 月 31 日，欧盟又发布了第 2002/69/EC 号决议，自 2002 年 1 月 31 日起禁止从中国进口供人类消费或用作动物饲料的动物源性产品，但肠衣及在海上捕捞、冷冻、最终包装并直接运抵欧洲共同体境内的渔业产品（甲壳类除外）不在禁止进口之列。事件直接导致 2002 年上半年我国水产品出口下降了 70% 以上，蒙受高达 6.23 亿美元的经济损失[①]。因此，通过收集 2023—2024 年我国不合格出口水产品典型案例并对案例进行分析，为提高我国出口水产品的质量安全以及加强水产品出口企业的食品安全贸易措施应对能力建设提供有益参考。

一、品质不合格

品质不合格是影响我国出口水产品质量安全的重要原因。

案例 1：韩国食品药品监督管理局于 2024 年 3 月通报，釜山厅检查的一批从中国进口的冷冻鱿鱼品质不合格，该类产品的感官检查结果显示是人为灌入造成的异物不合格，最终决定将该批次产品扣留。

案例 2：韩国食品药品监督管理局于 2024 年 4 月通报，从中国进口的冷冻章鱼感官检查结果不合格，最终决定将该批次产品扣留。

案例 3：韩国食品药品监督管理局于 2023 年 4 月通报，釜山厅检查的一批从中国进口的冷冻江珧感观检查不合格，该类产品的外观（形态）、颜色（色彩）、干燥等方面不合格，

---

① 谢文，丁慧瑛，章晓氡，2005. 高效液相色谱串联质谱测定蜂蜜、蜂王浆中氯霉素残留［J］. 分析化学（12）：1767-1770.

最终决定将该批次产品扣留。

案例分析：食品中混入异种品可分为外来异物和本身异物。前者主要指本食品以外的物品，通常由加工人员或加工机械带入食品中的；后者指所有不能被客户接受的产品本身的异物，通常是由于加工环节处理不干净、不彻底导致的。在正常的进出口贸易检查中，感官检查是检验的重要项目，依靠人的感官对样品的色、香、味、外观、质感等状态进行检查，以确保食品品质良好可食。感官检测中不合格的产品部分是因为在运输途径中保存不当导致的，但主要的不合格因素是原料品质不合格、加工技术水平有限、加工过程中操作不规范等。因此，政府应健全食品安全标准体系，使我国标准涉及范围更全面、内容制定更具体、要求更严格，加强食品安全标准法律体系建设，通过法律手段对食品安全进行监管，减少产品品质不合格现象；水产品生产加工企业也应建立完善的管理和检查体系，如内外包装物料分开、每天对工人进行检查等。

二、微生物污染

微生物个体微小、繁殖速度较快、适应能力强，在水产品的生产、加工、运输和经营过程中很容易因温度控制不当或环境不洁造成污染，是威胁我国出口水产品质量安全的重要因素。近年来，微生物污染一直位列影响我国出口水产品质量安全的三大因素之中。

案例1：韩国食品药品监督管理局于2024年7月4日扣留了从中国进口的干明太鱼，理由是大肠杆菌超标。韩国对于大肠杆菌的标准为5个样品至多有2个样品菌落在0～10之间，其余样品菌落数为0，而对本次干明太鱼抽样的情况为0、1 200、0、0、0。

案例2：日本厚生劳动省于2024年6月通报，从中国进口的冷冻虾丸、冷冻鱼子、鱼丸、冷冻墨鱼丸、冷冻鱼肉肠、冷冻黄金墨鱼丸检测大肠杆菌呈阳性，该批食品不合格。

案例3：韩国食品药品监督管理局釜山厅于2024年4月12日通报，从中国进口的冷冻大眼金枪鱼鱼片检测单核球增多性李斯特菌超标，最终决定将该批次产品扣留。

案例分析：菌落是指细菌等其他微生物在培养皿之中，繁殖过程中形成肉眼识别的生长物。菌落总数越大，则危害人体健康的概率就会增加，食用后引起胃肠道症状概率会增高，出现恶心、呕吐、腹泻等情况，严重者甚至出现中毒、菌血症、败血症等，同时也反映了食品卫生质量差或原料来源以及环境存在明显问题。大肠菌群是指需氧及兼性厌氧、在37℃能分解乳糖产酸产气的革兰氏阴性无芽孢杆菌，主要来自动物以及人体肠道，对人的身体有一定的安全风险。李斯特菌又被称为单核球增多性李斯特菌或者李氏菌，是一种较常见的食源性致病菌，在欧美许多国家，由李斯特菌引起的食物中毒已多次发生。如果误食受李斯特菌污染的食物，通常会在8～24小时内出现腹泻、呕吐、恶心等症状，病情较重时甚至会出现心内膜炎、败血症或脑膜炎，而孕妇误食李斯特菌污染的食品会导致流产。李斯特菌主要通过污染食品进行传播，特别是在速冻食品的运输和储存过程中[1]。为避免出口水产品被微生物污染，从业者应加强对产品各环节中生产环境的卫生管理，企业可通过建立无菌生产车间保证产品质量，确保储存环境适宜；同时，监管部门也应加强监管检查的力度，确保检测的准确性，通过检查监管推动各企业完善对应此类问题的处理。

---

① 徐建辉，屠俊玮，邱瑾芝，2021.速冻食品中李斯特菌污染状况研究［J］.食品安全质量检测学报（12）：5876-5880.

三、农兽药残留超标

农兽药残留超标是影响我国出口水产品质量安全的又一重要原因。

案例1：韩国食品药品监督管理局于2023年11月23日扣留了从中国进口的冷冻黄鱼，理由是抽检的黄鱼中亚甲基蓝和乙氧喹啉超标或检出，其中亚甲基蓝为不得检出、乙氧喹啉的检查基准是1.0毫克/千克以下，而检查结果是亚甲基蓝0.02毫克/千克、乙氧喹啉3.2毫克/千克。

案例2：韩国食品药品监督管理局于2023年12月通报，该国某食品进口企业从中国进口的活泥鳅中检测出残留兽药敌百虫超标，最终决定将该批次产品扣留。

案例3：韩国食品药品监督管理局于2024年4月自动扣留了从中国进口的水产品活鳗，检测出该产品存在残留兽药（乙氧喹啉）超标。兽药乙氧喹啉的规定是1.0毫克/千克以下，而检测样本为2.6毫克/千克，最终决定将该批次产品扣留。

案例3：日本厚生劳动省于2024年3月通报，在长崎口岸扣留了从中国进口的养殖活甲鱼，原因是从该批产品中检测出恩诺沙星超标。

案例分析：亚甲基蓝在水产品养殖中被用作消毒药，其原理是亚甲基蓝在水溶液中形成的离子型化合物可以与微生物酶系统竞争氢离子，使酶失活，进而导致微生物丧失生存能力；其在治疗小瓜虫病、斜管虫病、红嘴病、水霉病和南美白对虾幼体黏脏病等鱼病也具有一定的疗效，也可用作抗真菌药物，降低鱼类运输中的死亡率。2017年10月27日，世界卫生组织国际癌症研究机构公布的致癌物清单初步整理参考，亚甲基蓝在3类致癌物清单中。敌百虫是一种有机磷化合物，常作为杀虫剂，具有低毒和低残留的特点。敌百虫在中性及弱酸性溶液中较稳定，在碱性溶液中易形成毒性更大的敌敌畏。高浓度敌百虫影响水生生物的生长和繁殖，通过食物链进入人体，危害人体健康[①]。乙氧喹啉具有较好的抗氧化作用，能够有效地防止饲料中油脂和蛋白质的变性或氧化，被广泛应用于饲料。乙氧喹啉随着饲料被动物摄食后，经过肠道被吸收，绝大部分在体内代谢转化，最后经肾脏排出体外；因其价格低廉、抗氧化效果佳，不少饲料商家在实际生产过程中会使用甚至滥用。摄入含有过量乙氧喹啉的养殖水产品，会对人体造成难以预估的损害[②]。恩诺沙星广泛用于预防和治疗畜禽和水产养殖中常见的各种细菌性疾病，如大肠杆菌病、沙门氏菌病等，但其具有软骨毒性，能够导致幼龄动物出现软骨发育不良，引起消化系统的不良反应，还可导致神经系统损害[③]。此外，恩诺沙星具有肝毒性，能够造成肝损伤。一般来说，水产品中的药物残留较低时，大多不会对人体产生急性毒性，但农药残留具有富集性，会造成药物在体内蓄积，严重时会危害健康。因此，出口企业应加强对水产品原料的审核和检查，以便保证出口产品农残量符合标准；同时水产行业协会和有关部门应加强宣传，减少养殖、生产、加工中农药的使用，寻找无污染、无害的替代产品。

---

① 张敏利，2018. 敌百虫在鲫体内残留规律及其细胞毒性的初步研究［D］. 上海：上海海洋大学.
② 易碧华，王世东，李文敏，等，2022. 固相萃取-气相色谱质谱联用法测定养殖鱼中乙氧基喹啉残留量［J］. 中国口岸科学技术（4）：73-78.
③ 王翠月，2022. 恩诺沙星在五个品种肉鸡体内残留消除规律的研究［D］. 泰安：山东农业大学.

四、检出污染物

案例1：立陶宛于2023年2月18日发布通报，从中国进口的一批冷冻食品（混合海鲜）因镉含量超标而被拒绝入境，采取措施为仅分销至欧盟非成员国或退出市场。

案例2：欧盟食品和饲料委员会于2023年7月公布的数据显示，从中国进口的章鱼的镉含量过高（2.0毫克/千克），超过所规定的1.0毫克/千克，最终决定召回该批产品。

案例分析：镉是水环境中一种典型的重金属污染物，会对水生动物的生长和发育产生严重的负面影响。同时，重金属具有污染源广泛、残毒时间长，污染后难以被发现且能够随食物链发生转移自集[①]。当镉在动物体内的富集量超过正常的承受范围后，就会导致动物体出现不同程度的中毒[②]。因此，为预防此类问题的出现，相关企业应做好筛查工作对检测出的受污染的原料进行销毁，同时做好防护工作，阻止环境中的镉污染生产食品；环保部门也应积极修复受到镉污染的水体，减少受污染的原料；海关等相关部门也应完善自身食品安全标准化体系建设，减少此类问题。含有金属性异物的食品主要存在于经研磨粉碎的原料中，可分为内源性异物和外源性异物。内源性异物是指产品原料、辅料本身含有，但产品要求剔除的物质；外源性异物是指原本就不属于产品原辅料的一部分而混入产品的物质。通过对近年来国外预警信息的监控可以发现，韩国已屡次通报此类不合格信息，但仍有众多国内输韩企业不了解韩国对于该类食品的监管，产品被韩方通报的情况仍时有发生。应对该问题需要做到以下几点：各国法规规定有差异，企业应在出口前了解目标国家对于其产品的法规要求，按照法规要求对产品进行控制；从原料入库验收到产品生产的各工艺环节等进行严格的质量把控。

五、标签不合格

案例1：美国食品药品监督管理局更新的进口预警措施显示，2024年3月扣留了从中国进口的鳕鱼产品，扣留原因为该产品标签中产品营养标签不正确、未声明主要食物过敏原。

案例2：美国食品药品监督管理局2024年3月扣留了从中国进口的多批牡蛎，扣留原因为该产品标签错误。

案例分析：食品标签是预包装食品容器上的文字、图形、符号以及一切说明物，是食品最重要的身份标识，直观表达了食品成分、功能和特征，是消费者选择食品和保护合法权益的重要依据，产品标签是在贮藏运输过程中以传递产品信息、提供保护和方便搬运为目的的食品贮运包装标识[③]。随着各国不断提高对食品安全的重视程度，食品标签标识的内容也在增多，从关注营养成分、原产地、制造商、生产日期等传统标识，增加了关注过敏原、特殊膳食、转基因、认证、辐照、标识字体大小、颜色等新要求，相应的各国食品标签法规也在不断变更。因此，企业需提高对出口食品标签的认识，了解目标国家或地区的食品标签法规要求，严格按照进口国家或地区的标签要求实施，确保出口食品标签合格。同时，我国出口食品企业、相关政府部门、行业协会必须长期关注并积极应对各国法规变化，以减少我国出

① 李敏，2008. 水产品中镉污染的安全评价及其不同形态的影响研究［D］. 青岛：中国海洋大学.
② 谭茂云，2020. 维生素E对亚慢性镉中毒大鼠肝脏氧化损伤的保护作用研究［D］. 雅安：四川农业大学.
③ 林尤娟，2019. 国外标签法规对我国食品出口的影响分析［J］. 食品安全导刊（20）：21-22.

口企业因食品标签形成壁垒而造成损失。

六、食品添加剂不合格

食品添加剂超标或不当使用是我国出口水产品食品添加剂检测不合格的主要原因。

案例1：韩国食品药品监督管理局于2024年4月从中国进口的鱿鱼仔中防腐剂山梨酸含量超标，根据韩国的法规标准为不得检出，最终处理结果为扣留该批次产品。

案例2：韩国食品药品监督管理局于2024年4月通报，从中国进口的冷冻扇贝测出了韩国禁止使用的山梨酸（0.281克/千克）和苯甲酸（0.002克/千克），并对其进行扣留。

案例分析：苯甲酸即安息香酸，安息香酸具有抑制食品中微生物繁殖、防止食品腐败与变质、保持食品新鲜的作用，但过量添加可能对人体产生毒副作用，如腹泻、腹痛和心跳加快等症状[①]。山梨酸被人体摄入后，可以随代谢系统分解为二氧化碳和水，一般不会产生体内残留。但长期食用山梨酸含量超标的食品，可能会抑制骨骼生长，并对肾、肝脏等器官产生一定影响[②]。食品添加剂作为现代食品加工重要组成部分，但超出安全使用剂量的食品添加剂能够对人体产生危害。因此，各个国家都对食品添加剂做出了严格的规定。相关企业在出口前应仔细了解进口国对添加剂的用量要求，防止不同法规下对同种添加剂有不同要求；行业也可发挥协会监督职能，加强企业与研究机构之间的合作交流。

第三节 蓝色粮仓背景下水产品出口贸易发展的政策思考

在蓝色粮仓背景下，针对我国水产品出口存在的食品安全风险及可能引发的技术性贸易壁垒问题，基于提高我国水产品质量安全、促进水产品出口的目标，现重点提出以下四个方面的对策建议：

一、确保供应链各环节水产品的质量安全

水产品供应链的各个环节都可能对水产品最终的质量安全产生影响。第一，水产品生产需要从源头严格把关，确保鱼苗、饲料、水质和渔药的安全。"产学研"结合，科学养殖，优选鱼苗饲料，控制水质避免污染，合理使用药物。海洋资源过度开发与环境污染会威胁水产品安全，需推广"蓝色循环"模式，回收海洋废弃物，维护生态环境，促进绿色经济增长。改变传统模式，节能减排高效循环利用资源，促进生态经济和谐发展。第二，提升水产品加工与出口质量。加强水产品加工技术创新与精细化加工技术，提高加工能力和水平，实现加工环节的规范化和产业化，减少质量安全风险。提高健康养殖与标准化生产，政府部门应加大对出口水产品企业的扶持力度，鼓励企业采用标准化和绿色生产方式，提高养殖水平和产品质量。推动产业集群化发展，依托重点平台，优化产业布局，建立集群化产业园区，促进资源共享降低成本，提高生产效率。第三，创新冷链运输模式，提升冷链运输技术以保障水产品品质。利用城市基础设施，建设智慧港口，应用大数据、云计算等技术，促进冷链物流数字化转型，延长保鲜期降低不良率。同时，改善交通基础设施，构建高效融合的运输

---

① 刘丽环，陈纯，黄藤波，等，2022.水产品中苯甲酸快速检测试纸条的制备［J］.江西水产科技（5）：6-13.
② 崔明，王欣婷，孙婷，等，2015.苯甲酸与山梨酸的危害及检测方法［J］.品牌与标准化（9）：51-53.

体系，加速水产品冷链物流基地建设，形成全产业链集群。应用现代化技术完善冷链物流信息化体系，提高运输效率和透明度，共同推动冷链物流发展，提升水产品贸易竞争力。

二、构建水产品出口企业自检自控强化机制

要提升我国水产品在国际市场的竞争力，政府的质量安全把控固然关键，但企业的自检自控能力同样不可或缺。企业需采纳严格的生产标准，从源头至终端实施全面质量控制，以此显著降低水产品出口过程中遭遇阻碍的概率，从而在国际市场上赢得更广阔的空间。企业应加强对水产品及养殖环境中致病菌的监测，鼓励养殖企业改善养殖环境，发展健康绿色养殖模式，提升水产品的质量安全水平。加强了解世界其他地区允许使用的食品添加剂及用量要求是否对水产品出口贸易产生影响，做好安全评估。食品安全问题涉及企业乃至出口国整个国家的产品信誉度问题，这就要求我国食品添加剂标准在与国际接轨的同时，完善兽药最大残留限量标准体系建设，严格遵循我国及出口目的地的水产品添加剂使用标准，做好企业自身监管。出口水产品关系到国家水产品信誉度问题，更应提高政府监管力度，做好把控，提升我国出口水产品信誉度及企业形象。

三、构建水产品质量安全可追溯体系

构建水产品质量安全可追溯体系，需从法律、标准、技术、监督及领导机制等多方面综合施策。第一，强化法律保障，出台国家层面的强制性水产品可追溯管理法规，明确追溯责任，提升法律权威性和执行力，确保追溯工作有法可依、有章可循。第二，健全追溯标准体系，统一水产品从生产到消费各环节的标准，与国际接轨，确保追溯信息的准确性和一致性。第三，推动技术创新，利用区块链等先进技术提升追溯效果，加大财政扶持力度，促进"产学研"合作，加快追溯技术的研发与应用。第四，加强基层监督，构建完善的监督体系，强化源头监管，严厉打击违法违规行为，形成全民关注、全民参与的良好氛围。第五，明确渔业部门在水产品可追溯管理中的领导地位，协调各方利益，确保追溯工作高效推进。

四、加强水产品技术性贸易措施预警机制建设

为加强水产品技术性贸易措施应对体系建设，需要从信息收集、监测学习、预警机制和保护体系四个方面入手。第一，要拓宽信息渠道，整合政府、科研、产业等方面的信息，及时掌握贸易伙伴国的技术壁垒动态。第二，密切关注国际法律法规的修订，研究"自动扣留"等相关制度，提高企业应对能力。第三，建立有效预警机制，强化风险管理意识，科学评估出口风险，制定差异化市场策略，多元化经营，降低不确定性影响。第四，建立保障体系，统一海产品标准，加强环境监管，确保出口质量。第五，完善检验技术体系，加强检验检疫能力建设，成立专门部门研究 WTO 规则和 TBT 协议，利用大数据建立信息数据库，对企业进行政策宣讲和技术指导，帮助企业规避贸易壁垒，提高国际竞争力。

第六章　水产品进口贸易与质量安全

进口水产品已经成为我国消费者重要的水产品来源，在满足国内多样化水产品消费需求方面发挥了日益重要的作用。确保进口水产品的质量安全，成为保障国内水产品质量安全的重要组成部分。本章在具体阐述进口水产品数量变化的基础上，重点考察进口水产品的质量安全，并提出进一步强化进口水产品质量安全的政策建议。

第一节　水产品进口贸易的基本特征

一、水产品进口贸易总体规模

我国不仅是世界上最大的水产品生产国和出口国，同时也是世界上最大的水产品进口国之一。2008 年以来，我国水产品进口贸易总额变化见图 6-1。2008 年，我国水产品进口贸易总额为 54.06 亿美元；受全球金融危机的影响，2009 年的进口贸易总额下降到 52.64 亿美元，与 2008 年相比下降了 2.63%。之后，水产品进口贸易总额再次出现波动，于 2012 年和 2015 年两次出现下降，但整体保持了增长的态势，2010 年、2013 年和 2014 年分别突破 60 亿美元、80 亿美元和 90 亿美元关口，2016 年更是增长到 93.74 亿美元的水平。2017—2019 年，水产品进口贸易总额进一步快速增长，分别达到 113.46 亿美元、148.93 亿美元和 187.01 亿美元，分别同比增长 21.04%、31.26% 和 25.57%，维持了 20% 以上的增长速度。2008—2019 年，我国水产品进口贸易总额累计增长了 245.93%，年均增长率高达 11.94%。2020 年在中美贸易摩擦等影响下，中国水产品进出口量额双降，贸易顺差大幅增长；2021 年面对新冠肺炎疫情和国内外经济发展复杂局势，全国渔业系统统筹疫情防控与渔业发展，进出口贸易量额双增；2022 年我国水产品进口额度再创新高达到 237.06 亿美元，同比增长 31.5%。由此可见，除个别年份有所波动外，近年来我国水产品进口贸易总额整体呈现出平稳较快增长的特征。

2008 年以来的水产品进口贸易数量与我国水产品进口贸易总额的变动趋势基本一致。如图 6-2 所示，2008—2016 年，我国水产品进口贸易数量不断波动，但基本维持在 400 万吨左右的水平；其中 2009 年的进口贸易数量最低为 374.03 万吨，2014 年的进口贸易数量最高；为 428.10 万吨，两者之间差距不大。2016 年之后，我国水产品进口贸易数量出现明显的快速增长，2017 年和 2018 年分别增长为 489.71 万吨和 522.35 万吨，分别同比增长 21.17% 和 6.66%。2019 年，我国水产品进口贸易数量进一步增长为 626.52 万吨，创历史新高，较 2018 年增长 19.94%，维持了两位数以上的高速增长势头。2020 年进口数量 567.86 万吨，同比减少 9.36%。2021 年进口数量为 574.71 万吨，相较于上年少量增长。

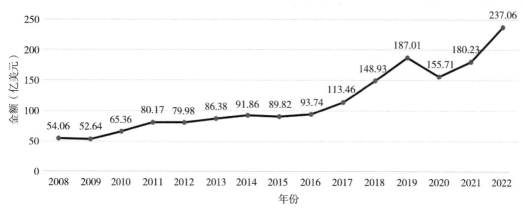

图 6-1　2008—2022 年我国水产品进口贸易总额
资料来源：农业农村部渔政管理局，《中国渔业统计年鉴》（2009—2023）。

2022 年进口数量达到 646.98 万吨。综合水产品进口贸易总额和进口贸易数量可以发现，虽然两者的变动趋势基本一致，但水产品进口贸易总额的增长速度明显高于水产品进口贸易数量，说明我国进口水产品的单位价值呈上升趋势，进口水产品的高端化倾向明显。

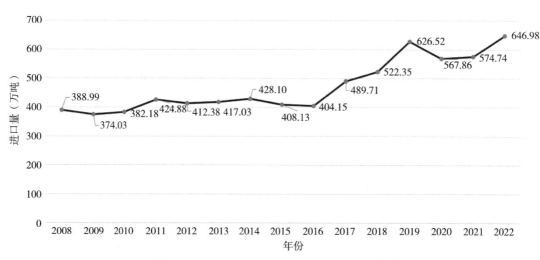

图 6-2　2008—2022 年我国水产品进口贸易数量
资料来源：农业农村部渔政管理局，《中国渔业统计年鉴》（2009—2023）。

二、进口水产品重要性

从水产品进口贸易总额占食品进口贸易总额的比例和水产品进口贸易数量占我国水产品总量的比例两个方面考察进口水产品的重要性。如图 6-3 所示，2008 年，水产品进口贸易总额占食品进口贸易总额的比例为 23.89%；2009 年则上升到 25.70%，显示当年度的水产品进口贸易总额占食品进口贸易总额的比例超过 1/4。然而，2009 年之后，水产品进口贸易总额占食品进口贸易总额的比重持续下降，2017 年下降为 9.10%。随着水产品进口贸易总额的快速增长，2018 年和 2019 年的水产品进口贸易总额占食品进口贸易总额的比重开始出现反弹，分别达到 10.86% 和 12.48% 的水平。

　　水产品进口贸易数量占我国水产品总量的比例也呈现先下降后上升的趋势。2008 年，水产品进口贸易数量占我国水产品总量的比例为 7.95%，2016 年则下降到 5.86%。2017—2019 年，水产品进口贸易数量占我国水产品总量的比例分别增长为 7.60%、8.09% 和 9.67%，分别同比提高 1.74 个百分点、0.49 个百分点和 1.58 个百分点。总体来说，进口水产品不仅在进口食品中占有重要地位，也是我国水产品消费的重要组成部分，对满足国内多样化、高端化的水产品消费需求具有重要价值。

图 6-3　2008—2022 年进口水产品占比
资料来源：农业农村部渔政管理局，《中国渔业统计年鉴》（2009—2023）。

三、水产品进口的省份分布

　　2021—2022 年我国水产品进口的省（自治区、直辖市）分布情况见表 6-1。从水产品进口贸易总额的角度看，2022 年我国水产品进口的主要省（直辖市）是山东（461 136.58 万美元，19.45%）、广东（366 131.94 万美元，15.44%）、上海（230 683.86 万美元，9.73%）、辽宁（167 249.13 万美元，7.06%）、福建（289 878.02 万美元，12.23%）、北京（178 998.76 万美元，7.55%）、天津（139 802.37 万美元，5.90%）、浙江（218 322.28 万美元，9.21%）、吉林（67 693.38 万美元，2.86%）、江苏（43 470.39 万美元，1.83%）。上述 10 个省市的水产品进口贸易额合计为 2 163 366.71 万美元，占水产品进口贸易总额的 91.26%。2021 年我国水产品进口的主要省（直辖市）是山东（315 077.97 万美元，17.48%）、广东（280 240.88 万美元，15.55%）、上海（212 234.88 万美元，11.78%）、辽宁（144 605.59 万美元，8.02%）、福建（235 240.54 万美元，13.05%）、天津（86 904.42 万美元，4.82%）、北京（165 935.80 万美元，9.21%）、浙江（132 315.65 万美元，7.34%）、吉林（62 968.44 万美元，3.49%）、江苏（31 994.58 万美元，1.78%）。上述 10 个省（直辖市）的水产品进口贸易额合计为 1 667 518.75 万美元，占水产品进口贸易总额的 92.52%。

　　从水产品进口贸易数量的角度看，2022 年我国水产品进口的主要省份是辽宁（616 387 吨，9.53%）、山东（1 498 467 吨，23.16%）、广东（751 763 吨，11.62%）、福建（1 181 614 吨，18.26%）、上海（245 908 吨，3.80%）、浙江（458 059 吨，7.08%）、天津（323 623 吨，5.00%）、北京（617 621 吨，9.55%）、江苏（101 133 吨，1.56%）、吉林（164 728 吨，2.55%）。上述 10 个省份的水产品进口贸易数量合计为 5 959 303 吨，占我国水产品进口贸易数量的 92.11%。2021 年我国水产品进口的主要省份是福建（1 250 073 吨）、山东（1 176 274 吨）、广东（677 472 吨）、辽宁（625 694 吨）、北京（573 784 吨）、浙江（383 206 吨）、上海（228 883 吨）、天津（203 225 吨）、吉林（115 675 吨）、广西（90 534 吨）。上述 10 个省份的水产品进口贸易数量合计为 5 324 820 吨，占我国水产品进口贸易数量的 92.65%。

表 6 - 1　2021—2022 年我国水产品进口的省（自治区、直辖市）分布

| 地区 | 2022 年进口 | | 2021 年进口 | | 2022 年比 2021 年增减 | | | |
| | | | | | 绝对值 | | 幅度（%） | |
	金额	数量	金额	数量	金额	数量	金额	数量
全国总计	2 370 646.26	6 469 811	1 802 314.62	5 747 447	568 331.64	722 364	31.53	12.57
北京	178 998.76	617 621	165 935.80	573 784	13 062.96	43 837	7.87	7.64
天津	139 802.37	323 623	86 904.42	203 225	52 897.95	120 398	60.87	59.24
河北	19 151.80	61 797	17 810.23	62 137	1 341.57	−340	7.53	−0.55
山西	618.03	1 244	27.96	76	590.07	1 168	2 110.25	1 536.84
内蒙古	10.57	53			10.57	53		
辽宁	167 249.13	616 387	144 605.59	625 694	22 643.54	−9 307	15.66	−1.49
吉林	67 693.38	164 728	62 968.44	115 675	4 724.94	49 053	7.50	42.41
黑龙江	6 433.90	17 424	2 022.67	4 196	4 411.23	13 228	218.09	315.25
上海	230 683.86	245 908	212 234.88	228 883	18 448.99	17 025	8.69	7.44
江苏	43 470.39	101 133	31 994.58	84 665	11 475.81	16 468	35.87	19.45
浙江	218 322.28	458 059	132 315.65	383 206	86 006.63	74 853	65.00	19.53
安徽	12 306.77	63 537	12 566.40	81 160	−259.62	−17 623	−2.07	−21.71
福建	289 878.02	1 181 614	235 240.54	1 250 073	54 637.48	−68 459	23.23	−5.48
江西	6 962.17	5 993	4 742.31	9 485	2 219.87	−3 492	46.81	−36.82
山东	461 136.58	1 498 467	315 077.97	1 176 274	146 058.60	322 193	46.36	27.39
河南	6 446.82	12 074	5 235.97	8 178	1 210.85	3 896	23.13	47.64
湖北	6 629.35	17 394	4 208.77	14 024	2 420.58	3 370	57.51	24.03
湖南	50 749.86	84 199	37 155.26	38 750	13 594.60	45 449	36.59	117.29
广东	366 131.94	751 763	280 240.88	677 472	85 891.06	74 291	30.65	10.97
广西	35 781.90	100 546	19 973.20	90 534	15 808.70	10 012	79.15	11.06
海南	4 767.63	6 968	2 414.53	9 166	2 353.11	−2 198	97.46	−23.98
重庆	22 774.36	33 891	4 013.28	9 954	18 761.08	23 937	467.48	240.48
四川	14 017.52	58 449	14 232.61	72 818	−215.09	−14 369	−1.51	−19.73
贵州	1 444.73	2 741	1.57		1 443.16	2 741	91 880.09	

| 地区 | 2022 年进口 | | 2021 年进口 | | 2022 年比 2021 年增减 | | | |
| | | | | | 绝对值 | | 幅度（%） | |
	金额	数量	金额	数量	金额	数量	金额	数量
云南	12 474.15	27 334	5 222.71	11 203	7 251.44	16 131	138.84	143.99
西藏						0		
陕西	321.55	121	306.05	83	15.50	38	5.06	45.78
甘肃	402.28	682	80.07	117	322.20	565	402.39	482.91
青海	27.18	102	0.87		26.30	102	3 007.52	
宁夏	32.94	117			32.94	117		
新疆	5 926.06	15 844	4 781.43	16 615	1 144.63	−771	23.94	−4.64

资料来源：农业农村部渔业渔政管理局，《中国渔业统计年鉴》（2019—2023）。

四、进口水产品的案例分析：冻虾

（一）冻虾进口贸易的总体规模

冻虾是我国重要的进口水产品种类。本部分将以冻虾为案例，分析我国水产品进口贸易的主要特征。

冷冻虾含有丰富的营养物质，产量也很丰富，很受世界各国消费者的欢迎，拥有巨大的贸易潜力。虾是大部分海岸附近的河口和海底以及在河流和湖泊中较为普遍的生物；大多数虾生活在海洋中，也有大约四分之一的虾生活在淡水中。海洋中的虾被发现在深达 5 000 多米，从热带到极地地区都有分布。这样丰富的分布，使虾成为一个重要的渔业和食品资源。全球虾产量，包括捕捞和养殖，每年约为 600 万吨，其中大约 60% 进入世界各地市场，由于虾的价格较高，在商业价值方面是最重要的国际贸易渔业商品。虾的贸易额每年大约能达到 500 亿美元；虾的出口额每年超过 100 亿美元，占所有渔业出口总额的 16%。

虾是许多国家国民受欢迎的水产品，特别是在生产条件较差的国家。因此，虾在某些国家已成为进口量最高的海产品之一。我国就是虾产品进口和消费率较高的国家之一（表 6-2）。

表 6-2 中国海关的虾产品分类和商品范围

HS 编码	中国海关编码	名称	
	03061311	冻小虾仁	
	03061312	冻北方长额虾	
0306.13	03061319	其他冻带壳小虾	冷冻虾及虾仁
	03061321	冻对虾仁	
	03061329	冻带壳对虾	
	03062310	小虾及对虾种苗	
0306.23	03062391	鲜、冷对虾，种苗除外	未冻虾及虾仁
	03062399	其他未冻的小虾及对虾，种苗除外	
160520	16052000	制作或保藏的虾	

2018—2022 年我国冻虾进口数量规模变化如图 6-4 所示。可以看出，近年来我国冻虾的进口贸易数量呈现波动上升态势。2023 年虾的进口数量突破 100 万吨，同时我国对虾年产量为 150 万吨左右。显而易见，随着人们生活水平的提高以及消费习惯的改变，对虾市场供不应求，近几年进口虾的数量逐年增加，国内也在高速增产。

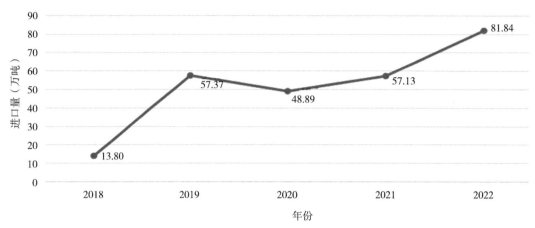

图 6-4 2018—2022 年我国冻虾进口数量规模变化

（二）进口冻虾的重要性

图 6-5 是 2018—2023 年冻虾进口规模占水产品进口规模的比例。从数量占比的角度看，2018 年，冻虾进口贸易数量占水产品进口贸易数量的比例为 2.6%，2019 年的这一比例增长为 9.2%。2020 年，冻虾进口贸易数量占水产品进口贸易数量的比例为 8.6%，较 2019 年下降 6.52%。之后，冻虾进口贸易数量占比波动较稳定，整体呈上升趋势。由此可见，冻虾进口贸易数量占比的波动可能与我国进口水产品种类不断扩大有关。冻虾依然是我国最重要的进口水产品种类之一。

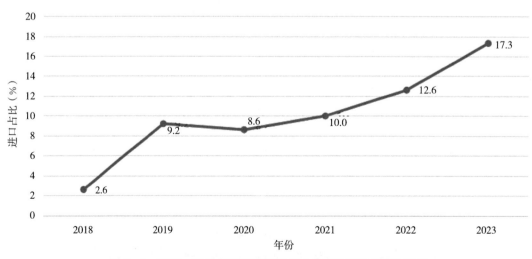

图 6-5 2018—2023 年我国冻虾进口占水产品进口规模的比重

（三）进口冻虾的主要来源地

我国进口冻虾的主要来源地包括厄瓜多尔、印度、加拿大、澳大利亚、泰国、越南、阿根廷、新西兰、沙特阿拉伯和墨西哥等。这些国家和地区的虾类进口额合计占我国虾类进口总额的 90.4%，显示出我国在虾类进口方面的多元化策略和对不同地区虾类产品的广泛需求。厄瓜多尔作为最大的虾供应国，也是我国虾类进口额最多的国家，而印度、加拿大、澳大利亚等国也提供了大量的进口虾类。此外，泰国、越南、阿根廷、新西兰、沙特阿拉伯和墨西哥也是我国重要的虾类进口来源地，这些国家和地区的虾类产品因其质量、价格或特定市场需求而受到我国消费者的欢迎。

第二节　不合格进口水产品的基本特征

水产品富含高质量蛋白质、人体必需的氨基酸、维生素和矿物质，是我国人民重要的营养来源。水产品种类繁多，为消费者提供了丰富的食物选择，也是国际贸易中的重要商品。改革开放 40 多年来，水产品已成为我国最重要的进口食品种类之一，其在丰富市场供应、提升消费品质的同时，也对我国食品安全提出了更高要求。在我国 2023 年 1—12 月未准入境的 2 351 个食品批次中，水产品共计 519 个批次，占比高达 22.08%，其中更有 262 个批次重量超过了 10 吨。分析研究具有质量风险的进口水产品的基本状况，并由此加强包括水产品安全在内的食品安全国际共治尤为重要。

一、不合格进口水产品的批次

随着我国对外开放水平的不断提高、人民物质文化需求的日益增长，国内进口水产品的批次与数量也逐渐增加。伴随着进口水产品的大量涌入，近年来我国未准入境的水产品批次数整体呈波动上升的趋势，自 2011 年首次突破 100 批次关口后，2012—2017 年的不合格进口水产品分别为 114 批次、155 批次、150 批次、239 批次、159 批次和 338 批次。新冠肺炎疫情得到有效控制后，国内进口水产品批次与数量重新回升，未准入境的水产品于 2023 年达到了创历史的 519 个批次，这说明进口水产品的质量安全问题依然严峻。

进口水产品的安全性持续受到国内消费者的关注，特别是日本东京电力公司排放核污水后。关于"水产品"的百度资讯指数由 2022 年 7 月 24 日到 2023 年 7 月 24 日的日均 60 727 条，激增到 2023 年 8 月 21 日至 8 月 27 日的日均 16 332 913 条，且之后持续处于高位状态，至 2024 年 7 月 9 日日均仍高达 880 363 条，同比增长 1 406%、环比增长 1 206%（2023 年 8 月 21 日至 2024 年 7 月 9 日）。此事件发生后，中国海关总署发布公告，为防止日本核污水排海可能对食品安全造成的放射性污染风险，全面暂停进口日本水产品。各地市场监督管理部门也迅速反应，加大食品安全监管力度，严禁使用原产地为日本的水产品加工食品或进行销售。系列行动体现了中国对进口水产品安全的高度重视。

从具体月份来看，2023 年我国未准入进口水产品批次最多集中于 9 月，共计 111 个批次，占比高达 21.39%。1—12 月未准入进口水产品批次数分别为 56 批次、20 批次、40 批次、24 批次、31 批次、46 批次、27 批次、47 批次、111 批次、39 批次、39 批次、39 批次（图 6-6）。

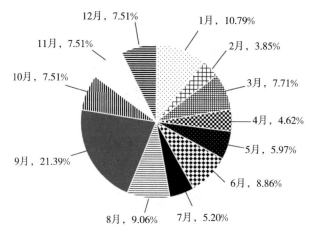

图 6-6　2023 年未准入进口水产品批次的月份分布

资料来源：中国海关总署，2023 年 1—12 月未准入境食品、化妆品信息。

二、不合格进口水产品的主要种类

2018 年，我国不合格进口水产品的种类（前三）依次是鱼类（34 批次，40.00%）、甲壳类（24 批次，28.24%）和藻类（17 批次，20.00%）。2019 年，我国不合格进口水产品的种类（前三）依次是鱼类（97 批次，51.60%）、甲壳类（57 批次，30.32%）和藻类（15 批次，7.98%）。鱼类和甲壳类是我国不合格进口水产品的主要种类。

2023 年，我国未准入境的水产品种类依次是鱼类（214 批次，41.23%）、甲壳类（182 批次，35.07%）、头足类（64 批次，12.33%）、藻类（20 批次，3.85%）、其他类（26 批次，5.01%）、贝类（13 批次，2.50%）。其他类主要是棘皮动物与刺胞动物，如海胆、海参与海蜇。鱼类、甲壳类仍然是我国不合格进口水产品的最主要品类；与 2019 年相比鱼类比重略微下降 10.37 个百分点，甲壳类则略微上升 4.75 个百分点。头足类不合格批次数有明显上升，较 2019 年多出 55 个批次，占总批次的比重也上升 7.24 个百分点。藻类、贝类、其他类比重较少，均不足 10%（表 6-3，图 6-7）。

表 6-3　2019 年和 2023 年我国未准入进口水产品批次的主要种类

2019 年			2023 年		
不合格进口水产品种类	批次	所占比例（%）	不合格进口水产品种类	批次	所占比例（%）
鱼类	97	51.60	鱼类	214	41.23
甲壳类	57	30.32	甲壳类	182	35.07
藻类	15	7.98	头足类	64	12.33
贝类	10	5.32	藻类	20	3.85
头足类	9	4.79	其他类	26	5.01
			贝类	13	2.50
总计	188	100	总计	519	100

资料来源：中国海关总署，2023 年 1—12 月未准入境食品、化妆品信息。

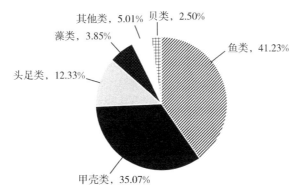

图 6 - 7　2023 年未准入进口水产品批次的主要种类

资料来源：中国海关总署，2023 年 1—12 月未准入境食品、化妆品信息。

三、不合格进口水产品的主要来源地

　　2023 年我国未准入进口水产品的来源地分布如表 6 - 4 所示。据海关总署发布的资料，2023 年我国未准入进口水产品的前五位来源地分别是印度尼西亚（115 批次，22.16%）、巴基斯坦（51 批次，9.83%）、印度（41 批次，7.90%）、越南（40 批次，7.71%）、日本（39 批次，7.51%）。上述 5 个来源地未准入水产品合计为 286 个批次，占全部 517 批次的 55.11%（图 6 - 8）。在前五位中，与 2019 年重合的有印度尼西亚、巴基斯坦、越南。

表 6 - 4　2023 年我国未准入进口水产品批次的来源地

来源地	批次	所占比例（%）	来源地	批次	所占比例（%）
印度尼西亚	115	22.16	巴布亚新几内亚	7	1.35
巴基斯坦	51	9.83	俄罗斯	6	1.16
印度	41	7.90	塞内加尔	5	0.96
越南	40	7.71	中国台湾	5	0.96
日本	39	7.51	美国	4	0.77
厄瓜多尔	33	6.36	沙特阿拉伯	4	0.77
缅甸	22	4.24	新西兰	4	0.77
马来西亚	20	3.85	澳大利亚	3	0.58
加拿大	16	3.08	巴西	3	0.58
泰国	12	2.31	西班牙	3	0.58
伊朗	11	2.12	法罗群岛	2	0.39
菲律宾	10	1.93	圭亚那	2	0.39
韩国	10	1.93	墨西哥	2	0.39
秘鲁	9	1.73	苏里南	2	0.39
挪威	9	1.73	新加坡	2	0.39
冰岛	8	1.54	智利	2	0.39
毛里塔尼亚	7	1.35	阿根廷	1	0.19

来源地	批次	所占比例（%）	来源地	批次	所占比例（%）
巴拿马	1	0.19	孟加拉国	1	0.19
德国	1	0.19	斯里兰卡	1	0.19
法国	1	0.19	委内瑞拉	1	0.19
格陵兰	1	0.19	文莱	1	0.19
			英国	1	0.19
			总计	519	100

资料来源：中国海关总署，2023年1—12月未准入境食品、化妆品信息。

从不合格进口水产品来源地来看，2019年与2023年未准入境的水产品来源地有较高耦合性，显示我国进口水产品风险的来源地变化较小，客观利好于我国加强进口水产品质量安全监管。就来源地数量而言，我国不合格进口水产品来源地的数量由2019年的34个增加为2023年的43个，不合格进口水产品来源地呈现进一步扩大的趋势，对我国进口水产品质量安全风险的监管提出了更大的挑战。

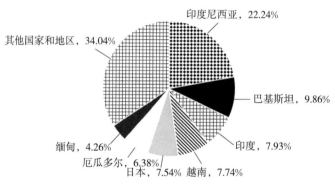

图6-8　2023年未准入进口水产品批次的来源地分布
资料来源：中国海关总署，2023年1—12月未准入境食品、化妆品信息。

四、不合格进口水产品的检出口岸

2023年我国未准入的进口水产品的检出口岸分布如表6-5所示。据海关总署发布的相关资料，2023年我国检出未准入的进口水产品的口岸前五位分别是广州（92批次，17.73%）、厦门（79批次，15.22%）、上海（73批次，14.07%）、湛江（60批次，11.56%）、天津（59批次，11.37%）。上述5个口岸检出未准入进口水产品合计为363个批次，占全部未准入519批次的69.94%（图6-9），较2019年的64.90%略有上升，但低于2018年的74.11%。

表6-5　2023年我国未准入进口水产品批次的检出口岸

检出口岸	批次	所占比例（%）	检出口岸	批次	所占比例（%）
广州	92	17.73	上海	73	14.07
厦门	79	15.22	湛江	60	11.56

检出口岸	批次	所占比例（%）	检出口岸	批次	所占比例（%）
天津	59	11.37	拱北	4	0.77
青岛	44	8.48	武汉	3	0.58
福州	39	7.51	黄埔	2	0.39
深圳	29	5.59	南京	1	0.19
大连	14	2.70	汕头	1	0.19
宁波	10	1.93	重庆	1	0.19
南宁	8	1.54			
			总计	519	100

资料来源：中国海关总署，2023 年 1—12 月未准入境食品、化妆品信息。

从未准入的进口水产品检出口岸来看，上海、青岛、厦门与深圳一直是检出不合格水产品的重要口岸；而广州、湛江与天津的涨幅较为明显，是近年检出不合格水产品的主要口岸。就未准入的进口水产品检出口岸数量来看，则与 2019 年的 17 个口岸持平。

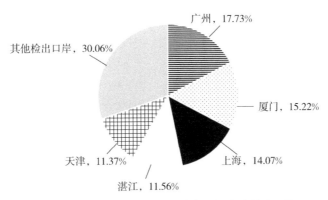

图 6 - 9 2023 年未准入进口水产品批次的检出口岸
资料来源：中国海关总署，2023 年 1—12 月未准入境食品、化妆品信息。

第三节 不合格进口水产品的主要原因

分析中华人民共和国海关总署发布的相关资料，2023 年我国进口水产品不合格的主要原因有未获检验检疫准入（183 批次，35.26%）、货证不符（126 批次，24.28%）、证书不合格（42 批次，8.09%）、超限量使用食品添加剂（39 批次，7.51%）、污秽腐败（含挥发性盐基氮超标，28 批次，5.39%）、检出动物疫病（23 批次，4.43%）等（图 6 - 10）。

整体来说，2023 年进口水产品不合格的前 5 大原因所占比例为 80.54%。在进口水产品的未准入原因中，食品安全问题共 142 批次，占总批次的 27.36%，低于 2019 年的 36.17%，主要包括检出动物疫病、超限量使用食品添加剂、污秽腐败、超过保质期、含有违禁药物、重金属超标、含有有毒有害物质等。而非食品安全问题共 377 批次，占总批次的 72.64%，高于 2019 年的 63.83%，主要包括未获准入许可、包装不合格、标签不合格、货证不符、证书不合格等。这说明近年来国际面上的水产品食品安全风险加剧，我国禁止准入的国家或地区产品数量增加（表 6-6）。

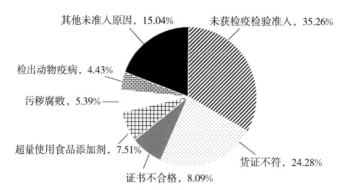

图 6-10 2023 年未准入进口水产品批次的主要原因分布
资料来源：中国海关总署，2023 年 1—12 月未准入境食品、化妆品信息。

表 6-6 2023 年我国未准入进口水产品的主要原因

食品安全原因	批次	所占比例（%）	非食品安全原因	批次	所占比例（%）
超量使用食品添加剂	39	7.51	未获得检验检疫准入	183	35.26
污秽腐败	28	5.39	货证不符	126	24.28
检出动物疫病	23	4.43	证书不合格	42	8.09
含有违禁药物	14	2.70	标签不合格	15	2.89
重金属超标	10	1.93	包装不合格	6	1.16
微生物污染	7	1.35	自主召回	5	0.96
过氧化值超标	6	1.16			
检出有毒有害物质	4	0.77			
蛋白质含量未达标准	4	0.77			
感官检验不合格	3	0.58			
超过保质期	2	0.39			
含有杂质	2	0.39			
总计	142	27.36	总计	377	72.64

资料来源：中国海关总署，2023 年 1—12 月未准入境食品、化妆品信息。

一、未获检验检疫准入许可

（一）具体情况

出于保障国内水产品产业安全和人民群众水产品消费安全，根据相关法律法规，部分动植物源性食品需要获取检验检疫准入许可，我国禁止从发生水产品疫情或重大水产品质量安全事件的特定国家和地区进口水产品。2023 年，全国海关系统检出的因未获检验检疫准入许可而未准许入关的水产品达到 183 批次，较 2019 年的 40 批次增长了 357.5%，较 2018 年的 10 批次增长 1 730%。因未获检验检疫准入许可而未准许入关的水产品占全年所有未准入进口水产品批次的 35.26%，较 2019 年的 21.28% 提高了 13.98 个百分点。未获检验检疫许可是进口水产品未准入的最主要原因。

（二）主要来源地

如图 6-11 所示，2023 年由未获准入许可引起的不合格进口水产品的前 5 位来源地分别是印度尼西亚（77 批次，42.08%）、巴基斯坦（31 批次，16.94%）、越南（12 批次，6.56%）、马来西亚（10 批次，5.46%）、缅甸（10 批次，5.46%）。上述 5 个国家不合格进口水产品合计 140 批次，占总批次的 76.50%。其余 18 个国家和地区共占 43 批次，占总批次的 23.50%。

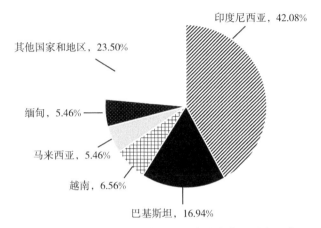

图 6-11　2023 年未获准入许可的不合格水产品的主要来源地

资料来源：中国海关总署，2023 年 1—12 月未准入境食品、化妆品信息。

（三）典型案例

印度尼西亚的冻鱼是进口水产品未获准入许可的典型案例。2022—2023 年，印度尼西亚的水产品安全问题受到一定关注。根据中国海关总署的公告，印度尼西亚输华水产品中多个批次检测出重金属汞、镉和禁用药物呋喃西林残留超标，以及食源性致病菌。为保护国内广大消费者的健康安全，国家市场监督管理总局决定暂停印度尼西亚的水产品进口，并要求 2023 年 8 月 3 日启运的相关水产品一律作退回或销毁处理。中华人民共和国海关总署发布相关资料显示，2023 年度未获检验检疫准入许可的印度尼西亚不合格进口水产品达到 1 300 余吨。

二、货证不符

（一）具体情况

货证不符，即实收货物与附随单证（如发票、装箱单、提单等）所描述的货物信息不一致，涉及数量、质量、规格、包装、标记与品种多个方面，可能引发清关延误、交易纠纷、进口厂商拒收等众多问题，损害进口水产品消费者利益。相关问题已经成为影响我国进口水产品质量安全的又一重要因素。2023 年，因货证不符而被我国拒绝入境的进口水产品共计 126 批次，占所有不合格进口水产品批次的 24.77%，较 2019 年增长 10.94 个百分点。进口水产品中货证不符的风险持续上升，需要引起海关系统的高度重视。

（二）主要来源地

如图 6-12 所示，2023 年，由于货证不符引起的未准入进口水产品的前五位来源地分别是印度尼西亚（21 批次，16.67%）、越南（13 批次，10.32%）、巴基斯坦（13 批次，10.32%）、马来西亚（9 批次，7.14%）、泰国（7 批次，5.56%）。上述 5 个国家和地区不合格进口水产品合计为 63 批次,占全部不合格 126 批次中的 50%。另一半则由另外 24 个国家和地区占据,说明货证不符的风险较为分散。

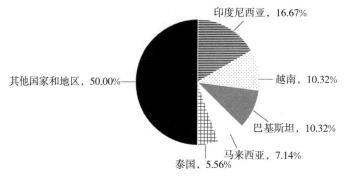

图 6-12 2023 年货证不符的不合格水产品的主要来源地
资料来源:中国海关总署,2023 年 1—12 月未准入境食品、化妆品信息。

(三)典型案例

在 126 个批次的因货证不符而未准入境的进口水产品中,重量最大的一个批次是 2023 年 3 月由广州市某公司进口的,由毛里塔尼亚企业 SAHEL PECHE 生产的冷冻螺肉,重达 2.83 吨。该批次进口水产品被广州海关禁止入境。

三、证书不合格

(一)具体情况

证书不合格是指入境商品未按我国法律法规要求提供产品检验报告、卫生证书、原产地证明等证书或合格证明材料,或提供材料不符合安全和质量标准。证书不合格是影响我国进口水产品质量安全的重要因素之一。2023 年,因证书不合格而被我国拒绝入境的进口水产品共计 42 批次,占所有不合格进口水产品批次的 8.09%,相较于 2019 年增长 0.2 个百分点。相关风险略有增加,是我国进口水产品不合格的第三大原因。

(二)主要来源地

如图 6-13 所示,2023 年,由于证书不合格引起的未准入进口水产品的前六位来源地分别是日本(24 批次,57.14%)、加拿大(3 批次,7.14%)、伊朗(3 批次,7.14%)、巴基斯坦(2 批次,4.76%)、巴布亚新几内亚(2 批次,4.76%)、印度尼西亚(2 批次,

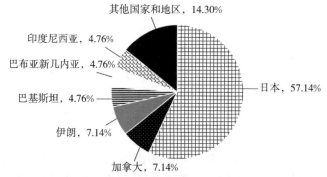

图 6-13 2023 年证书不合格的不合格水产品的主要来源地
资料来源:中国海关总署,2023 年 1—12 月未准入境食品、化妆品信息。

4.76％）。其余 6 个国家和地区占总共 42 批次中的 14.30％。

（三）典型案例

进口自日本的各类型水产品是证书不合格的典型案例，接近因证书不合格而被我国拒绝入境的进口水产品总批次的六成。例如，2023 年 1 月，上海某公司从日本某公司进口的 9 批次的各类沙丁鱼干、调味蟹和裙带菜因未按要求提供证书或合格证明材料被上海海关拒绝入境。

四、滥用食品添加剂

（一）具体情况

食品添加剂使用不当或超标，是影响全球水产品质量安全的重要因素。2023 年，因食品添加剂问题而被我国拒绝入境的进口水产品共计 39 批次，较 2019 年的 17 批次涨幅 129.41％，占所有不合格进口水产品批次的比例由 2019 年的 11.76％下降到 7.51％，呈现小幅下降趋势。主要过量的食品添加剂是二氧化硫（30 批次，76.92％）、磷酸或磷酸盐（6 批次，15.38％）、焦亚硫酸钠（2 批次，5.13％）。

（二）主要来源地

如图 6-14 所示，2023 年，由于滥用食品添加剂引起的未准入进口水产品的前 6 位来源地是厄瓜多尔（17 批次，43.59％）、秘鲁（6 批次，15.38％）、印度（6 批次，15.38％）、沙特阿拉伯（3 批次，7.69％）、泰国（2 批次，5.13％）、越南（2 批次，5.13％）。上述 6 个国家占总共 39 个未准入批次的 92.31％，其他国家和地区占 7.69％。

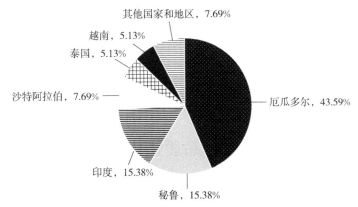

图 6-14　2023 年滥用食品添加剂的不合格水产品的主要来源地

资料来源：中国海关总署，2023 年 1—12 月未准入境食品、化妆品信息。

（三）典型案例

厄瓜多尔是进口水产品滥用食品添加剂的主要来源地，2023 年 5 月到 12 月，厄瓜多尔 17 个批次的冻南美白对虾因被检出超范围使用食品添加剂二氧化硫被我国海关拒绝入境。二氧化硫通常以亚硫酸盐的形式添加入食品中，或通过硫黄熏蒸的方式用于食品处理，具有防腐、漂白和抗氧化的功能。然而，二氧化硫的使用需要严格控制，因为长期或过量食用可能对人体产生不良影响，产生过敏反应、呼吸系统疾病及多组织损伤等危害。

五、污秽腐败

（一）具体情况

污秽腐败是指由于受到污染或变质而不再适合销售或使用。2023 年，因污秽腐败问题而被我国拒绝入境的进口水产品共计 28 个批次。

（二）主要来源地

如图 6-15 所示，2023 年，由于污秽腐败引起的未准入进口水产品的前 5 位来源地是印度尼西亚（6 批次，21.43%）、伊朗（5 批次，17.86%）、印度（4 批次，14.29%）、厄瓜多尔（3 批次，10.71%）、毛里塔尼亚（2 批次，7.14%）。上述 5 个国家占总共 28 个未准入批次的 71.43%，其余 8 个国家占 28.57%。

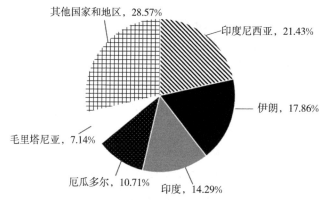

图 6-15　2023 年污秽腐败的不合格水产品的主要来源地
资料来源：中国海关总署，2023 年 1—12 月未准入境食品、化妆品信息。

（三）典型案例

2023 年 11 月，中国某公司从塞内加尔进口的 2.7 吨冻墨鱼，由于污秽腐败被上海海关拒绝入境。

第四节　加强进口水产品质量安全监管的政策建议

面对日益复杂的进口水产品质量安全问题，有必要构建中国特色的进口水产品质量安全监管体系，有如下三点的政策建议：

一、实施基于信息技术与合作治理的进口水产品源头监管

进口水产源头监管是保证水产品质量的首要步骤，提升境外产地食品安全风险信息获取效率则尤为重要。目前，我国在进口水产品安全风险信息获取上存在信息获取滞后、信息贡献不足、信息处理能力有待提升等问题，因而有必要与主要贸易伙伴国家建立食品安全风险信息共享平台，及时获取水产品产地的疫病动态与其他水产品安全信息，同时加强与 WHO、FAO 等国际组织的合作，获取权威的动物疫病风险评估和检疫数据。利用大数据技术检测和分析全球水产品贸易流向、动物疫病风险区、主要出口国检疫标准与落实情况等信息，建立风险预警机制，对高风险区域的水产品实施重点监控和检测。

同时，加强国际合作与水产品质量安全共治，向主要水产品贸易往来国传达我国水产品质量安全管理标准，签署合作协议与备忘录，建议或要求其按照我国检验检疫标准进行生产加工。根据国际动物疫病动态和水产品贸易数据，定期评估产地安全风险，及时调整进口策略，并通过政府网站、媒体等信息渠道，公开境外动物疫病与水产品安全信息，增加公民与水产品进口商知情权，为公民消费、政府决策与企业进口提供参考。

二、强化进口水产品口岸监管，优化进口水产品通关流程

进口水产品口岸监督监管，即在国家边境口岸对进口水产品进行的一系列检查、检验和监督活动，以确保进口水产品符合我国食品安全标准和相关法律法规。强化进口水产品口岸监管与优化进口水产品流通流程，即平衡监管力度与贸易便利性，是构建中国特色的进口水产品质量安全监管体系的关键步骤。首先，可以尝试实施风险评估分级管理，按进口水产品的风险等级进行分级管理，对低风险水产品简化入关流程，对高风险产品加强监管力度。其次，实施分类监管与差异化管理，根据不同产地国家的水产品安全情况、检验检疫标准，实施分类监管；建立企业信用体系，对信用良好的企业给予通关便利，对违规企业加大监管力度。另外，推广电子化通关流程，通过实现检验检疫单证的电子化，减少纸质文件的使用，提高通关效率。利用电子数据交换系统（EDI）加快信息传递，减少人工操作错误和延误。另外，优化口岸布局和资源配置、合理规划口岸布局，提高口岸的通关能力和效率，根据贸易量和风险评估结果，动态调整监管资源，确保重点产品和高风险产品得到有效监管。最后，推动技术创新、加强教育培训，利用现代科技手段，如基因测序、快速检测技术等，提高检测效率和准确性。推广智能监测设备和自动化技术，提高监管效率；对海关人员、企业管理人员和从业人员进行定期培训，提高他们对食品安全风险的识别和应对能力，提高其自动化办公技术与流程的熟悉程度。

三、衔接源头监管、口岸监管与市场监管体系

目前，我国口岸对进口水产品监管属于抽查性质，由质量检测系统管理；建立食品安全风险信息共享平台、加强国际合作则由农业系统管辖；进口水产品流入市场后，则又属于市场监管、工商管理部门的职能范畴。需要以进口水产品信息为抓手，衔接好源头、口岸与市场监管，建立完善的进口水产品可追溯体系，从生产、加工、运输到销售的每一个环节，都应有详细的记录和可追溯的信息，避免源头监管、口岸监管与市场监管系统成为互相封闭的"信息孤岛"。可以通过二维码标识与"互联网＋"应用实现进口水产品信息可视化。同时，应当在加工、运输到销售环节，构建从业者可接入的水产品信息反馈渠道，形成全社会共同参与的进口水产品信息检测网络。这一过程需要重视技术赋能，如在检验检疫过程中，利用基因测序、快速检测等现代科技手段，在港口、冷库等关键节点推广使用智能监测设备。

第七章　水产品质量安全舆情事件分析

第一节　我国水产品质量安全事件的基本特征

一、水产品质量安全事件的基本特征

通过分析网络数据挖掘工具所获数据发现，2020—2023 年由我国主流社交媒体平台所记载报道的发生在我国的水产品质量安全事件具有如下基本特征：

（一）发生数量较多但总体呈现回落趋势

图 7-1 是 2011—2023 年中国发生的水产品质量安全事件数，其中 2011—2019 年数据摘自《中国水产品质量安全研究报告（2020）》，2020—2023 年数据则由网络数据挖掘工具爬取而来。2011—2023 年全国共发生了 14 710 起水产品质量安全事件；其中 2020—2023 年发生 3 770 起，平均每年约发生 943 起，发生数量仍高位运行。

从短期时间序列上分析，2020—2023 年水产品质量安全事件发生的数量存在波动。受新冠肺炎疫情影响，2020 年我国共发生 997 起水产品质量安全事件，达到观测期最高峰值，而随着常态化疫情防控工作的有序开展，水产品质量安全事件发生数量显著下降。2021 年共发生 907 起水产品质量安全事件并达到观测期最低值，2022 年发生 911 起。然而受外部环境污染事件的潜在影响，水产品质量安全事件的发生数量在 2023 年出现小幅度反弹，上升到 955 起。

从长期时间序列上分析，2011—2023 年水产品质量安全事件发生的数量存在一定波动，但总体呈现回落趋势。其中，2012 年发生 1 425 起达到观察期最高峰值，在随后 2 年有所回落，2015 年出现反弹，2016 年进一步上升到 1 388 起，而在随后的 5 年又有所回落，2021 年发生 907 起达到观测期最低值，极差 518 起。

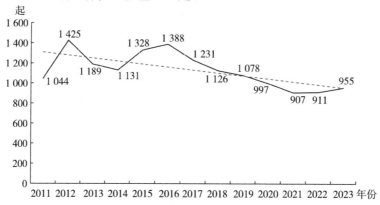

图 7-1　2011—2023 年中国发生的水产品质量安全事件数

资料来源：《中国水产品质量安全研究报告（2020）》，并由作者整理计算所得。

（二）鱼类仍是事件发生量最多的水产种类

在 2020—2023 年我国发生的 3 770 起水产品质量安全事件中，能够准确界定所属水产品种类的共有 2 221 起。其中，鱼类共发生 690 起，以鲈、黑鱼、鳊为主；虾类共发生 574 起，以南美白对虾、小龙虾、皮皮虾为主；蟹类 389 起，以梭子蟹、青蟹、大闸蟹为主；贝壳类 303 起，以扇贝、螺、生蚝为主；软体类 186 起，以鱿鱼、海蜇、海参为主；蛙类 79 起，以牛蛙为主。鱼类是发生事件量最多的水产品占比达 31.07%，而蛙类发生事件量最少仅占 3.56%，极差 611 起（图 7-2）。

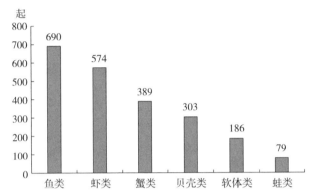

图 7-2　2020—2023 年中国发生的水产品质量安全事件的种类分布
资料来源：由网络数据挖掘工具获取数据，并由作者整理计算所得。

（三）批发零售环节风险最高且物流环节风险加剧

统计数据表明，水产品全程供应链体系的各个环节，均不同程度地发生了质量安全事件。其中，发生在批发零售环节的事件占比最高，达到 50.10%；其次是仓储运输环节，达到 25.41%；随后是食用环节，达到 17.48%；加工与养殖环节则分别占总量的 2.71% 和 4.30%（图 7-3）。2020 年以来，受新冠肺炎疫情等因素影响，物流运输行业受到严重干扰，因运输延迟、冷链断裂等问题导致的水产品质量安全事件频发，仓储运输环节的风险显著加剧。

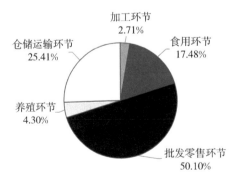

图 7-3　2020—2023 年中国发生的水产品质量安全事件的环节分布
资料来源：由网络数据挖掘工具获取数据，并由作者整理计算所得。

（四）人源性因素是导致事件发生的主要因素

2020—2023 年中国发生的水产品质量安全事件的风险分布情况如图 7-4 所示。在 3 770 起水产品质量安全事件中，34.30% 的事件由非人为因素所产生：因农兽药、抗生素残留超标导致的质量安全事件最多，占事件总数的 18.65％；其余非人为因素有物理性异物、重金属超标和微生物污染，分别占事件总数的 7.16％、6.26％和 2.23％。60.21％的事件则由人为因素所产生：因运输环节导致的质量安全事件最多，占事件总数的 24.88％；其余人为因素有售卖已死亡或腐坏或变质产品、造假或欺诈行为、违规使用添加剂，分别占事件总数的 22.20％、12.18％和 0.95％。5.49％的事件无法识别其产生因素。

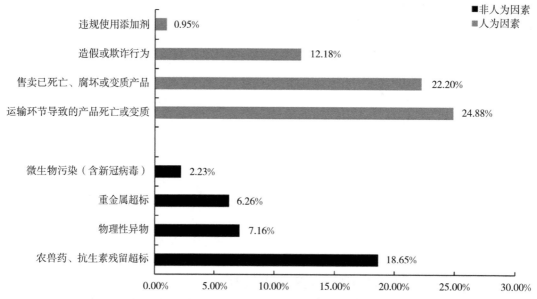

图 7-4　2020—2023 年中国发生的水产品质量安全事件的风险分布
资料来源：由网络数据挖掘工具获取数据，并由作者整理计算所得。图中未计入无法识别产生因素的事件。

二、水产品质量安全事件发生的主要原因

由于水产品质量安全事件的成因十分复杂，涵盖了水产品"生产—流通—消费"体系的多个环节。笔者在深入分析和总结近年来我国发生的各类水产品质量安全事件的基础上，对造成该类事件发生的最基本原因做如下分析：

（一）我国渔业生产水域污染状况持续

水体污染是造成水产品质量安全问题的关键因素。《中国渔业统计年鉴 2024》数据显示，2023 年全国渔业灾情造成的经济损失中，因污染问题造成的水产品直接经济损失达 3 279.00 万元，影响养殖面积 878 公顷，造成水产品损失 1 617 吨。而随着工业化和城市化进程的持续深入，大量的工业废水、农业面源污染、生活污水等未经有效处理便直接排入江河湖海，渔业生产水域的水体污染情况或将持续加剧。

生态环境部《中国生态环境状况公报 2023》显示，2023 年，我国内陆渔业水域中，江河重要渔业水域水体成分的主要超标指标为总氮，其监测浓度优于评价标准的水域面积仅占监测面积的 0.9％（即"优面率"），较 2022 年增长 0.5％；总磷、非离子氨、高锰酸盐指数、石油类、挥发性酚、铜和锌的监测浓度优于评价标准的水域面积分别占监测面积的 72.7％、85.9％、81.0％、97.8％、79.7％、97.8％和 99.8％。湖泊（水库）重要渔业水域水体成分的主要超标指标为总氮和总磷，其监测浓度优于评价标准的水域面积分别占监测

面积的 14.4% 和 22.2%，其中总氮优面率相较 2022 年下降 3.2%，总磷优面率相较 2022 年增长 5.3%；非离子氨、高锰酸盐指数、石油类、挥发性酚、铜、汞和铬的监测浓度优于评价标准的水域面积分别占监测面积的 60.7%、51.7%、96.1%、99.97%、99.9%、99.9% 和 99.99%。41 个国家级水产种质资源保护区水体成分的主要超标指标为总氮，其监测浓度优于评价标准的水域面积仅占监测面积的 0.6%，相较 2022 年下降 0.3%；总磷、非离子氨、高锰酸盐指数、石油类、挥发性酚、铜、锌、汞和铬的监测浓度优于评价标准的水域面积分别占监测面积的 93.2%、75.9%、80.6%、99.0%、95.6%、99.97%、99.99%、98.6% 和 99.99%。

2023 年，我国海洋渔业水域中，海洋天然重要渔业水域水体成分主要超标指标为无机氮，其监测浓度优于评价标准的水域面积占监测面积的 48.5%，相较 2022 年增长 8.7%；活性磷酸盐、化学需氧量和石油类的监测浓度优于评价标准的水域面积分别占监测面积的 73.0%、84.3% 和 98.0%。海水重点增养殖区水体成分主要超标指标为无机氮，其监测浓度优于评价标准的水域面积占监测面积的 54.2%，相较 2022 年下降 6.2%；活性磷酸盐、化学需氧量和石油类的监测浓度优于评价标准的水域面积分别占监测面积的 71.8%、98.6 和 99.96%。7 个国家级水产种质资源保护区水体成分主要超标指标为无机氮和化学需氧量，其监测浓度优于评价标准的水域面积分别占监测面积的 16.4% 和 38.5%，无机氮优面率相较 2022 年增长 6.9%，化学需氧量优面率相较 2022 年下降 14.5%；活性磷酸盐、石油类和铜的监测浓度优于评价标准的水域面积分别占监测面积的 82.3%、75.9% 和 99.7%。24 个海洋重要渔业水域沉积物状况良好，石油类、铜、锌、铅、镉、汞、砷和铬的监测浓度优于评价标准的水域面积分别占监测面积的 98.5%、97.2%、98.5%、100%、95.7%、99.98%、99.9% 和 87.4%。

近年来，生态环境部会同相关部门针对内源性水体污染问题持续开展了"碧水保卫战""美丽海湾建设"等生态治理工作，累计指导长江流域 19 省份制订总磷污染控制方案，排查入河排污口 25 万余个，推动县级市黑臭水体消除比例达 70% 以上，完成 11 个重点海湾专项清漂行动，组建 5 个海洋环境应急基地，实现了全国入海河流国控断面总氮平均浓度下降 12.2%、近岸海域水质优良面积比例达到 85% 的重大突破，但仍面临着外源性污染风险。

随着全球经济的迅猛发展，海洋已然成为各类生产生活污水的最终排放地，海洋污染日益严重，"公地的悲剧"愈演愈烈。2023 年，日本首轮核污水排海事件也引发了国际社会的广泛关注。

（二）水产养殖从业者专业化水平不高

水产养殖从业者的技术水平和管理能力直接影响着水产品的质量安全。《中国渔业统计年鉴（2024）》数据显示，2023 年全国渔业人口 1 598.57 万人，比上年减少 20.88 万人，下降 1.29%。渔业人口中传统渔民为 506.27 万人，比上年减少 8.89 万人，下降 1.73%。渔业从业人员 1 176.23 万人，比上年减少 1.69 万人，下降 0.14%。虽然我国渔业从业人员数量庞大，但其中大部分从业者仍然以分散化、小规模经营为主，他们普遍缺乏系统的专业知识和技能培训，仍然依赖传统的养殖经验进行生产，对于新技术、新装备的投入使用也缺乏热情，且容易在行业竞争中出现不正当行为。例如，部分水产养殖户为追求经济效益，使用不合格的渔药饲料、选育劣质种苗、滥用生长调节剂等。这些行为不仅会影响水产品的产量和质量，还可能加剧对渔业生态环境的污染。

（三）质量安全监管体系需进一步完善

目前，我国水产品质量安全监管主要涉及水产品的养殖、初级加工、市场销售及贮存、运输等环节，由县级以上地方人民政府、农业农村部门、市场监管部门、卫生健康委员会等协同负责。实施监管的现行法律依据有《中华人民共和国食品安全法》《中华人民共和国农产品质量安全法》《中华人民共和国渔业法》等，这些法律法规为水产品质量安全监管提供了基本的法律保障。在此基础上，各地区还根据本地实际情况制定了专门性的质量安全监管制度，基本实现了水产品从"池塘到餐桌"全链条的监管覆盖，为保障水产品质量安全发挥了极其重要的作用。

然而，随着水产品生产技术的迭代升级和消费者对水产品质量安全要求的不断提高，现有的质量安全监管体系不免出现一定的滞后性和局限性。

以养殖环节为例，在该环节，针对水产品的药物残留监测始终是质量安全监管的首要任务。农业农村部关于《2023年国家产地水产品兽药残留监控计划》的报告会指出，2023年我国养殖水产品质量安全总体保持稳定向好态势，但合格率有所波动，总体形势仍较为严峻。目前，在各监管部门的高度重视下，已制定了一系列针对性措施，如强化兽药使用监管、加大对违规使用药物的处罚力度、提高检测标准和频次等，这些措施虽在一定程度上提升了水产品质量安全管理水平，但由于监管资源分配不合理、适用法规更新不及时、法律制裁力度不到位等原因，导致执法部门在违法认定、惩戒实施、社会震慑等方面存在一定困难。

（四）公众缺乏对水产品质量的判断力

近年来，随着人们健康意识的提高和消费观念的转变，以鱼虾蟹为主的水产品已成为人们餐桌上的常客。然而，由于多方面因素的制约，公众对于水产品质量的判断力显得相对不足，笔者将从主观和客观两个维度对此展开分析。

从主观原因来看，公众对水产品质量的判断力不足主要源于知识了解不充分。由于许多消费者对水产品的养殖环境、捕捞方式、储存条件以及处理工艺等缺乏深入的了解与认识，致使公众难以仅凭外观、气味、口感等方面准确判断水产品的新鲜度和安全性。此外，部分消费者在购买水产品时还可能受到价格、品牌、舆论等因素的干扰，导致其对水产品的质量判断产生偏差。

从客观原因来看，公众对水产品质量的判断力不足主要受到以下因素制约：一是水产品可追溯体系不完善。相较于发达国家和地区如欧盟、美国等，水产品追溯体系在我国起步较晚，追溯标准建设也相对滞后，尽管近年来政府和企业都在努力推进该体系的建设，但仍然存在许多挑战和困难，如技术瓶颈、资金投入缺口、企业参与意愿不高等。这导致消费者在购买水产品时，难以准确、便捷、全面地获取该产品的详细信息，进而无法准确判断其产品质量。二是农产品合格证制度不健全。目前，我国实行的是2021年由《农产品质量安全法》规定的承诺达标合格证制度，该制度相较于原先的食用农产品合格证，虽然更加突出了合格证作为质量承诺的定位，但在诚信体系尚未健全的现状下，合格证的真实性难以保证，使得合格证的真正效能难以发挥。而消费者由于缺乏专业知识和正规信息渠道，在选购水产品时往往会轻信这些"虚假"的合格证，从而增加了购买到劣质水产品的风险。

第二节　水产品与食品安全事件的比较分析

以 6 个案例为例：案例 1，某海参养殖基地违规使用敌敌畏事件；案例 2，某电商销售违规添加渔药的南美白对虾事件；案例 3，某连锁商超"蓝环章鱼"事件；案例 4，某连锁快餐"食材过期"事件；案例 5，某直播平台"假燕窝"事件；案例 6，某食堂"鼠头鸭脖"事件。

（一）食品安全事件关注度强于水产品安全事件

为了使对比分析的内容与结论更具准确、客观和普遍性，笔者采用控制变量法，所选取的典型案例需满足事件发生时间接近、由同一媒体曝光、事件发展进程相似等特征。

首先，通过对比分析案例 1 与案例 4 的媒体报道数量趋势图发现，在报道期内，案例 1 的媒体报道数趋势与案例 4 极为相似，但均低于案例 4，表明食品安全事件的媒体关注度强于水产品安全事件；其次，通过对比分析两案例的百度搜索指数趋势图发现，在报道期内，案例 1 的网民搜索指数均低于案例 4，爆发期尤其显著，峰值差接近一倍，表明食品安全事件的网民关注度显著强于水产品事件；再次，通过对比分析两案例的意见领袖参与度发现，在报道期内，案例 1 的百万级、千万级意见领袖参与总数均低于案例 4，其中千万级意见领袖数量相差 5 个、百万级意见领袖相差 132 个，表明食品安全事件在意见领袖层面的影响力及传播力度也明显强于水产品安全事件（图 7-5、图 7-6）。

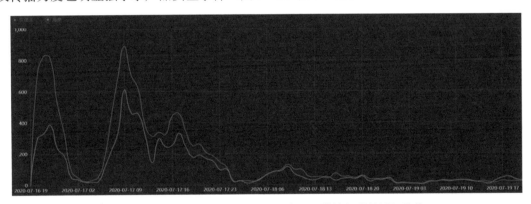

图 7-5　知微事见平台案例 1 与案例 4 "媒体报道数量"趋势

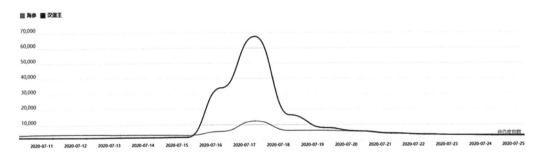

图 7-6　百度指数平台案例 1 与案例 4 "搜索指数"趋势

笔者认为，造成该现象的主要原因有以下两点：

一是我国水产品人均消费量远低于一般食品。据《中国渔业统计年鉴（2024）》和《中国农业产业发展报告（2024）》数据显示，2023年我国人均蔬菜水果消费量超过240千克、谷物原粮193千克、肉类55千克左右，而水产品仅35千克左右（推算）。较低的水产品消费量意味着公众在日常生活中对水产品的接触频率相对较低，从而在一定程度上减少了对水产品安全话题的关注度。此外，水产品作为非主食类食品，普遍受到产地、饮食习惯、价格等因素的影响，具有显著的人群偏好差异性。因此，相较于一般食品，水产品安全事件往往难以迅速引起公众的广泛关注和大规模情感共鸣。

二是水产品溯源追责相较于一般食品更为复杂。不同于一般食品，水产品的供应链条往往更为复杂，涉及养殖、捕捞、加工、运输、销售等多个环节，且部分环节可能跨越不同地区甚至涉及多个国家。这使得水产品在出现安全问题时，相关媒体和政府机构难以在第一时间快速准确地定位问题源头，并及时准确地报道和追责。正由于这一信息传播"真空期"的存在，往往会导致事件的关键信息错过最佳扩散期。而网民在长时间的等待中也逐渐失去耐心，并开始将注意力转向其他热点（典型如案例2）。

（二）食品安全事件普遍缺乏及时且强有力的专业、理性声音引导

典型如案例3与案例5。对于案例3，在"蓝环章鱼"相关话题首次在微博出现时，得益于某科普大V对该事件的及时介入与解读，在一定程度上打消了网民疑虑，有效避免了舆论的持续发酵。但当"蓝环章鱼"再度出现在某连锁商超，尽管前期科普大V的及时介入为公众提供了初步的认知框架，且商超官方也迅速作出了类似的解释，但由于两者的舆论权威性不足，使得相关回应难以在公众中建立起足够的信任度，从而导致恐慌情绪的蔓延难以抑制。对于案例5，在"假燕窝"事件爆发初期，相关权威力量（如政府、央媒等）的专业、理性声音不见踪影，而直至事件发生1个月后，监管部门才正式对外公布官方调查结果，事件真相终于水落石出。

以上两案例的对比分析深刻揭示了我国在食品安全舆情事件治理中普遍存在的问题，即缺乏及时且强有力的专业、理性声音引导。对此，习近平总书记曾多次强调，"要持续巩固壮大主流舆论强势，加大舆论引导力度""要加快培养造就一支政治坚定、业务精湛、作风优良、党和人民放心的新闻舆论工作队伍"。

面对各类纷繁复杂、真假难辨的舆情信息，有力度、有深度、有温度的评论作品，无疑是引导公众舆论、稳定社会情绪、促进问题解决的重要力量。而网络评论员队伍，以其卓越的新闻专业素养、坚实的社会公信基础及勇于在热点面前稳妥响亮发出第一声的责任担当，成了引领网络舆论发展的"风向标"。典型如案例6"鼠头鸭脖"事件，"侠客岛"在公众对政府公信力和执行力产生怀疑之际，以有力度、有深度的适时发声，不仅有效凝聚了网络共识，缓解了公众的"疯狂"情绪，更是避免了一场政府公信力危机的爆发。

目前，我国网络评论员队伍已然在食品安全舆情事件治理中扮演着至关重要的角色，但同时也面临着一些挑战和提升空间：

素质技能水平参差不齐。例如，一些网络评论员仅通过简单的删除或禁止负面评论的方式控制舆论，这种"一刀切"的做法不仅无法有效解决问题，反而会激化矛盾，引发更大的舆情风波；又如，部分网络评论员在分析问题时容易片面地强调政府的正确性，而忽视了公众的诉求和媒体的态度，传递给网民以偏袒之感，这严重影响了政府与民众之间沟通效果；此外，由于部分网络评论员欠缺理论与写作素养，致使其撰写的评论文章陷入空洞的大道理

和口号之中，难以给公众提供真正有价值、有深度的分析。

快速反应机制有待完善。由于食品安全舆情事件往往具有事件的突发性、事态的复杂性、传播的快速性、影响的广泛性等特点，这要求网络评论员队伍必须具备高度的舆论敏感性和快速反应能力。然而，目前我国网络评论工作人员多为兼职性质，这可能导致他们在面对紧急舆情事件时，无法全身心地投入工作，进而影响反应速度和效率。

境外敌对势力暗中作祟。近年来，部分别有用心者和境外敌对势力往往选择在国内食品安全舆情爆发期间，打着"独立媒体""研究机构""自由发声"的幌子趁虚而入，有组织、有计划、有预谋地通过炮制谣言、恶意剪辑、言语暗示等手段，企图诱导不明真相的网民接受其意识形态输出，甚至策反民众参与舆论攻击、示威游行等反政府主义活动，以达到打压中国企业、抹黑中国形象、颠覆国家政权等目的。

第八章　大食物观背景下的水产品质量安全

第一节　发展渔业领域新质生产力，推进渔业高质量发展

一、渔业领域新质生产力的界定与内涵

历史唯物主义认为，生产力是全部社会生活的物质前提，是推动社会进步最活跃、最革命的要素。解放和发展生产力是社会主义的本质要求。新质生产力则代表了生产力发展的未来方向和必然趋势。新质生产力强调创新起主导作用，摆脱传统经济增长方式、生产力发展路径，具有高科技、高效能、高质量特征，符合新发展理念的先进生产力质态。它由技术革命性突破、生产要素创新型配置以及产业深度转型升级催生，以劳动者、劳动资料、劳动对象及其优化组合的跃升为基本内涵[①]。

人类社会的发展史也是生产力的进步史，由先进生产力不断替代落后生产力。马克思认为生产力是随着科学和技术的不断进步而不断发展的。习近平总书记明确指出，"必须坚持科技是第一生产力、人才是第一资源、创新是第一动力"。科技创新对生产力发展的重大作用，被赋予前所未有的历史高度。新质生产力概念，是对马克思主义社会发展理论的创新阐释，是在坚持马克思主义生产力理论基本原理的基础上，结合当代科技革命和产业变革的新形势、新特点而进行的理论创新，具有重要的理论意义和实践价值。

新中国成立以来，渔业生产力不断提升，特别是 1985 年之后，我国渔业生产全面高速发展。1949 年，全国水产品总产量仅为 45 万吨；2023 年，全国水产品总产量达到 7100 万吨，较 1949 年增长 156.7 倍，我国渔业发展取得巨大成就。但过去中国渔业发展主要依靠水域、渔业化学品、资本等要素以及机械与渔船等常规装备的使用，存在过度捕捞、水产养殖环境污染等问题。依靠传统生产力驱动的渔业经济增长模式不可持续，亟待发展渔业新质生产力。

渔业领域新质生产力是新质生产力在渔业领域的拓展，目前并没有明确完整的定义。本节以新质生产力的定义为基础，进一步界定渔业领域新质生产力，并明确其具体内涵。渔业领域新质生产力是由渔业技术革命性突破、渔业生产要素创新性配置、渔业产业深度转型升级催生的新的渔业领域的先进生产力质态，以渔业劳动者、渔业劳动资料与渔业劳动对象及其优化组合的跃升为基本内涵。具体而言，渔业领域新质生产力包括：

第一，新质渔业劳动者。新质渔业劳动者既包括素质不断提高的传统渔业劳动者，又包括高素质渔业科研人员与管理人员。传统渔业劳动者如渔民与养殖户通过提高专业素养，学习使用智能化设备，成为数智化劳动者。同时，具备创新思维的渔业科研人才和管理人才不

---

① 新华社 . 习近平在中共中央政治局第十一次集体学习时强调加快发展新质生产力扎实推进高质量发展［EB/OL］. 2024-2-1. https：//www. gov. cn/yaowen/liebiao/202402/content _ 6929446. htm.

断涌现，他们通过技术创新与管理优化，帮助渔业从劳动密集型产业实现转型升级。

第二，新质渔业劳动资料。新质渔业劳动资料既包括传统渔业劳动资料的革新，又包括新的科技突破在渔业领域的应用。传统渔业劳动资料包括渔具与渔船等，使用新材料、新结构改良传统渔具，使用新技术、新能源改造旧渔船，传统渔业劳动资料逐步实现高效、绿色、现代化升级。同时，人工智能、大数据、云计算等新的科技将不断运用于渔业，转化为新质渔业劳动资料。

第三，新质渔业劳动对象。新质渔业劳动对象是对传统渔业劳动对象的拓展，将不再局限于具有再生能力的生物资源。首先，拓展传统的生物资源，驱动渔业"蓝色转型"，将养殖活动拓展到深远海，致力于近海、远洋捕捞布局的合理规划[①]。养殖业加大科研投入，培育优质苗种，增加养殖选择。其次，不局限于生物资源，拓展数据、信息等非物质形态的新质渔业劳动对象，发展智慧渔业。

二、渔业领域新质生产力引领渔业高质量发展的内在逻辑

新质生产力是高质量发展的应有之义，发展渔业领域新质生产力是推动渔业高质量发展的内在要求和重要着力点。渔业领域新质生产力蕴含的新技术、新要素与新产业为高质量发展与乡村振兴提供革新动力、全新动能与关键载体[②]。就理论内核和现实需求而言，以渔业领域新质生产力引领渔业高质量发展与乡村振兴，具有合理性与必要性。

首先，从理论内核出发，渔业领域新质生产力与渔业高质量发展高度契合，具有内在的统一性。一方面，渔业领域新质生产力、渔业高质量发展与乡村振兴存在明确的递进逻辑。高质量是高质量发展最直白的内容，而新质生产力不仅在于新，更在于生产力的跃升，代表高质量的生产力。生产力是发展的基础，渔业领域新质生产力也是渔业高质量发展的基础。渔业科技创新水平的提高与创新成果的涌现为推动渔业高质量发展打下了坚实的物质技术基础，持续发展新质生产力为高质量发展提供不竭动力。发展新质生产力，能够以技术革命性突破探索推进乡村全面振兴的新方案，以生产要素创新配置开辟全要素生产率提升新路径，以产业深度转型升级激发乡村全面振兴新模式、新空间，以发展方式绿色转型塑造乡村全面振兴新优势、新机遇，以适应新质生产力体制机制创新重塑乡村全面振兴动能[③]。另一方面，渔业领域新质生产力与渔业高质量发展具有共性。首先，它们的最终目标高度一致，共同指向农业农村现代化；其次，它们的核心驱动力高度一致，共同依靠科技创新。从发展渔业领域新质生产力的三大驱动（渔业技术革命性突破、渔业生产要素创新性配置、渔业产业深度转型），到高质量发展贯彻的新发展理念（创新、协调、绿色、开放、共享），再到乡村振兴的五个方面（产业振兴、人才振兴、文化振兴、生态振兴、组织振兴），它们都希望实现：第一，高投入、高消耗、高污染的粗放型渔业经济增长方式向低投入、低消耗、低排放的集约式发展和绿色发展新范式转型；第二，基于技术创新及其应用，衍生新服务、新产品和新模式，推动渔业经济活动方式、渔业产业组织结构以及社会生活方式调整与重塑。

其次，从现实需求而言，以渔业领域新质生产力引领渔业高质量发展具有必然性和可行

① 胡求光，邵科，2024. 加快培育发展海洋渔业新质生产力［J］. 中国农民合作社（5）：15-17.
② 刘洋，李浩源，2024. 新质生产力赋能高质量发展的逻辑理路、关键着力点与实践路径［J］. 经济问题（8）：11-18，129.
③ 魏后凯，杜志雄，2024. 中国农村发展报告以新质生产力推进乡村全面振兴［M］. 北京：中国社会科学出版社.

性。一方面，从渔业发展现状出发。传统渔业的粗放发展模式，具有高投入、高消耗、高污染的特征，生产效率低且发展不可持续，继续这种发展模式既与高质量发展的要求相悖，也难以实现乡村振兴。通过科技手段提升单位面积和单位资源的产出；利用先进养殖技术和严格的质量控制体系，提供高品质的水产品；养殖过程环保、节能，推动资源的可持续利用。发展渔业领域新质生产力将颠覆传统渔业。渔业领域新质生产力以新质渔业劳动力、新质渔业劳动资料与新质渔业劳动对象为基础，带来新的渔业生产方式与新的渔业经营理念，变革渔业的生产、管理以及方方面面，进而实现降本增效，实现可持续发展。另一方面，从高质量发展与乡村振兴的具体要求出发。发展渔业领域新质生产力以科技创新为核心驱动，强调培养高素质人才与绿色发展，分别能够对应高质量发展强调的推动技术进步、提高劳动者素质与打造环境友好型经济。例如，利用先进的养殖技术、基因工程和信息化手段提高渔业生产效率和质量；倡导生态友好的养殖方式，减少对环境的污染，保护水域生态系统；通过现代化管理工具和方法，如大数据分析、区块链技术等，提高渔业管理的科学性和效率。渔业领域新质生产力通过新质生产要素及其优化组合，推动渔业产业转型升级，促进渔民个体以及渔民群体的整体素养提升，促进渔文化的传承与创新，促进渔业生产的现代化、智能化、绿色化和可持续化，优化渔业产业管理，分别对应乡村振兴中的产业、人才、文化、生态、组织振兴。此外，高效的渔业生产力能够增加渔民收入，提高乡村经济水平，推动乡村经济振兴。通过现代渔业技术的推广和应用，能够提高农民的科学文化素质，增强乡村社会的整体发展能力。通过延长渔业产业链，打造渔业特色产业，能够促进乡村一二三产业融合发展。

渔业领域新质生产力是引领渔业高质量发展与乡村振兴的关键动力。通过科技创新、绿色发展和现代化管理，不仅能提高渔业生产效率和水产品质量，推动渔业高质量发展，还能推动乡村的全面振兴。政府、企业和渔民需要共同努力，推动渔业领域新质生产力的全面应用，实现渔业的高质量发展和乡村的全面振兴。

三、渔业领域新质生产力引领渔业高质量发展与乡村振兴的机遇与挑战

（一）机遇

1. 科技进步

新质生产力以创新为主导，具有高科技、高效能、高质量的特征。近年来，我国科技创新氛围愈发浓厚，科技创新能力显著增强，重大科技成果层出不穷。我国农业科技进步贡献率已经从 2012 年的 54.5%，提升到 2023 年的 63%，农业科技创新能力位于世界前列。农业农村部发布的《"十四五"全国渔业发展规划》中，明确了"十四五"期间渔业科技创新新目标，其中，渔业科技进步贡献率达到 67%，水产养殖机械化率达到 50% 以上，核心种源自给率达到 80% 以上。生物育种、人工智能、北斗导航等新技术在渔业领域广泛应用，将为发展渔业领域新质生产力提供坚实支撑。未来，科技创新与技术进步将进一步聚焦种业等关键领域，赋能渔业领域新质生产力。例如，通过基因工程和育种技术，能够培育出高产量、抗病性强的水产物种，提高渔业生产效率和水产品质量；利用物联网、大数据和人工智能技术，推进水产养殖、渔业捕捞以及渔业管理数字化水平，进一步提高生产效率和资源利用率。

2. 环保意识觉醒

人类社会在发展中，逐渐意识到可持续发展的必要性，2016 年 11 月 4 日，《巴黎协定》正式生效，体现了世界各国面对气候变化采取全球行动的坚定决心。这也促使渔业生产开启

绿色化转型。农业农村部开始推进绿色健康水产养殖，"十四五"以来，农业农村部与财政部、生态环境部等部门指导地方开展渔业绿色循环发展试点工作，支持各地开展养殖池塘标准化改造和尾水达标处理、创建生态养殖示范区等。未来，生态友好的养殖模式将在全国范围推广，一方面将减少环境污染，保护水域生态系统；另一方面能发挥水产养殖生态修复功能，增加渔业碳汇潜力。通过科学管理和合理规划，实现渔业资源的可持续利用，维护生物多样性。我国居民对高品质、安全、绿色的水产品需求不断增加，相关部门将进一步强化水产品投入品管理、质量安全监管、疫病防控等方面的工作，进一步推动渔业绿色发展。

3. 渔业产业新业态

现代农业加快向功能全面的"大农业"转变，除了供给农产品，还具有生态涵养、休闲观光、文化传承以及稳定农民就业、实现农民富裕的功能。渔业也将向这个方向发展转变，呈现集研发、养殖与捕捞、加工、营销、文化和生态于一体的一二三产融合特征，并进一步催生区域特色渔业品牌，提高产品附加值和市场竞争力。《"十四五"全国渔业发展规划》中强调"推进产业融合发展，提升渔业产业现代化水平"。内容包括提升水产品加工流通、培育壮大多种业态、加强水产品市场拓展与推进产业集聚发展等。乡村电商、精深加工与渔旅融合等融合式业态发展空间大。例如，海南已在全国率先构建完整的休闲渔业发展政策体系，帮助渔旅融合释放更多新业态。人工智能、大数据、区块链与云计算等数字技术也将进一步赋能渔业发展，协助构建渔业产业新业态。渔业领域产业新业态将加快渔业产业转型升级，培育渔业领域新质生产力。

（二）挑战

1. 在实际的渔业生产中，新技术的应用存在困难

首先，新技术的应用受限于渔业从业人员。目前，渔业从业人员的素质和技能水平参差不齐，渔业从业人员中，渔民和养殖户占据多数，受认知水平与传统观念的限制，对新技术的认知和接受程度不足，难以适应现代渔业发展的需求，影响了新技术的推广和应用。同时，技术推广和服务体系尚不完善，缺少对从业人员系统的培训和指导，这导致新技术难以在基层落地生根。其次，发展渔业领域新质生产力需要大量资金投入，科技研发与应用尤其需要资金的支持。金融支持的不足制约了技术的普及和应用。金融机构对渔业的支持力度不够，缺乏针对渔业生产的金融产品和服务。渔业企业和从业者面临融资难题，尤其是中小企业和个体渔民，融资渠道有限，融资成本较高。这导致新技术即使能够提高渔业生产效率，在实际的渔业生产中也难以落地。渔业科技推广投入不足，金融支持力度有限等问题突出，使科技创新成果转化率低，难以进入实际的渔业生产环节，限制了渔业生产效率的提高。

2. 我国渔业高质量生产要素缺乏

高质量的生产要素是发展渔业领域新质生产力的重要依靠，然而在目前的渔业生产中，高质量的生产要素缺乏。一是面临传统生产要素的流失与退化。传统的渔业生产带来了自然资源过度利用、水质污染等问题，传统渔业较低的生产报酬致使青壮年劳动力向报酬较高的其他产业流动。人才、资本等要素长期从农村单向流向城市。渔业发展缺乏这些要素的支撑，传统渔业产业转型压力大。二是缺乏高质量的生产要素。具有现代科技和经营理念的高素质劳动者严重缺乏，科技创新不足，管理制度落后。基础设施和公共服务投入不足，渔业科技推广困难，数字乡村建设缓慢，渔业生产数字化和机械化水平低。整体而言，渔业生产要素配置效率低下，我国渔业相关的土地产出率、劳动生产率、资源利用率与发达国家仍存在明显差异。

3. 我国渔业市场竞争力不足

首先，渔业产业化、组织化、社会化水平不高。产业链条较短，缺乏深加工和综合利用环节；管理落后，尚未实现高效率的组织协作；生产规模小而散，资源配置低效，部门协作机制匮乏。其次，渔业品牌建设落后。许多企业和渔民缺乏品牌意识，注重短期利益，更关注产品的数量和价格，而非品牌形象和质量提升，忽视了长期品牌建设。许多渔业产品以原材料或低附加值产品形式销售，缺乏深加工和精细包装，同质化严重，产品缺乏特色和创新，难以形成差异化竞争优势。最后，虽然中国的水产品出口份额居于世界第一，但在国际市场中的竞争力仍需提高。一方面，随着劳动力成本的增加，中国水产品的价格优势难以长期维持；另一方面，国际市场需求发生变化，中国在三文鱼、南美白对虾等新兴水产品出口中不具备优势。水产品出口时，又常常面临贸易壁垒、市场准入问题、质量标准和认证等方面的挑战。

四、渔业领域新质生产力引领渔业高质量发展的实现路径

渔业领域新质生产力在引领渔业高质量发展中具有重要作用，在这一过程中机遇与挑战并存。要充分发挥渔业领域新质生产力的作用，需要政府、企业和渔业从业者共同努力。通过加强科技创新与技术推广，优化资源配置，促进市场开拓与品牌建设等路径，进一步实现以渔业领域新质生产力引领渔业高质量发展。

（一）加强科技创新与技术推广

创新是发展渔业领域新质生产力的核心驱动力，因此发展渔业领域新质生产力必须加强科技创新与技术推广。

首先，要强化渔业科技创新氛围。一方面，培养渔业科研人员和技术人才，畅通教育、科技、人才的良性循环，完善人才培养、引进、使用、合理流动的工作机制。另一方面，以人为本，以企业、高校、研究所为摇篮，将生物、信息、工程等前沿技术融入渔业科技创新，优化渔业科技创新氛围，加快孕育渔业新科技。

其次，聚焦关键领域，加大科创投入。一是种业，要培育优良品种，加强种质资源保护。通过基因工程和育种技术，培育高产量、抗病性强的水产物种，提升养殖效益。建立水产种质资源库，保护和利用优质种质资源，确保种源稳定和可持续发展。二是养殖，要创新养殖模式。将物联网、大数据和人工智能技术引入渔业养殖，实施智能化养殖管理，提高养殖效率和质量。推广生态友好型养殖模式，如稻渔综合种养、循环水养殖系统、大水面生态渔业等，减少环境污染。大力发展深远海养殖、盐碱地水产养殖等，拓展养殖新空间。

最后，要加强技术推广，促进成果转化。一是加强地方与高校、企业、研究所的合作，促进科研成果转化，推动技术创新和应用。二是建立渔业技术试点，通过实际示范展示新技术、新设备和新方法的应用效果。三是利用多种媒体平台，如电视、广播、互联网，宣传和推广渔业技术。四是加强对养殖户的技术培训，建立完善的技术服务体系，确保新技术在基层落地生根。

（二）优化资源配置

渔业生产要素配置不合理，需进一步优化资源配置，提高生产效率。首先，要推动渔业经营组织的渔管理现代化，尤其是企业、合作社等渔业经营主体。第一，需要提高管理人员

素质，培养或引进掌握现代管理理论和方法，能够有效组织、计划、协调和控制渔业管理工作的高素质渔业管理人才。第二，需要优化管理手段，建立信息化的管理系统，应用云计算、人工智能等技术手段，实现生产全过程的数字化、智能化管理，提高管理效率。其次，现代资源配置与金融深度绑定。金融机构应重视渔业对金融的需求，为渔业提供更多元化的金融产品和服务，解决企业与养殖户的融资难题。既要保障基础性的金融服务（如通过保险业务帮助企业与养殖户降低生产经营风险；提供低息贷款或专项融资，帮助渔民购买现代化设备、改善基础设施与扩大生产规模），又要创新金融产品，以绿色金融、供应链金融等新理念支持渔业绿色、全面发展。最后，政府也是优化资源配置的重要一环。一方面要加强政策引导，通过科技创新扶持、环保政策等，引导渔业高质量发展；另一方面要优化财政支农的结构，如提供专项财政补贴用于支持渔业基础设施建设、技术研发和生态养殖等。

（三）促进市场开拓与品牌建设

开拓市场，建设渔业品牌能推动渔业产业转型升级。首先推动产业融合，拓展销售渠道，开拓国际市场。从市场开拓的角度：第一，要推动一二三产融合，延长渔业产业链，提升产品附加值。大力发展休闲渔业，推动渔旅融合，大力开发渔业深加工，如发展水产品预制菜等。第二，要拓展销售渠道，开拓销售新模式。利用社交媒体平台进行产品宣传与推广，利用电商、社区直销、直播带货等手段，扩大市场覆盖面。第三，要积极开拓国际市场，提高水产品的国际竞争力。生产标准与国际接轨，发挥比较优势。根据国际市场需求，丰富产品种类，增加中高端产品供给。从品牌建设的角度：第一，注重产品与服务质量，增强消费者信任，提升市场认可度，打造渔业品牌，提升产品附加值和市场影响力。第二，明确品牌定位，如高端、绿色、有机等，突出产品的核心价值和竞争优势。第三，以区域渔业文化为基础，整合地方资源，形成产业集聚，打造有区域特色的渔业品牌，通过区域特色品牌，重塑产品价值，实现"兴一个产业，富一方百姓"。

第二节　以"大食物观"为指引，推进"蓝色粮仓"建设

一、以大食物观为指引，推进蓝色粮仓建设的现实进展

数据显示，我国水产品年产量保持在 6 500 万吨以上，长期稳居世界第一，人均占有量超过 45 千克，是世界平均水平的 2 倍，能够为我国粮食安全提供重要保障。同时，水产品作为优质动物蛋白源，深受人民群众喜爱，消费需求刚性增长，约占动物蛋白消费量的 30%，但人均水平仍低于《中国居民膳食指南（2022）》推荐的水产品摄入量（每周300～500 克），消费潜力巨大，能够促进中国居民多元化消费膳食结构的升级[①]。总之，在大食物观指引下，建设强大充实的"蓝色粮仓"，从保供给和调需求两个方面双管齐下，保障国家粮食安全，平衡居民营养膳食结构，提高居民健康水平。

（一）总体概括

2023 年，我国水产养殖实现水产品总产量 5 809.61 万吨，较 2022 年增长了 4.39%；国内捕捞实现水产品总产量 1 074.33 万吨，较 2022 年上升了 0.64%；远洋渔业实现水产品总产量

---

① 刘新中，2023. 以大食物观为指引推进渔业高质量发展［J］. 农产品市场（2）：32-35.

232.23 万吨，较 2022 年下降了 0.32%。养殖和捕捞水产品产量的比例为 81.64∶18.36。可以看出，我国水产品以养殖为主，养殖的比例超过 80%。同时，2023 年，我国海水养殖水产品产量为 2 395.60 万吨，较 2022 年增长 119.90 万吨，增长了 5.27%，占水产养殖总产量的 41.24%；淡水养殖水产品产量为 3 414.01 万吨，较 2022 年增长 124.25 万吨，增长了 3.78%，占水产养殖总产量的 58.76%。可见，我国水产养殖中淡水养殖所占比重略大于海水养殖。

（二）淡水养殖现状

2023 年，我国淡水养殖的水产品中，鱼类产量占淡水养殖水产品产量的比例最高，为 81.18%；其次为甲壳类，所占比例为 15.61%；贝类、藻类、其他类所占的比例均较低。与海水养殖种类存在较大差异。此外，我国淡水养殖水产品的主要省份包括湖北、广东、江苏、江西、湖南、安徽、四川、广西、浙江、山东等。

在养殖方式方面，2023 年，我国池塘养殖水产品产量为 2 453.19 万吨，较 2022 年增长 38.90 万吨，增长了 1.61%；湖泊养殖水产品产量为 96.00 万吨，较 2022 年增加 13.22 万吨，上升了 15.97%；水库养殖水产品产量为 305.58 万吨，较 2022 年增加 18.55 万吨，上升了 6.46%；稻田养成鱼产量为 416.65 万吨，较 2022 年增长 29.43 万吨，增长了 7.60%；其他养殖水产品产量为 94.03 万吨，较 2022 年上升了 22.27 万吨，上升了 31.04%。可见，我国淡水养殖以池塘养殖为主，且各养殖类型的水产品产量均实现一定增长。湖泊养殖增长较多，分析原因为：我国有丰富多样且分布广泛的湖泊、水库等大水面养殖资源，主要集中在中东部平原、东北平原和青藏高原等区域。"十四五"以来，受环保政策变动影响，我国大水面养殖产量和养殖面积皆呈下滑趋势。但随着大水面养殖向生态化、集约化模式调整，未来大水面养殖仍将是我国淡水水产品供给的主要来源之一[①]。近年来，随着适合盐碱水养殖对象不断开发，"挖塘降盐、以渔治碱"模式构建和初步推广，盐碱水养殖取得了一定进展。据统计，我国有 4 600 万公顷的低洼盐碱水域，一些地方正在利用或即将利用这些盐碱水域因地制宜发展大宗淡水鱼、南美白对虾、罗非鱼、斑点叉尾鲴等种类的养殖，挖掘和培育成活率高、抗病性强的耐盐碱水养殖对象以及创新和优化盐碱水质调控技术已成为我国盐碱水域水产养殖发展的重点工作[②]。

（三）海水养殖现状

2023 年，我国海水养殖的水产品中，贝类产量占海水养殖水产品产量的比例为 68.71%；其次为藻类，所占比例为 11.99%；甲壳类、鱼类、其他类所占的比例分别为 8.58%、8.59% 和 2.13%。总体来说，我国海水养殖的水产品以贝类和藻类为主。此外，山东、福建、广东、辽宁四个省份的海水养殖水产品产量较高，四个省份海水养殖水产品产量之和为 1 874.91 万吨，占我国海水养殖水产品产量的 78.26%。在养殖方式方面，2023 年，我国海上养殖水产品产量为 1 461.59 万吨，较 2022 年增长 109.05 万吨，增长了 8.06%；滩涂养殖水产品产量为 628.93 万吨，较 2022 年下降 14.18 万吨，降低了 2.20%；其他养殖水产品产量为 305.07 万吨，较 2022 年增长 25.03 万吨，增长了 8.94%。可见，

---

① 王建军，徐思雨，赵文武，等，2023. 大食物观背景下中国淡水养殖业高质量发展的挑战与对策 [J]. 水产学报，47 (11)：58-69.

② 唐启升，丁晓明，刘世禄，等，2014. 我国水产养殖业绿色、可持续发展保障措施与政策建议 [J]. 中国渔业经济，32 (2)：5-11.

我国海水养殖以海上养殖为主。

目前，我国海水养殖主要集中在水深不超过 20 米的潮间带和近浅海区域，长期的高密度养殖已导致近海养殖容量趋于饱和、海域承载力接近极限，并引发了养殖海域富营养化、养殖病害频发以及养殖水产品质量堪忧等一系列问题。近几年深远海养殖加快发展，为向海洋要食物创造了有利条件，探索拓展了食物供给渠道和供给途径①。2022 年，我国深远海养殖水体 4 398 万米³，产量 39.3 万吨。从养殖品种看，沿海各地培育出大黄鱼"甬岱 1 号""富发 1 号"和金鲳"晨海 1 号"等新品种，探索大西洋鲑、许氏平鲉、军曹鱼等新品种选育；从养殖装备看，全国已建成重力式网箱 2 万余口、桁架类网箱 40 个、养殖工船 4 艘，其中，重力式网箱生产集约高效，桁架类网箱自动智能，养殖工船自主游弋选择适宜海域；从技术水平看，各地探索的养殖装备水平抗风浪、安全性、稳定性水平逐步提高②。

（四）国内捕捞现状

我国的国内捕捞以海洋捕捞为主。近些年，国家陆续出台捕捞总量控制、渔船数量与功率"双控"政策、伏季休渔、增殖放流等系列海洋鱼类资源养护政策，促进了海洋生物资源保护与可持续利用，海洋捕捞业得以有序发展。2023 年，海洋捕捞实现水产品总产量 957.49 万吨，较 2022 年的 950.85 万吨增加了 0.70%，海洋捕捞水产品产量占国内捕捞总产量的 89.12%，其中，东海、南海和黄海的海洋捕捞水产品量均较高，渤海的海洋捕捞量相对较低；淡水捕捞实现水产品总产量 116.84 万吨，较 2022 年的 116.62 万吨上升了 0.19%，淡水捕捞水产品产量占国内捕捞总产量的 10.88%。海洋捕捞和淡水捕捞的水产品均以鱼类为主。

（五）远洋捕捞现状

我国远洋渔业从 1985 年起步，经过 30 多年的发展，现已成为世界上主要的远洋渔业国家之一③④。近些年远洋渔业稳步发展，不仅拓展了海外食物供给来源，也保障了中国在国际上应有的海洋权益。尽管全球远洋捕捞总产量呈现下降趋势，但是我国远洋渔业不断提质增效、转型升级，年产量虽有波动，但总体保持了上升势头，并且拥有了全球最大的远洋渔业船队⑤。2022 年，我国远洋捕捞水产品总产量为 232.98 万吨，2023 年为 232.23 万吨，较 2022 年减少了 0.32%，其中鱿鱼 66.30 万吨、金枪鱼 36.03 万吨，是我国主要的远洋捕捞水产品类型。此外，浙江、福建、山东、辽宁、上海的远洋捕捞量均在 10 万吨以上，是我国远洋渔业的最主要省份。

二、以大食物观为指引，推进蓝色粮仓建设面临的突出矛盾

近年来，我国将江河湖海作为支撑粮食安全的重要战略发展空间，以大食物观指引渔业高质量发展，"蓝色粮仓""水中粮仓"建设取得显著成效。但是，也要看到，在进程中仍存

---

① 韩立民，于会娟. 立足大食物观建设"蓝色粮仓"[N]. 经济日报，2023-04-27（005）.
② 张妙玲，潘斯华，陈燕娟，等，2023. 中国蓝色粮仓产业发展现状、问题与对策[J]. 湖北农业科学，62（9）：214-219.
③ 陈新军，2022. 我国远洋渔业高质量发展的思考[J]. 上海海洋大学学报，31（3）：605-611.
④ 翟璐，刘康，韩立民，2019. 我国"蓝色粮仓"关联产业发展现状、问题及对策分析[J]. 海洋开发与管理，36（1）：91-97.
⑤ 孙吉亭，单秀娟，丁琪，2023. 中国远洋渔业高质量发展研究[J]. 新经济（8）：51-64.

在一些突出问题和严峻挑战。

一是顶层设计缺失，政策支持力度不足。"蓝色粮仓"建设是一项系统工程，涉及的链条长、范围广、环节多，必须牢固树立系统观念，科学谋划建设的空间布局和模式路径，避免一哄而上。尤其是当前由于顶层设计缺失，缺乏对蓝色粮仓的科学规划和管理体系，沿海各省蓝色粮仓建设布局零散，容易导致同质化发展与恶性竞争[①]。此外，渔业政策可持续性不强，政策目标在渔业增产、渔民增收、渔业产业结构调整等方面摇摆不定[②]。

二是生态环境问题凸显，资源开发约束加强。一方面，随着国家水产养殖环保政策的收紧，我国淡水养殖空间呈不断缩减的态势；海水养殖长期盲目追求产量，漠视环境生态承受力，养殖密度过大、养殖容量趋于饱和，极易造成养殖海域水质富营养化、养殖病害频发以及养殖水产品药物残留引发食品安全问题等一系列负面影响。另一方面，由于海洋污染、过度捕捞等原因，导致我国近邻海域的生态系统出现退化，抑制了海洋的修复能力和再生能力，近海渔业面临着枯竭的危险；深远海养殖受限于养殖空间、产业配套、技术装备、管理政策等方面，在一定程度上限制了我国深远海水产养殖的发展；国际渔业管理日趋严格、全球贸易保护主义抬头，给我国远洋渔业发展带来了空间受限、成本增加、风险加大等制约效应。

三是科技支撑力量薄弱，优质种质资源缺乏。与发达国家相比，我国还不是渔业科技强国，尤其在淡水养殖方面，主要作业环节存在着机械化、信息化融合不够等问题，养殖生产方式简单粗放，资源消耗大，生产效率低。水产种业是水产养殖业发展的"芯片"，目前我国水产苗种企业数量众多但规模普遍较小，研发能力较弱，缺乏竞争力[③]。种质种苗生产良种化、规模化程度不够，大规格优质苗种供给能力明显不足[④]。鳗和大西洋鲑育苗等仍主要依赖于国外，引进罗非鱼、大口黑鲈、斑点叉尾鮰等优良品种在生产中取得良好效果，但经过多代养殖后，普遍出现苗种存活率降低、抗病力减弱、经济性状退化等种质资源衰退现象[⑤]。此外，水产饲料原料鱼粉高度依赖进口[⑥]。

四是产业结构不合理，产业链体系不完善。渔业结构是"蓝色粮仓"建设的主要产业结构，2023年渔业第一二三产业的产值比例为48.8：21.5：29.7，尽管第二三产业比重在提升，但仍存在失衡问题，表现为：第一产业占渔业经济总产值比重仍较高，产能过剩。第二产业加工技术落后，部分精深加工设备主要依赖进口，成本较高，尤其淡水产品冷链物流体系不完善、加工过程保质保真技术不高；产品形式单一，以冷冻品、干腌制品、鱼糜制品以及冰鲜产品等初级加工品为主，高值化开发利用水平低；加工企业数量少、规模小，我国水

① 张妙玲，潘斯华，陈燕娟，等，2023. 中国蓝色粮仓产业发展现状、问题与对策 [J]. 湖北农业科学，62（9）：214-219.
② 吕洪业 . "海上粮仓"：构建多元化食物供给体系的重要途径 [EB/OL]. 2023-04-19. https：//baijiahao. baidu. com/s？id=1763563968451333733&wfr=spider&for=pc.
③ 杨正勇，张迪，2023. 大食物观视角下中国渔业高质量发展——现状、问题及提升对策 [J]. 中国渔业经济，41（6）：1-13.
④ 莽琦，徐钢春，朱健，等，2022. 中国水产养殖发展现状与前景展望 [J]. 渔业现代化，49（2）：1-9.
⑤ 史楠冰，张超峰，郭江涛，等，2023. 渔业淡水养殖发展现状及存在问题分析与对策 [J]. 河南水产（2）：4-6.
⑥ 韩杨，2024. 耕海牧渔：建设"蓝色粮仓"的重点难点与战略举措 [J]. 发展研究，41（6）：21-29.

产加工企业目前有9 331家，其中规模以上企业仅2 592家占28%，淡水产品加工企业不到30%[①]。第三产业起步较晚，在发展模式、管理服务等方面仍需进一步探索。总体上，当前渔业产业结构层次偏低，第二产业、第三产业资源配置不足，制约了下游产业链的发展。

五是质量安全事件频发，应对灾害能力不足。近年来，我国水产品质量安全问题频发，问题可能出现于渔业生产和经营的各个环节，不仅严重影响消费者身体健康，而且不利于整个行业的可持续发展。导致这些问题的主要原因包括环境因素、药物滥用等以及监管体系不完善。尽管数字化时代区块链防伪溯源技术的应用可在一定程度上保障质量安全，但其对人员素质、企业成本、原始数据的可靠性提出了更高要求，应用模式、领域有待进一步探索。此外，水产动物疫病发生普遍，水产疫苗研究起步晚且推广应用力度低，养殖病害防控方面问题依然突出[②]。海洋自然灾害是"蓝色粮仓"建设中的重大威胁。我国风暴潮、海浪、海冰等海洋灾害比较频繁，破坏力极强，一些装备抗风险等级较低，尤其在深远海养殖等高风险领域，装备研发投用时间不长，抗灾能力有待进一步验证，同时灾害保险品种和风险分摊机制有待健全[③]。

三、以大食物观为指引，推进蓝色粮仓建设的政策建议

一是强化顶层设计，健全政策体系。把"蓝色粮仓"建设纳入国家粮食安全战略。从陆海统筹的视角拓展粮食生产空间，立足陆地和海洋两大生态系统，借鉴国际海洋渔业发展对粮食安全保障的成功经验，从中比较、分析和选择适合我国国情的发展路径和发展模式，坚持绿色理念、创新理念、协调理念，科学确立"蓝色粮仓"的功能定位，制定合理的建设规划和布局，明确建设目标、建设任务、建设步骤。同时，建立健全管理体系机制。明确蓝色粮仓管理机构及职责分工；充分发挥政府宏观调控作用，从税收优惠、拓展融资渠道、生态补偿等角度出台利好政策；强化蓝色粮仓法律保障，做到全方位、全过程监督；完善预警监测和应急体系建设，提升涉海险情协同治理水平；健全海洋巨灾保险制度，将"蓝色粮仓"保险纳入中央财政农业保险补贴范围，形成多层次、广覆盖的风险分摊机制[④⑤⑥]。同时，积极探索政策性渔业保险机制，发挥地方行业协会在保险产品的推介作用，针对不同的养殖鱼种推出适宜的保险产品。

二是生态优先，不断增强渔业可持续发展能力。积极利用湖泊、水库等资源大力发展大水面生态渔业，规范发展淡水养殖，推广生态环保网箱养殖[⑦]。全面升级现代化海水养殖模式，拓展深远海养殖、海洋牧场等离岸空间，逐步推进海水养殖朝生态化、集约化、科学化的方向发展。严控近海捕捞强度，积极发展远洋渔业，并实施"走出去"战略，鼓励海外养殖、捕捞、加工、贸易等领域合作，实现蓝色粮仓建设向域外延伸。持续开展渔业资源保护

① 王建军，徐思雨，赵文武，等，2023. 大食物观背景下中国淡水养殖业高质量发展的挑战与对策［J］. 水产学报，47（11）：58-69.
② 史楠冰，张超峰，郭江涛，等，2023. 渔业淡水养殖发展现状及存在问题分析与对策［J］. 河南水产（2）：4-6.
③ 韩立民，于会娟. 立足大食物观建设"蓝色粮仓"［N］. 经济日报，2023-04-27（005）.
④ 韩立民，梁铄，2024. 大食物观视阈下我国"蓝色粮仓"建设重点及对策建议［J］. 中国水产（1）：31-33.
⑤ 韩立民，于会娟. 立足大食物观建设"蓝色粮仓"［N］. 经济日报，2023-04-27（005）.
⑥ 张妙玲，潘斯华，陈燕娟，等，2023. 中国蓝色粮仓产业发展现状、问题与对策［J］. 湖北农业科学，62（9）：214-219.
⑦ 卢昌彩，2023. 谈大食物观背景下向江河湖海要食物［J］. 中国水产（8）：37-39.

和水域生态环境修复，健全海洋保护区体系和渔业资源生态补偿机制。强化重要渔业水域生态环境动态监测，做好污染治理管控，从源头遏制"餐桌污染"，尤其做好深远海养殖环境监测，避免近海养殖问题重现；正视日本核污水排海问题，持续加强海洋辐射环境监测，切实维护人民健康。

三是科技赋能，加快提升现代渔业建设水平。科技创新是培育形成海洋新质生产力的内核，通过科技支撑，促进产业创新升级。积极开展水产种业关键技术攻关，实施水产苗种标准化工程，建立和完善水产种质资源库，采用现代生物技术对优异种质进行保护、研究和利用[1]；因地制宜开发盐碱水域，不断培育耐盐碱水产良种，实现盐碱地水产养殖开发利用[2]；加大自动化、机械化、智能化养殖设施设备的自主研发力度，重点发展深水网箱养殖技术、高效集约工厂化养殖新技术；加快推进海洋水产品加工技术创新工程，研发水产品精深加工新技术、新工艺、新设备，开发高值化产品；加强冷链物流体系建设，突破水产品冷链运输保活保鲜技术瓶颈，鼓励各冷链物流企业之间、冷链物流企业与大中型水产品企业之间建立战略合作关系，实现资源共建、共享、共用；政府、行业协会、企业和科研院所深化合作模式，培养数字化人才，构建融合海洋基础地理、气候环境、生态、渔业的渔业大数据共享平台，为渔业现代化发展提供数据支撑。此外，在饲料科技方面，加大对鱼粉替代型全价配合饲料科技研发，并建立该饲料的生产、使用补贴政策，引导养殖生产者转变饲料使用行为[3]。

四是产业支撑，持续释放渔业高质量发展动能。延伸蓝色粮仓产业链条，积极推进海水产品精深加工、水产流通贸易、休闲渔业等第二三产业发展，完善"海洋牧场＋深水网箱""海洋牧场＋海上风电""海洋牧场＋休闲渔业"等多产融合的发展模式，促进产业结构升级，促进产业结构高质化，转化新旧动能[4]。在此基础上，完善全产业链管控和可追溯性体系建设，应对日本核污水排海影响，确保水产品质量安全；大力培育专业大户、家庭渔场、龙头企业等新型渔业经营主体，推动适度规模化经营；进一步在合作模式上下功夫，强化协同机制研究，引导支持基础条件较好、技术条件成熟、成长潜力大、产业关联度高的企业，加快建立产业集群，提高集聚效应；加强水产品品牌建设，建立并推广水产品品牌认定、品牌保护、质量标准体系，提高品牌影响力。

第三节　加强海洋环境治理，保障海洋水产品质量安全
一、海洋水环境污染情况分析

为考察我国海洋污染现状，本节基于近年来《中国海洋生态环境状况公报》中的相关数据资料，对管辖海域水质、近岸海水水质、海湾水质进行逐个分析，科学判断我国海洋污染与海水水质情况。

① 罗予若，2023. 践行大食物观，建强"蓝色粮仓"[J]. 农村工作通讯（11）：27.
② 王毅超，宋金龙，王书，等，2023. 践行大食物观——以科技创新引领渔业高质量发展 [J]. 中国水产（8）：32-33.
③ 杨正勇，张迪，2023. 大食物观视角下中国渔业高质量发展——现状、问题及提升对策 [J]. 中国渔业经济，41（6）：1-13.
④ 张宏远，裴涛，2024. 大食物观视阈下江苏高水平建设"蓝色粮仓"的对策研究 [J]. 江苏海洋大学学报（人文社会科学版），22（3）：12-21.

（一）管辖海域水质

劣四类水质主要超标指标为无机氮和活性磷酸盐。无机氮含量为劣四类水质海域主要分布在辽东湾、渤海湾、黄河口、黄海北部、长江口、杭州湾和珠江口等近岸海域。活性磷酸盐含量为劣四类水质海域主要分布在辽东湾、长江口、杭州湾和珠江口等近岸海域（图8-1、图8-2）。

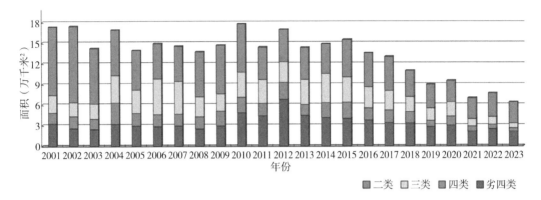

图8-1　2001—2023年中国管辖海域未达到第一类海水水质标准的各类海域面积

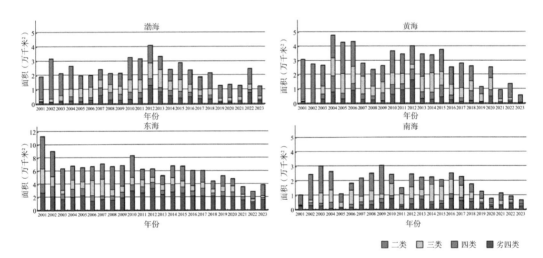

图8-2　2001—2023年各海区未达到第一类海水水质标准的各类海域面积

（二）近岸海水水质

1. 全国近岸海域水质

全国近岸海域水质持续改善，主要超标指标为无机氮和活性磷酸盐。

近岸海域海水中无机氮含量符合优良水质标准的海域面积比例上升，劣四类水质面积比例下降。活性磷酸盐含量符合优良水质标准的海域面积比例上升，劣四类水质面积比例下降（图8-3）。

2. 重点海域水质

渤海、长江口-杭州湾、珠江口邻近海域综合治理攻坚战海域优良水质面积比例为67.5%，同比上升4.5个百分点。其中，长江口-杭州湾海域同比下降4.8个百分点，渤海海域和珠江口邻近海域同比分别上升14.5和6.1个百分点（图8-4至图8-8）。

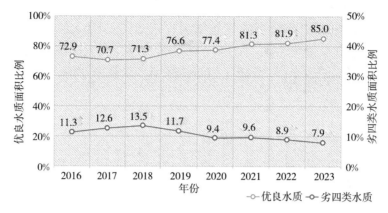

图 8-3 2016—2023 年全国近岸海域优良水质和劣四类水质面积比例变化趋势

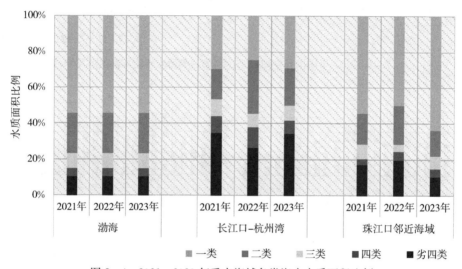

图 8-4 2021—2023 年重点海域各类海水水质面积比例

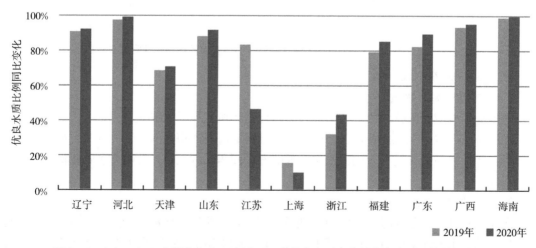

图 8-5 2019—2020 年沿海各省（自治区、直辖市）近岸海域优良水质比例同比变化

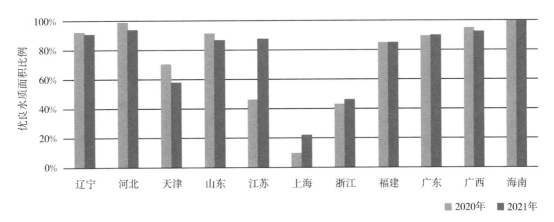

图 8-6　2020—2021年沿海各省（自治区、直辖市）近岸海域优良水质面积比例

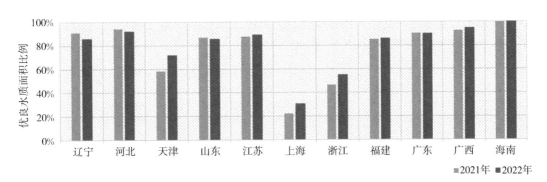

图 8-7　2021—2022年沿海各省（自治区、直辖市）近岸海域优良水质面积比例

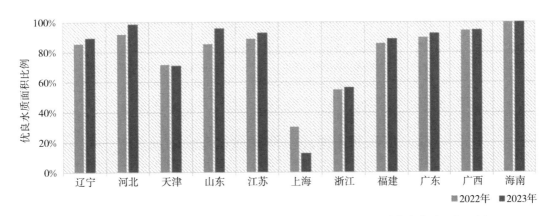

图 8-8　2022—2023年沿海各省（自治区、直辖市）近岸海域优良水质面积比例

3. 海湾水质

2019年，面积大于100千米²的44个海湾中，13个海湾春季、夏季、秋季三期监测均出现劣四类水质①，主要超标指标为无机氮和活性磷酸盐。

2020年，面积大于100千米²的44个海湾中，8个海湾春季、夏季、秋季三期监测均

---

① 13个海湾包括：辽东湾、杭州湾、象山港（湾）、三门湾、乐清湾、三沙湾、厦门港（湾）、泉州湾、东山湾、诏安湾、大亚湾、汕头港（湾）、湛江港（湾）。

出现劣四类水质，同比减少5个，主要超标指标为无机氮和活性磷酸盐①。

2021年，面积大于100千米²的44个海湾中，15个海湾春季、夏季、秋季三期监测均为优良水质，11个海湾均出现劣四类水质②，主要超标指标为无机氮和活性磷酸盐。13个海湾年均优良水质面积比例同比有所增加，19个海湾有所下降，12个海湾无显著变化。

2022年，面积大于100千米²的44个海湾中，10个海湾春季、夏季、秋季三期均为优良水质，20个海湾三期均未出现劣四类水质。23个海湾年均优良水质面积比例同比有所增加，11个海湾基本持平，10个海湾有所下降。

2023年，283个海湾单元中，167个海湾优良水质面积比例超过85%，其中的122个海湾优良水质面积比例为100%。沿海各省（自治区、直辖市）中，海南优良水质面积比例超过85%的海湾单元数量比例最高，其次为河北、山东、广西。与各海湾单元2018—2020年水质平均水平相比，60个海湾水质明显改善，66个海湾水质改善，121个海湾水质基本稳定，36个海湾水质退化。其中，江苏呈明显改善或改善的海湾单元数量比例最高，其次为浙江、天津、福建、广东③（图8-9、图8-10）。

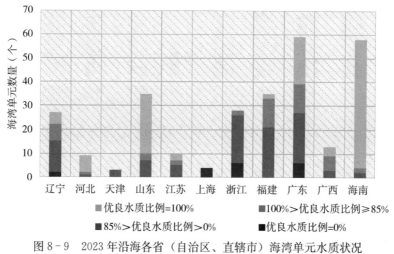

图8-9　2023年沿海各省（自治区、直辖市）海湾单元水质状况

二、提高我国海洋水产品质量安全的建议

面对日本核污水排海等事件对我国海洋水产品质量安全的影响，我国应该积极应对，监管、宣传、发展多元并进，减轻核污水排海对我国民众的影响，建议建立健全如下"四大体系"：

1. 健全海洋核辐射环境监测与预警体系

在生态环境部已展开工作的基础上，科学研判核污水向我国海域扩散的关键通道、主要

---

① 8个海湾包括：辽东湾、杭州湾、象山港（湾）、三门湾、温州湾、三沙湾、湛江港（湾）、诏安湾。

② 11个海湾包括：辽东湾、杭州湾、象山港（湾）、三门湾、温州湾、合州湾、三沙湾、诏安湾、湛江港（湾）、海陵湾、钦州湾。

③ 海湾水质优良比例与2018—2020年三年优良水质比例的算术平均值相比，增加20%以上为"明显改善"，5%～20%为"改善"，0%～5%为"基本稳定"，增长率为负表示"水质退化"。

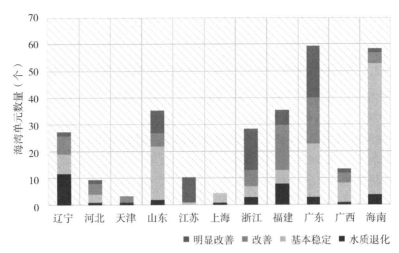

图 8-10　2023 年沿海各省（自治区、直辖市）海湾单元水质改善状况

路径，基于核污水所含的多种放射性元素，健全多维度、立体化的海洋核辐射环境监测体系，构筑近岸、近海、远海全覆盖、多层次的预警防线。推动跨学科、跨领域大协同，为建设监测与预警体系、治理海洋生态环境等提供高水平的科技支撑。充分利用最前沿的科技手段，借助 AI 大数据模型等从监测数据中挖掘海洋生态演变规律，建立跨区域、多尺度、精准化的海洋生态预警体系。完善海洋生态核污染突发事件与生态灾害应急响应机制，利用高科技手段实现对高危险、高污染海域实时监视监测，提升应急预警能力。及时通报海洋生态环境、放射性指标监测状况。开展国际合作，交换监测预警信息，共同发声，在国际社会抢占话语权与道德制高点。

2. 构建食品中放射性物质风险监测体系

确保食品安全尤其是海水产品安全尤为重要。一是严格按照食品中放射性物质限量国家标准，在山东、福建、浙江、辽宁、广东、海南等重点省份，以主要渔场、海水产品养殖捕捞区等为主要场所，以海盐、海产品、农产品、饮用水等为重点，加大抽检与风险监测力度。二是由于日本核污水含有 60 多种放射性元素，在参照国际标准的基础上应加快完善我国食品中放射性物质限量国家标准体系。针对放射性物质检测的特殊性，加快完善检验检测仪器设备，并尽快在海水产品销售市场投放使用。三是依法治理水产品质量风险。最近几年，水产品在国家五大类农产品质量安全例行监测中是合格率最低的农产品，长期以来始终存在非法用药、非法添加两大风险点。对此必须加大打击力度，防范出现多重水产品风险的共振。四是完善投诉举报体系，尤其在水产品养殖、捕捞密集的沿海地区设立专项举报奖励机制，揭露在水产品养殖、加工与流通过程中的犯罪行为。支持新闻媒体参与舆论监督。五是及时公开食品安全抽检与风险监测信息，严厉打击食品安全谣言，消除社会恐慌情绪。

3. 完善水产品国内市场供给能力体系

2022 年，全国水产品总产量达到 6 865.91 万吨，海水产品与淡水产品产量比例为 50.4∶49.6。日本排放核污水后可能影响我国海水产品的市场供应能力，完善国内水产品供给能力体系势在必行。一是大力提升国内淡水产品市场供给能力，重点发展甲壳类、贝类等淡水产品以替代原来从日本进口的甜虾等海水产品。二是进一步扩大新疆、陕西、宁夏等地盐碱水养殖基地规模，建设智能化的循环水养殖系统，模拟海水的养殖环境，养殖内陆海水产品以满足市场需求。三是建立健全重要海水产品的分类储备制度，形成由鲜活海水产品储备基地（场）、储存库和加工企业等组成的较为完整的产业链，应对突发事件、平抑重要节假日海水产品的价格波动。四是动态扩大从其他国家海水产品的进口力度，可根据日本核污水流入不同国家海域的时间点，择时考虑扩大进口俄罗斯、厄瓜多尔、越南、印度尼西亚、挪威和泰国等国家的海水产品。五是制订政策预案，择时出台保障渔民生活与促进海洋渔业转型、支持淡水渔业发展的支持政策。完善价格监测体系，稳定海水产品市场秩序。

4. 要进一步加强技术创新，推广更高标准更高品质的水产品

我国应加强合作与技术创新，促进水产品生产规范化，实现更高标准的水产品市场推广[①]。第一，可以通过加强与研究所、高校、企业的合作，理论联系实际，促进水产品产业技术水平创新，优化水产品产业，提升水产品质量安全。第二，通过定期开展培训教育，推动科技成果转化和实际运用，鼓励水产品养殖企业、渔民、养殖户淘汰传统方式，采用绿色环保高效的先进养殖技术，提升生产效率，产出更高品质的水产品。第三，要建立市场沟通渠道，通过市场调研、消费者反馈渠道等，了解真实透明的水产品消费链，积极响应消费者的问题与反馈，建立市场与消费者之间的长效信任关系。

第四节　推进渔业品牌建设，提升水产品质量安全

党的二十大报告从全面建成社会主义现代化强国的战略全局出发，作出了"加快建设农业强国"的战略部署。品牌化是渔业现代化和渔业强国的重要标志。打造渔业品牌，提升水产品质量，提高产品附加值，增强产品市场竞争力，是推进我国渔业强国建设和渔业现代化的重要切入点。

一、渔业品牌建设对提升水产品质量安全的意义

加快推进渔业品牌战略，能够倒逼质量兴渔，通过进一步强化质量意识，推动质量管理升级，不断推动提升水产品质量安全水平。

（一）品牌建设有助于引领质量提升

品牌是能够给拥有者带来溢价、产生增值的一种无形资产[②]。品牌溢价通常基于消费者对品牌的高品质认知和信任。为了维持和增强这种溢价能力，渔业品牌建设主体会自觉地将质量放在首位，从原材料采购、生产过程控制到成品检验，每一环节都严格执行高标准，确保水产品在养殖、加工、运输等各个环节都符合安全和质量要求。此外，为了维护品牌形象，渔业品牌建设主体会积极建立质量追溯体系，确保水产品的来源可追溯、去向可跟踪、责任可追究。这一举措不仅增强了消费者对产品的信任度，也促使企业在生产过程中更加注重质量把控，减少质量安全隐患。品牌水产品相较普通水产品在生产技术管理、产品质量监控和产源地保护上具有明显优势，这不仅向消费者传递了优质水产品的市场供给信息，也提升了消费者对这些"绿色""生态"水产品的支付意愿。例如，千岛湖鱼（淳牌）作为享有原产地域保护的品牌，不仅代表着淳安文化的独特印记，更是通过多项国际认证，建立了完

---

①　翟艺鈜，2024. 日本核污水排海背景下中国淡水渔业发展机遇、挑战与建设路径［J］. 渔业致富指南，2：14-19.
②　刘红岩，2017. 农产品品牌建设和质量安全提升的理论与政策［J］. 农民科技培训（6）：41-44.

善的质量管理体系和可追溯性操作规范,[①] 确保从养殖到销售的每一个环节都符合高标准要求,使得千岛湖生态环境得以改善和维持,并通过向消费者传递优质原产地信息的方式,实现了生态价值向经济价值的转换。

(二)品牌建设有助于促进技术创新

品牌建设是驱动渔业技术创新与研发的重要引擎。品牌建设过程中的市场需求洞察促使企业持续关注消费者需求变化,从而明确技术创新方向,推动养殖技术、加工工艺、保鲜技术等关键环节的革新。同时,品牌企业在构建自身品牌形象的过程中,注重与科研机构、高校等合作,搭建创新平台,促进产学研深度融合,加速渔业科技成果的转化与应用。这不仅增强了水产品的市场竞争力,还推动了整个渔业产业链的转型升级与可持续发展。例如,江苏盱眙龙虾产业坚持科技赋能,同十余所高校科技机构合作,进行科技研发,创新推出"种草养虾,养虾有稻,稻法自然,生态循环"的虾稻共生养殖模式,创成中国特色水产品优势区、国家稻渔综合种养示范区、国家地理标志产品保护示范区、国家现代农业产业园,有力提升了盱眙龙虾品质[②]。

(三)品牌建设有助于增强市场监督与反馈

品牌建设在增强市场监督与反馈方面发挥着关键作用。通过打造具有知名度和美誉度的渔业品牌,企业不仅提升了产品的市场竞争力,还增强了消费者对产品质量的信任度。这种信任促使消费者更加关注产品的来源、生产过程及品质保障,从而间接推动了市场对渔业产品的严格监督。同时,品牌企业为了维护品牌形象和声誉,会更加主动地收集市场反馈,包括消费者评价、产品使用效果等信息,以便及时调整产品策略,优化生产流程,确保产品持续满足市场需求。这种正向的市场监督机制与反馈循环,有助于提升渔业整体的产品质量和市场竞争力。此外,品牌建设还强化了消费者对水产品质量安全的监督作用。随着品牌知名度的提升和消费者品牌意识的增强,消费者在购买水产品时会更加关注产品的质量和安全性。一旦发现质量问题或安全隐患,消费者会通过投诉、举报等方式向相关部门反映情况,促使企业加强质量管理和整改落实。这种监督作用有助于形成全社会共同关注水产品质量安全的良好氛围。

二、我国渔业品牌发展现状

(一)品牌扶持政策不断完善

2017年,中央1号文件将品牌推到实践落地的新高度,提出培育国产优质品牌、推进农产品区域公用品牌建设、打造区域特色品牌、提升传统名优品牌、强化品牌保护、聚集品牌推广等举措[③]。2021年2月发布的《中共中央 国务院关于全面推进乡村振兴加快农业农村现代化的意见》强调,深入推进农业结构调整,推动品种培优、品质提升、品牌打造和标准化生产。2021年12月印发的《"十四五"全国渔业发展规划》强调,鼓励打造自主品牌,塑强一批特色鲜明的区域公用品牌,培育一批品质优良的企业品牌。2022年6月,农业农

---

① 搜狐网.重点商标保护,"淳"牌缘何入选[EB/OL].2024-05-10. https://www.sohu.com/a/778047653_121123728.

② 高万鹏,2023.盱眙龙虾:产业升级铸就大品牌[J].中国品牌(2):60-61.

③ 刘红岩,2017.农产品品牌建设和质量安全提升的理论与政策[J].农民科技培训(6):41-44.

村部办公厅《农业品牌精品培育计划（2022—2025 年）》，提出通过政策支持、营销推介、渠道对接、海外推广等措施，提升农业品牌的市场竞争力和影响力，在重点培育品类中，综合产业规模、品牌基础、市场消费和国内外影响力等因素，重点培育包括水产在内的多个品类的区域公用品牌。2022 年 9 月，农业农村部办公厅发布《渔业"三品一标"提升行动实施方案（2022—2025 年）》提出，选育一批水产良种，建设一批绿色标准化水产品生产基地，打造一批有影响力的渔业知名品牌。山东、广东、福建等渔业重点地区根据自身情况，出台了一系列扶持地方特色渔业品牌的政策，对获得国家级、省级健康养殖示范场、水产原良种场等称号的企业给予奖励，鼓励企业加强品牌建设和管理。

（二）品牌数量快速增长

在市场需求驱动和政府政策引导下，我国水产品区域公用品牌和企业品牌数量快速增长，据中国水产流通与加工协会统计和估算，已培育水产类区域公用品牌达 260 余个，其中淡水鱼类品牌 90 余个，海水鱼类品牌近 30 个，甲壳类品牌 40 余个，贝类品牌近 40 个，特种水产品近 40 个，藻类品牌 8 个，水产加工品品牌 6 个；在工商部门注册且正常生产经营的水产品商标超过 1 万个，其中 200 余个企业品牌影响力较大、市场活跃度较高，主要分布在 22 个省（自治区、直辖市），带动相关产品品牌约 1 000 个[①]。涌现出"阳澄湖大闸蟹""潜江龙虾""大连海参""千岛湖有机鱼"等一大批知名度较高的区域和企业水产品牌。

（三）品牌影响力不断提升

随着消费者对食品安全、品质及文化体验需求的日益增长，地方政府、行业协会及水产品生产主体通过优化供应链、创新烹饪技艺、强化品牌故事与文化内涵等方式，不断满足并超越消费者的期待，消费者对渔业品牌的认知度和认同感不断提高，渔业品牌知名度和美誉度显著提升。以小龙虾为例，湖北潜江围绕小龙虾第一二三产业融合发展，织出一张高质量发展的网，从良种培育、改善养殖模式、完善供应链管理，到推进精深加工，潜江小龙虾产业在纵向延伸产业链的同时，也通过与旅游、教育等产业的横向融合，提升了地区品牌影响力，2023—2024 年度"潜江龙虾"区域公用品牌价值已达到 422.29 亿元，同比增长 20.4%，不仅在国内市场占据领先地位，还出口多个国家和地区，其品牌影响力已扩展到国际舞台[②]。江苏盱眙小龙虾成为富民增收"引擎"，全县龙虾养殖户数达 4 464 户，稻虾综合种养较常规稻麦亩均净增收 2 600 元左右，从事龙虾第一二三产相关人员近 20 万人，涌现出一批百万、千万"富裕户"[③]。

三、存在的问题

（一）品牌知名度不足

尽管我国已经涌现出部分知名度较高的水产品牌，但我国渔业品牌的总体发展水平相对不高，缺乏全国性的、世界级的知名品牌。我国渔业龙头品牌分布仍以东部及南部沿海地区为主，如山东省、辽宁省、广东省、浙江省和上海市等。多数渔业品牌只有在特定区域内才

---

① 农业农村部市场与信息化司，中国农业大学，2022. 中国农业品牌发展报告（2022）［M］．北京：中国农业出版社．

② 洪林，田永祥．湖北"潜江龙虾"产业博览会开幕［EB/OL］．2024-05-08．https：//www.hbqj.gov.cn/xwzx/jrqj/lddt/202405/t20240520_5197324.html.

③ 张勇，2023．"盱眙龙虾"品牌建设与产业发展［J］．江苏农村经济（6）：42-43．

能建立市场覆盖面，尚未形成全国范围内的知名品牌。此外，由于消费者更关注水产品的新鲜度，品牌效益整体优势并不明显。浙江大学中国农业品牌研究中心发布《2023中国地理标志农产品区域公用品牌声誉前100位》中，水产品仅有阳澄湖大闸蟹、潜江龙虾、大连海参、三门青蟹等6个产品入选，这与我国作为第一水产品生产和消费大国的地位极不相称。

（二）品牌发展基础支撑还不够强

渔业品牌发展的基础支撑在多个维度上仍显薄弱，具体体现在：一是渔业生产规模与组织化程度低，以中小规模养殖户为主，小规模、分散化的生产模式限制了水产品的标准化、品牌化进程，导致在生产、加工、销售等环节难以形成统一的标准和策略，削弱了品牌的市场竞争力。二是标准化基地建设滞后。标准化是水产品品牌化的基石，但当前标准化基地的覆盖面和深度均显不足。这导致水产品质量参差不齐，难以满足消费者对品牌水产品高品质、高安全性的期待，进而影响了品牌的信誉和市场认可度。三是渔业产业化程度有待提升。水产品产业链条短，精深加工能力不足，附加值低，限制了品牌水产品在市场中的增值空间。同时，与第二、三产业的融合度不高，缺乏多元化的产品体系和市场拓展渠道，难以支撑水产品品牌在更广泛的市场范围内形成影响力。

（三）品牌保护有待加强

由于水产品市场的复杂性，企业本身在品牌保护方面意识不强，消费者也往往缺乏辨别真伪的能力，市场上假冒伪劣产品层出不穷。不法商家为了牟取暴利，经常假冒地理标志或知名品牌。以大闸蟹为例，据统计市场上的冒牌阳澄湖大闸蟹数量惊人，全国阳澄湖大闸蟹的销量远高于实际产量。这些假冒产品往往质量低劣，甚至存在食品安全问题，严重损害了渔业企业的品牌形象和信誉，导致消费者对品牌的信任度降低，市场份额和利润随之减少，同时还会扰乱水产品市场的正常秩序，破坏公平竞争的环境，阻碍整个水产品行业的健康发展。究其原因，一方面，由于渔业品牌保护意识不强，很多企业在品牌建设初期没有注重商标的注册和保护工作；另一方面，在发现侵权行为时，品牌所有者往往需要投入大量的人力、物力和财力进行调查取证和维权诉讼，而侵权成本低、维权成本高的现象使得一些品牌所有者望而却步。

四、政策建议

（一）多措并举提升品牌影响力

围绕深远海养殖等特色水产品优势区，聚焦重点品种，发挥各级政府主导作用，建立健全"政府—协会—企业/合作社"协同工作机制①，设立区域品牌建设引导基金，依据特定资源禀赋、自然生态环境、历史人文因素，明确生产地域范围，保护地理标志水产品，开发地域特色突出、功能属性独特的区域水产品公用品牌。引导渔业龙头企业、合作社等新型渔业经营主体将经营理念、企业文化和价值观念等注入品牌，创建地域特色鲜明、"小而美"特色水产品品牌，鼓励其品牌纳入水产品区域公用品牌的构建，深度探索"母品牌"和"子品牌"融合之路，实现品牌溢价，提升其正外部效应。利用多种媒体渠道，如电视、互联网、社交媒体等，广泛宣传渔业品牌，提高品牌知名度和美誉度。积极参与渔业展会、文化

---

① 卢宝军，毛亚琪，刘扬，2021. 生态立省背景下青海三文鱼（虹鳟）品牌发展路径分析［J］. 水产养殖，42（8）：77-80.

节等活动，扩大品牌影响力。深入了解目标消费群体的需求和偏好，制定针对性的营销策略，如开展线上线下促销活动、推出个性化产品等，增强品牌与消费者的互动和黏性。

（二）夯实品牌发展基础

鼓励和支持合作社、家庭农场、渔业企业等新型经营主体的发展，提高渔业生产的组织化水平，为水产品品牌建设提供有力的组织保障。推动水产品生产的标准化进程，建立和完善水产品质量标准体系，加强水产品质量安全和追溯体系的建设，提升水产品的品质和安全性，增强消费者对水产品品牌的信任和认可。促进水产品产业的融合发展，推动水产品加工业、休闲农业、乡村旅游等产业的发展，延长水产品产业链，提高水产品的附加值，实现水产品品牌的规模化、集约化发展，提高水产品品牌的市场竞争力。

（三）加大品牌保护力度

针对水产品品牌保护的特殊性和复杂性，完善相关法律法规，明确水产品品牌权益的界定、保护范围、侵权行为的认定及处罚措施，提高法律法规的可操作性和威慑力。加大对水产品品牌侵权行为的打击力度，建立快速反应机制，及时查处侵权案件，依法严惩侵权者，维护品牌主体的合法权益。利用现代信息技术手段，建立水产品品牌监测体系，对市场上的水产品品牌进行动态监测和分析，及时发现和预警品牌侵权行为，为品牌保护提供有力支持。积极开发和应用防伪技术，如防伪标签、二维码追溯等，提高水产品的防伪能力，降低假冒产品的风险。推动水产品行业协会等组织加强行业自律，通过制定行业标准、开展品牌评价等方式，提升行业整体品牌保护水平。鼓励消费者和媒体等社会各界积极参与水产品品牌保护工作，通过举报侵权行为、曝光典型案例等方式，形成强大的社会监督力量。